キチン・キトサン開発技術

Development and Technology of Chitin and Chitosan

監修：平野茂博

シーエムシー出版

はじめに

キチンは，(1→4)N-アセチル-β-D-グルコサミナン，キトサンはキチンの脱N-アセチル化物で，いずれも，明確な直鎖の化学構造を示す。キチンとキトサンは，カニ，エビなど甲殻類の殻，昆虫の表皮，イカ，オキアミなど軟体動物の骨格や殻，キノコ，病原菌など細菌細胞壁に広く分布し，地球上にて毎年推定一千億トンも生合成され，同時に生分解されている。この生合成と生分解の循環が地球の環境と生態系を保全していると言っても過言でない。1970年以前は，キチンやキトサンの基礎研究は，取扱いが難しく，国際的にも一部の研究者により行なわれていたに過ぎず，遅々として進んでいなかった。従って，その実用的な応用は皆無であった。しかし，1970年頃より地球上での未利用資源の有効利用の観点から，キチンやキトサンが注目されるようになった。この動きに呼応して，1975年に，第1回国際キチン・キトサン会議が米国ボストン市で開催され，その会議で7論文がわが国から報告されている。これを契機にキチン・キトサン及び関連酵素の研究が，わが国のみならず国際的に急速に進んだ。

四方海に囲まれ，カニなどの水産資源の豊富なわが国で，1981年にキチン・キトサン研究会が結成された。これが現在の日本キチン・キトサン学会の前身である。わが国で，1977年から水産加工場から廃棄されるカニ殻キチンを原料にキトサンの工業生産が始まり，キトサンの高分子電解質複合体形成と金属錯体形成の両機能を利用した環境に優しい天然凝集剤が開発された。この我が国で開発されたキトサンカチオン凝集剤は，広く食品工場や，し尿処理の廃液の浄化に利用され，キトサン応用の国際的な第一号となった。

1982年に第2回国際キチン・キトサン会議がわが国の札幌市で開催された。この会議は定期的に世界各国を巡回し，2000年に第8回国際キチン・キトサン会議が再度わが国の山口市で，2003年に第9回国際キチン・キトサン会議がカナダのモントリオール市で開催された。また，2002年に第5回アジア太平洋キチン・キトサンシンポジウムがタイ国のバンコク市，第5回国際ヨーロッパキチン会議がノルウエーのトロンヘイム市，第2回ラテンアメリカ キチン・キトサンシンポジウムがメキシコのアカプルコ市で，2003年に第17回日本キチン・キトサン シンポジウムが秋田市で，それぞれ開催されている。

その後，基礎研究を土台として，食品分野での安全性，抗菌性，食品保存，医用分野で止血剤，人工皮膚，生態吸収性縫合糸，人工腱，人工靭帯，化粧品分野で皮膚や毛髪の保護，食品分野で血清コレステロールの降下，高血圧の抑制，腸内有用ビフィズス菌の生育促進，乳糖の代謝促進，成形品分野で膜，繊維，スポンジ，生分解性プラスチック，ビーズ，酵素分野でキチナーゼ阻害剤であるアロサミジン，農業分野で生育促進，増収，耐病性，品質向上，廃水処理分野で高分子電解質複合体形成，金属錯体形成など数々の応用が進展した。

「ボールを壁に向かって投げる力（基礎研究）が強い程，壁からのボールの跳ね返りの力（応用）が大きくなる」

この様な現状に於て，最近のキチン・キトサン基礎研究を基に，現在，開発されつつある新しい応用，基礎研究の段階で将来の開発可能性ある応用を展望することは意義深い。そこで本書「キチン・キトサンの開発と応用」では，分子機能，溶媒，分解，化学修飾，酵素，遺伝子，農林業，医薬・医療，食，化粧および工業のそれぞれの分野の開発と新しい応用について，これらの分野の第一線で現在国際的にご活躍の方々に，将来を展望していただくこととした。

本書籍の発刊に際して，株式会社シーエムシー出版の編集部の和多田史朗氏及び関連の方々に，いろいろご迷惑をおかけしたこと，お詫びと共に深くお礼申しあげます。

平成15年12月吉日

平野茂博

※　本書を監修いただきました平野茂博先生は，平成16年1月8日にご逝去されました。
ここに心よりご冥福をお祈り申し上げます。

シーエムシー出版　編集部

普及版の刊行にあたって

本書は2004年に『キチン・キトサンの開発と応用』として刊行されました。普及版の刊行にあたり，内容は当時のままであり加筆・訂正などの手は加えておりませんので，ご了承ください。

2009年4月

シーエムシー出版　編集部

執筆者一覧(執筆順)

平野茂博	キチン・キトサンR＆Dセンター；鳥取大学　名誉教授
金成正和	東京農工大学　工学研究科　生命工学専攻
奥山健二	東京農工大学　工学部　生命工学科　教授 (現) 大阪大学　大学院理学研究科　教授
斎藤幸恵	(現) 東京大学　大学院農学生命科学研究科　准教授
戸倉清一	(現) 関西大学　社会連携推進本部　特別顧問
田村　裕	(現) 関西大学　化学生命工学部　化学・物質工学科　教授
吉田　敬	京都大学　大学院エネルギー科学研究科　エネルギー社会・環境科学専攻
江原克信	京都大学　大学院エネルギー科学研究科　エネルギー社会・環境科学専攻　博士研究員
坂　志朗	(現) 京都大学　大学院エネルギー科学研究科　エネルギー社会・環境科学専攻　教授
佐藤公彦	鳥取県産業技術センター　技術開発部　有機材料科 有機材料科長 (現) 甲陽ケミカル㈱　研究開発部　部長
相羽誠一	(現) ㈱産業技術総合研究所　生物機能工学研究部門　環境保全型物質開発・評価研究グループ　研究グループ長
光富　勝	(現) 佐賀大学　生命機能科学科　教授
加藤友美子	(現) 凸版印刷㈱　総合研究所　次世代商品研究所　主任研究員
磯貝　明	(現) 東京大学　大学院農学生命科学研究科　教授
栗田恵輔	成蹊大学　工学部　応用化学科　教授
指輪仁之	㈱産業技術総合研究所　関西センター　人間系特別研究体 グリーンバイオ研究グループ (現) ㈱カネカ　先端材料開発研究所
安達　渉	東京工業大学　大学院生命理工学研究科
中村　聡	東京工業大学　大学院生命理工学研究科

竹中章郎	(現) いわき明星大学　薬学部　教授
	東京工業大学　大学院生命理工学研究科　GCOE　特任教授
渡邉剛志	(現) 新潟大学　農学部　教授
高橋砂織	(現) 秋田県農林水産技術センター総合食品研究所　主席研究員
作田庄平	(現) 東京大学　大学院農学生命科学研究科　准教授
下坂　誠	(現) 信州大学　繊維学部　応用生物学系　教授
古賀大三	山口大学　農学部　生物機能科学科　環境生化学講座　教授
辻坊　裕	(現) 大阪薬科大学　薬学部　微生物学研究室　教授
内田　泰	佐賀大学　農学部　応用生物科学科　生物資源利用化学講座　教授
	(現) 西九州大学短期大学部　くらし環境学科　学科長　教授
松田英幸	島根大学　生物資源科学部　教授
	(現) 松田バイオサイエンスラボ代表；島根大学名誉教授
小村洋司	(現) 山陰建設工業㈱　代表取締役社長
吉川貞樹	(現) 山陰建設工業㈱　バイオ事業部　次長
山本一成	山陰建設工業㈱　バイオ事業部　主任研究員
伊藤充雄	(現) 松本歯科大学　歯科理工学講座　教授
福田幸蔵	日本キレート㈱　代表取締役
情野治良	(現) ピアス㈱　中央研究所　主査
濱田和彦	(現) ピアス㈱　中央研究所　取締役　中央研究所長
平林靖彦	㈱森林総合研究所　成分利用研究領域　セルロース利用研究室長
大村善彦	大村塗料㈱　代表取締役社長
森本　稔	(現) 鳥取大学　生命機能研究支援センター　准教授
斎本博之	(現) 鳥取大学　大学院工学研究科　化学・生物応用工学専攻　教授
重政好弘	(現) 鳥取大学　学生部　学長補佐

執筆者の所属表記は，注記以外は2004年当時のものを使用しております。

目　　次

第1章　緒　論　　　平野茂博

第2章　分子構造分野

第3章　溶媒分野　　戸倉清一，田村　裕

第4章　分解分野

第5章　化学修飾分野

第 6 章　酵素分野

第7章　遺伝子分野

第8章　バイオ農林業分野

第9章　医薬・医療分野　　**伊藤充雄**

第10章 食分野 福田幸蔵

第11章 化粧品分野 情野治良，濱田和彦

第12章 工業分野

第1章　緒　　論

1　はじめに

平野茂博*

その昔，イタリアの世界的バイオリン製造者ストラデバリー(1644～1737)は，昆虫の殻（キトサン）を楽器に塗布して音響の質を高め，バイオリン製造の秘法としたと言う。我が国でも，古くから殻付きエビ・カニを原料にした珍味や菓子，さらに食品としてマツタケやエノキタケなどキノコがある。また，カニ・エビ殻を原料とした傷を治す伝統的な和邦薬として，伯州散（ホウキクスリ）や赤貝軟膏（ヤカミクスリ）などが知られている。これら昆虫表皮，エビ・カニの甲殻やキノコの細胞壁は，共通成分としてアミノ多糖であるキチンとキトサンを含んでいる。

1811年に，フランスのH. ブラコノー(H. Braconnot)は，キノコからこの多糖を単離し，"菌の素"という意味の"ファンジン"と命名した。その後，1823年にフランスのA. オジール(A. Odier)が，昆虫の外皮の成分になぞらえて，ギリシャ語で"封筒"という意味の"キチン"と改名した。さらに，1859年にフランスのC. ルーゲ(C. Rouget)は，キチンのN-アセチル基を濃アルカリ処理で除くことに成功し，その生成物にドイツのF. ホッペザイラー(F.Hoppe-Seiler)が"キトサン"と命名した。このようにして現在に至っている。

2　キチンとキトサン

キチンやキトサンは，海や河などの水圏にてカニやエビなど甲殻類の甲殻や，イカの軟骨など軟体動物の骨や器官，畑や山林など土壌圏や地上圏にてゴキブリ，カブトムシなど昆虫外皮，キノコやパン酵母などの菌類細胞壁などの構成成分で，地球上に広く分布している。これらの生物により地球上で年間推定一千億トンも生合成され，同時にキチナーゼ，リゾチーム，N-脱アセチラーゼ，キトサナーゼなど一連の酵素により生分解されている。このキチンの生合成と生分解による循環が，地球の自然環境とヒト，動物，植物など地球の全ての生物の生態系を保全していると言っても過言でない[1)]。

キチンは，直鎖構造の(1→4)-N-アセチル-β-D-グルコサミナン，$(C_8H_{13}NO_5)_n$，$[\alpha]_D^{18}+10$

---

*　Shigehiro Hirano　キチン・キトサンR&Dセンター；鳥取大学　名誉教授

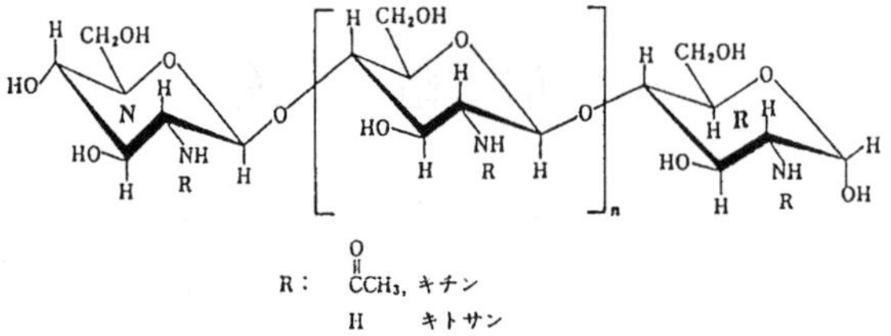

図１　キチン分子とキトサン分子の化学構造
N：非還元末端基，R：還元末端基

～22°（c 1.0, 5％LiClを含むN, N-ジメチルアセトアミド）で（図１），水，希有機酸，アルカリ，アルコールなど一般有機溶媒に溶けないが，ギ酸，5％LiClを含むN, N-ジメチルアセトアミド，$CaCl_2$・$2H_2O$飽和したメタノールなどに溶ける。キチン分子の鎖内外の水素結合により安定化される結晶構造として，多糖鎖が互いに逆方向に配向するα-キチン，同じ方向に配向するβ-キチン，そして混合配向するγ-キチンが知られている。

キトサンは，キチンのN-脱アセチル化物，直鎖構造の(1→4)-β-D-グルコサミナン，$(C_6H_{11}NO_4)_n$，$[\alpha]_D^{11}$ −3～−10°（c 0.5, 2％酢酸)で，水，アルカリ，アルコールなど一般有機溶媒に溶けないが，希有機酸，メタンスルファン酸などに溶ける。

キチン分子とキトサン分子のN-アセチル基の置換度とその分布，鎖長(分子量)の相違により特異的な分子特性が見られる。N-アセチル基の置換度0.42～0.82のものは水，希アルカリと希酸のいずれにも溶け，置換度0.42以下のものは希酸に溶けるが水とアルカリに溶けない，置換度0.82以上のものは水，希アルカリと希酸いずれにも溶けない[2]。一方，オリゴ糖（重合度10以下）は水，希アルカリ，希酸に溶ける。

ヘキソキナーゼ(EC 2.7.1.1)の作用にてN-アセチル-D-グルコサミンはATPと反応し，N-アセチル-D-グルコサミン-1-りん酸を生成する。つづいて，UDP-N-アセチル-D-グルコサミンピロホスホリラーゼ(EC 2.7.7.23)の作用にてUTPと反応してUDP-N-アセチル-D-グルコサミンが生成する。これにUDP-N-アセチル-D-グコサミニルトランスフェラーゼ(EC 2.4.1.16)の作用にて，非還元末端基にN-アセチル-D-グルコサミン基が転移してキン鎖を伸長する。一方，キチンは，キチナーゼ(EC 3.2.1.14)またはリゾチーム(EC 3.2.1.17)によりキチンオリゴ糖に分解される。このキチンオリゴ糖は，N-アセチル-β-D-グルコサミニダーゼ(EC 3.2.1.30)によりN-アセチル-D-グルコサミンに分解される。また，キチンはキチンN 脱アセチラーゼ(EC 3.5.1.41)の作用にてキトサンを生成する。

これらキチンとキトサンの合成・分解の酵素タンパク質のアミノ酸配列，遺伝子のDNA配列，遺伝子のクローニングと発現調節機構の究明により，キチン，キトサン，関連酵素の新しい展開が期待される。

3　分子機能と生物機能の開発と応用

キチン，キトサンおよび関連酵素の分子機能と生物機能を基盤とした①分子・成形，②獣・医薬材料，③バイオテクノロジー，④化粧品，⑤食品，⑥農林水産および⑦工業の各分野において，実用化されたものと応用の進行中の代表的なものを次に挙げる。

①　分子・成形分野

繊維（キチン，キトサン，アシルキトサン，コラーゲン•キトサン，コラーゲン•キチン，シルクフィブロイン•キチン，ヒアルロン酸•キチン，ヘパリン•キチン，コンドロイチン硫酸•キチン，セルロース•キチン，セルロース•キトサンなど）[3]，拡散透析膜・逆浸透膜・限外濾過膜・気化浸透膜（キチン，キトサン），多孔性ビーズ(キチン，キトサン)，カプセル（キチン，キトサン），中空チューブ(キチン)，綿棒（キトサン），綿・不織布・スポンジ（キチン，キトサン，キトサン・コラーゲン），ハイドロゲル（キチン，キトサン，N-アシルキトサン，N-アルキリデンキトサン，N-アリリデンキトサン，キトサン－蓚酸，キチン－コラーゲン，キチン－シルクフィブロインなど）[4]，徐放性薬剤の担体（ハイドロゲル），細胞・酵素などバイオリアクター固定化の担体（ハイドロゲル），ゲル濾過・親和クロマトグラフィーの担体（ハイドロゲル），キセロゲル（ハイドロゲル），スポンジ・スポンジ布（ハイドロゲル），液晶材料（ヒドロキシアルキルキトサン），炭酸ガスの固定化・回収剤（水中にてキトサン•Ca-アルギン酸塩とCO_2と反応してキトサン・$CaCO_3$の生成[5]，大気中にてアルカリキトサンハイドロゲルとCO_2と反応して炭酸ナトリウム•水和物の生成），CO_2ガスによるキトサン・重炭酸塩の水溶液（キトサン）[6]など。

②　獣・医薬材料分野

免疫賦活剤（キチン，キトサン），生体適合剤（キチン，キトサン，オリゴ糖），制ガン剤（キチン，キトサン），ヒトリンパ球のガン細胞障害活性の賦活剤（キチン，キトサン），肥満防止剤（キトサン），降コレステロール剤（キトサン），高血圧の低下（キトサン），抗菌・抗カビ剤（キトサン），腸内菌叢の改善と保全剤（キトサン），生体内消化吸収縫合糸（キチン），限外濾過・透析中空管（キトサン），創傷の被覆保護・治癒促進剤・人工皮膚（キチン，キトサン），抗血栓剤（N-ヘキサノイルキトサン，N-オクタノイルキトサン），骨・腱・靭の再生剤（キチン，キトサン），止血・血液凝固の促進剤（キトサン），血液凝固の阻止剤（キチン硫酸），コンタクトレンズ(N-ヘキサノイルキトサンハイドロゲル，N-オクタノイルキトサンハイドロゲル)，アトピー性皮膚炎の軽減（キトサン），ヒト尿中のウロキナーゼの吸着剤（キチン），エリスロポエチンの吸着剤（キトサン），ヒト尿中のカリクレインの吸着剤（キトサン），薬物除放性の担体（N-

アシルキトサン），歯周病予防飲料への添加剤（水溶性キチン），虫歯予防口くう用品の素材（キチン，キトサン，水溶性キチン）など。

③ **バイオテクノロジー分野**

細胞培養の担体（キチン），ストレプトマイセス菌のキチナーゼ生産向上剤（キチン），固相合成担体（キトサン），酵素・生理活性物の分子親和剤（キチン，キトサン誘導体），生理活性物質・酵素・微生物の固定化担体（キトサン），粒状多孔性成形品（キトサン），走差電子顕微鏡観察試料の包埋材（キトサン・グルタルアルデヒド），フザリウム病原菌の生育抑制剤（キトサン），核酸・エンドトキシン除去剤（キトサン），薄層クロマトグラフィー充填剤（キチン，キトサン），ダイオキシンの除去（キトサン）など。

④ **化粧品分野**

クリームなど水溶性の化粧品基材（グリコールキチン，カルボキシメチルキチン），毛髪の固定化剤（キトサン），染毛・毛髪加工剤（部分的N-脱アセチル化キチン），化粧の油とり紙（キトサン），化粧品の懸濁液基剤（微粉末キチン），理容剤（キトサン第四級ヒドロキシアンモニウム塩），皮膚保湿剤（キトサン），室内における芳香放出の担体（キトサンシッフ塩基）[7]，生理用ナプキン（キトサン），エステマスクなど美容パック素材（キチン，キトサン），ガーゼ・包帯・バン創膏の素材（キトサン繊維），抗菌フェイスマスクの素材（キトサン）など。

⑤ **食品分野**

健康食品素材（キチン，キトサン），揚げ物ころもの素材（キチン，キトサン），食品加工場廃液からのタンパク質の回収材（キトサン），キトサン添加食品（パン，豆腐，ビスケット，カマボコ，コンニャク，ウドン，ソーメン，ラーメン，紅茶，コーヒー，スープ，佃煮，酢，煎茶，白菜漬，キムチ，ジャムなど），食品の抗菌・抗カビ・保存剤（キトサン），腸内ビフィズス菌の増殖剤（キチンオリゴ糖），製糖過程における清澄剤（キトサン），ジュース，日本酒，ブドウ酒，酢などの濁り防止・除去剤（キトサン），醤油色の改善剤（キチン），コーヒー豆や紅茶の抽出液から変異源物や酸製物質の除去剤（キトサン），食品の増粘剤（キトサン）など。

⑥ **農林水産分野**

園芸用の抗ウイルス剤（キトサン），海苔栽培における海苔網への塗布剤（キトサン），養殖稚魚の耐病性を高める飼料添加剤（キトサン），哺乳動物・鳥類・両性類・爬虫類の生育促進・健康保全の飼料添加剤（キチン，キトサン），乳牛の乳房炎治癒剤（キトサン）[8]，ペットの耐病性を高める飼料添加剤（キトサン），種子被覆剤（水溶性キチン，キトサン），作物連作障害を防ぐ土壌改良剤（カニ・エビ殻，キチン，キトサン），キチン堆肥の製造添加剤（カニ・エビ殻，キチン），作物・樹木生育の促進剤（キチン），収穫量の向上剤（キチン，キトサン），土壌改良剤（カニ・エビ殻），松枯病の防除剤（キトサン），樹木創傷治癒の促進剤・人工樹皮（キチン），苗木輸送の保水材（キチンハイドロゲル），木材防腐剤（キトサン），土壌菌叢の改善剤・善玉放線菌の増殖剤（カニ・エビ殻，キチン，キトサン），耐病性を高める植物キチナーゼ活性を高める素材（キチン），葉面散布剤（水溶性キチン），土壌灌注剤（水溶性キチン），機能性肥料添加剤（カニ殻），病原菌を認識しその生育を阻害するファイトアレキシンの誘導剤（キチン，キトサン），果実，野菜，鶏卵などの鮮度保持剤（水溶性キチン），生分解性農業用紙（キチン，キトサン）など。

⑦　工業分野

キトサン入り靴下・肌着（キトサン繊維），高分子電解質複合体・凝集剤（キトサン），汚泥脱水材（キトサン），汚水処理剤（キトサン），遷移金属イオンの錯体形成剤（キトサン），イオン交換体（キトサン），金属イオンの除去・回収剤（キトサン），紙質向上への添加剤（キチン，キトサン），段ボール中心原紙強化材（キトサン），染色強化材（キトサン），濾過促進材（キトサン），塗装剤（キトサン），光硬化剤（ハロアシルキトサン），紫外線硬化剤（キトサン）[9]，水泳プールの水浄化剤（キトサン），印刷鮮明度の向上剤（キトサン），木材の染色補助剤（キトサン），音響膜素材（キチン，キトサン），家具の抗菌・防湿の塗料（キトサン），木材の接着剤（キトサン），放射性物質の吸着剤（キチン，キトサン），抗菌・脱臭壁紙添加剤（キトサン），名刺・葉書・絵画など印刷向上剤（キトサン），抗菌茶袋・抗菌折り紙剤（キトサン），抗菌・脱臭障子紙（キトサン），帯電防止剤（キトサン），電池電極の素材（リチウム・キトサン膜），多孔性顆粒の素材（キチン，キトサン），楽器・音響機器への塗料素材（キトサン），ホルムアルデヒド吸着によるシックハウスの改善材（キトサン），発火剤（ニトロキトサン）[10]など。

4　おわりに

1977年，わが国にて世界ではじめてバイオマスカニ殻からキトサンの工業生産と天然凝集剤として廃水処理が始まった。それ以来，キチンとキトサンの利用は，廃水処理のみならず広い領域を占めるようになった[11~13]。その利用・開発の基本は，キチンとキトサンの生合成と生分解の地球上の自然循環を乱さず，生態系のすべての生物との共棲と保全を忘れてはならない。

文　　献

1）S. Hirano, Chitin and Chitosan, “Ullman's Encyclopedia of Industrial Chemistry”, 6th Ed., Wiley-VCH, Winheim, 2002

2） S. Hirano, Y. Yamaguchi, M. Kamiya, Novel N-saturated fattyacyl derivatives of chitosan soluble in water, and in aqeous acid and alkaline soluions, *Carbohydr. Polym.*, **48**, 203-207（2002）
3） 平野茂博，機能性バイオ繊維，バイオインダストリー，**19**, 62-70（2002）
4） S. Hirano, Chitin and Chitosan: Generating and Regenerating Reactions and Applications of their Reactions, *Adv. Macromol. Carbohydr. Res.*, **2**, 131-190（2003）
5） S. Hirano, K. Yamamoto, H. Inui, M. Ji, M. Zhang, The mineralization oh CO_3^{2-} ions on chitin- and chitosan-metal composite beads in water, *Macromol. Symp.*, **105**, 149-154（1996）
6） 酒井康雄，藤枝たく也，斉藤貴江子，早野恒一，吉田寿，炭酸ガスによるキトサン溶解法とその水溶液の応用，キチン・キトサン研究，**8**, 200-201（2002）
7） S. Hirano, H. Hayashi, Some fragrant fibres and yarns based on chitosan, *Carbohydr. Polym.*, **54**, 131-136（2003）
8） 高橋明徳，乳房炎の治療にキトサンが効果的，畜産コンサルタント，**98**, No. 406（1998）
9） 蓮物映子，大村善彦，中坪文明，岡本芳晴，南三郎，斉本博之，重政好弘，新規紫外線硬化型　キトサン誘導体の合成と機能発現，キチン・キトサン研究，**9**, 104-105（2003）
10） S. Hirano, H. Yano, Some nitrated derovatives of N-acylchitosan, *Int. J. Biol. Macromol.*, **8**, 153-156（1986）
11） 平野茂博，キチン・キトサン，“最新医用材料開発利用便覧”，妹尾学，大坪修（編集），R&Dプランニング社，pp. 235-245（1986）
12） キチン，キトサン研究会編，“キチン，キトサンの応用”，技法堂出版，（1990）
13） キチン，キトサン研究会編，“キチン，キトサン ハンドブック”，技法堂出版，（1995）

第2章　分子構造分野

1　キトサンおよびキトサン複合体の結晶構造

金成正和[*1]，奥山健二[*2]

1.1　はじめに

キチンは*N*-アセチルグルコサミンがβ-1,4結合で直鎖状に重合した多糖であり，昆虫，甲殻類，無脊椎動物の外骨格を構成する主要な構造多糖である。キチンの化学構造はセルロースによく似ており，2位の炭素に結合する官能基がセルロースでは水酸基(-OH)，キチンではアセトアミド基($-NHCOCH_3$)となっている。ピラノース環は共に椅子型の$^4C_1$をとる。多くの点でキチンは，高等動物におけるコラーゲン，植物におけるセルロースに似た役割を担っている。キチンは自然界に幅広く分布しており，毎年セルロースに匹敵する量のキチンが生合成され，同量が分解されている。溶媒に不溶なキチンは工業的な利用が困難であるが，キチンを脱アセチル化して得られるキトサンは，2位に一級アミノ基($-NH_2$)を持つため種々の酸溶媒に溶解し，陽イオン性の高分子電解質として利用できる。また，遷移金属イオンと選択的に結合することから重金属捕集剤としても利用できる。キトサンの持つこれらの性質は，キトサンの化学構造によることは勿論であるが，分子構造，分子の凝集構造にも大きく依存している。そこで，これら機能の応用や改良を考えるとき，キトサン分子やキトサン複合体の立体構造を理解しておくことが非常に重要となる。

本節では，主としてX線回折法を用いて明らかになった，キトサンおよびキトサンが形成する様々な複合体の立体構造を紹介する。

1.2　キトサンの結晶構造

キトサンのような繊維状高分子の立体構造を調べる最良の方法はX線回折法であり，構造解析には一軸配向試料が必要となる。1936年，ClarkとSmith[1)]によって最初に報告されたX線回折像は，ロブスターの腱(tendon)のキチンを固相状態で脱アセチル化して調製した一軸配向試料からのものであった。この回折像は，カニの腱から同様の方法で調整したキトサン水和型[2)]と本質的には同じであった。カニの甲羅を脱アセチル化して調製したキトサン粉末から作製したフィ

＊1　Masakazu Kanenari　東京農工大学　工学研究科　生命工学専攻

＊2　Kenji Okuyama　東京農工大学　工学部　生命工学科　教授

ルムを一軸延伸した試料も水和型と同様のX線回折像を示すことが報告[3)]されている。しかし，フィルム作製時にキトサン粉末を酸溶媒に溶解させるため，最終的にはアルカリで中和しなければ酸との複合体を形成してしまうし，一軸配向試料を得るためには延伸などの操作が必要である。これに対して，天然状態で既に高配向，高結晶化状態にあるカニやエビの腱を用いた場合，固相状態で脱アセチル化することにより，その配向性や結晶性を保持したまま，フィルム調整や延伸などの操作なしにキトサン水和型の良好なX線回折像が得られる。このためキトサンおよびその複合体の構造研究では，カニの腱から調製したキトサン水和型を出発材料として用い，固相状態のままで複合体形成を行っている。

キトサンの結晶形としては，結晶中に水分子を含んだ上記の水和型の他に，無水型[3～5)]がある。無水型は水和型試料を水中で10分間，240℃で熱処理することで得られる[3,4)]。水中での熱処理にもかかわらず結晶から水分子が除かれ，無水型となる。キトサン無水型は，キトサン／モノカルボン酸複合体を2-プロパノールに浸漬するか，または相対湿度を100％に保つことによっても得られる[5)]。この方法は熱処理に比べて穏やかな条件であるため配向性の低下や試料の分解が起こらず，良好なX線回折像を得ることができる。また，低分子量のキトサンからは単結晶が得られており，電子線回折データを用いた構造解析も行われた[6)]。この構造は本質的には無水型と同様のものであった。キトサンの含水試料からのX線回折は上記の腱由来のもの以外に，数例の報告[7～9)]があるが，いずれもX線回折像が不鮮明であり明確な構造の議論は出来ていない。ここでは，我々の報告した水和型[2)]と無水型[10)]の結晶構造についてのみ説明する。

カニの腱を脱アセチル化して得たキトサン水和型と，キトサン／酢酸複合体を経て調整したキトサン無水型のX線回折像を図1に示す。これらの回折像の詳細は異なるが，繊維周期が約10Åであることは共通しており，分子鎖の構造が繊維周期中にグルコサミンを2残基含む伸び切った2/1らせん構造（extended 2/1-helix）であることを示している（図2-a)。この構造は，セルロース，マンナン，キチンなどのβ-1,4結合をもつ多糖における典型的な構造であり，5位の酸素と隣接残基の3位の酸素間の分子内水素結合(水和型：2.60Å，無水型：2.75Å)によって安定化されていた。

キトサン水和型は斜方晶系で，格子定数はa＝8.95，b＝16.97，c（繊維周期)＝10.34Åである。これはClarkら[1)]によって報告されているもの(a＝8.9，b（繊維周期)＝10.25，c＝17.0Å)によく似ており，何個かの反射は一方でのみ観測されているが，全体的な強度分布から考えれば本質的には同じ結晶構造と考えてよかろう。空間群$P2_12_12_1$の単位格子内に，4本の分子鎖と8個の水分子が存在する。b軸に沿って隣接した互いに逆平行な分子鎖は，結晶学的に独立である。それらは2組のN-2…O-6間の水素結合によってbc平面に平行なシートを形成し，それらのシートがa軸方向に積み重なっている。シート間には水分子が非対称単位中に3箇所確認されているが，

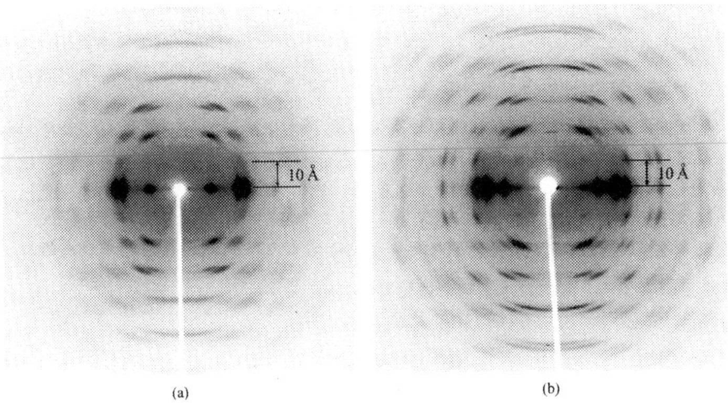

図 1　キトサンのX線回折像
(a) キトサン水和型　(b) キトサン無水型

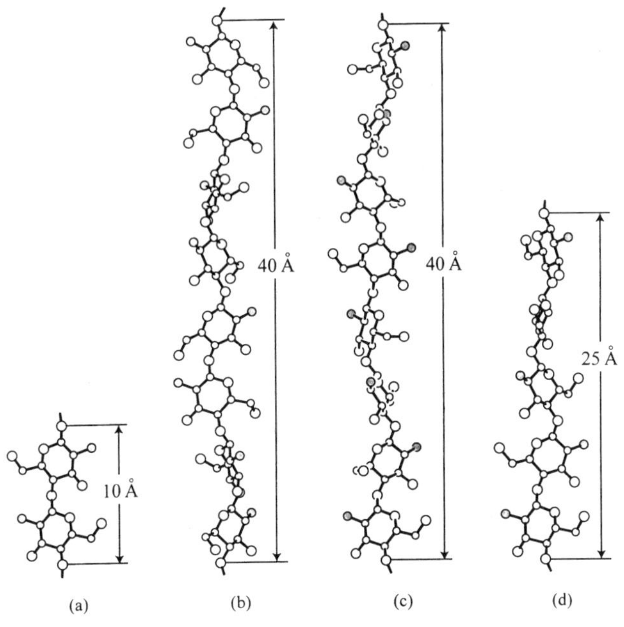

図 2　キトサン分子鎖のコンフォメーション
(a) 伸び切った2/1らせん構造（extended 2/1-helix）
(b) グルコサミン 4 残基を繰り返し単位とした2/1らせん構造（relaxed 2/1-helix）
(c) グルコサミン 2 残基を繰り返し単位とした4/1らせん構造
(d) 5/3らせん構造

X線的には2個でも3個でもR-因子に大差はない。実測密度と熱重量分析からは水分子の数は2個であり，水分子は多少ルーズにパッキングしている。シート間の直接の水素結合は見られないが，シート内，シート間に水分子を介した水素結合があり，構造安定化に寄与している(図3)。

一方，キトサン無水型の空間群は同じく$P2_12_12_1$で，格子定数は$a = 8.26$，$b = 8.50$，c（繊維周期）$= 10.43$ Åであり，キトサン水和型に比べてb軸が約半分の長さとなっている。単位格子中には2本の逆向きの分子鎖が含まれており，a軸方向に並んだ2本の分子鎖はN-2…O-6間の水素結合によりac平面に平行なシートを形成する。a軸に沿った結晶学的な2回らせん軸によって関係付けられる隣接シート間には水素結合は見られない(図4)。

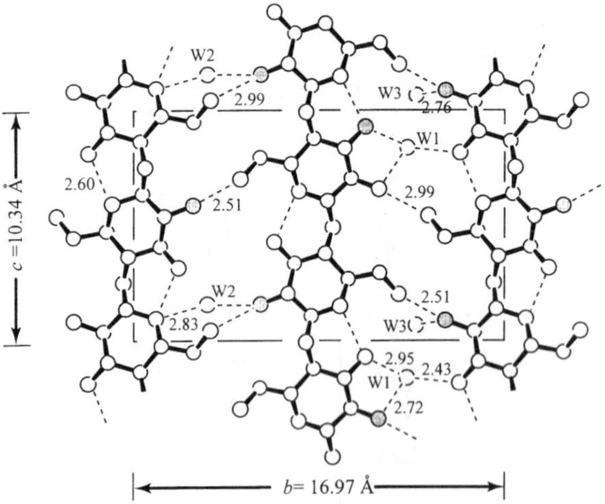

(a)

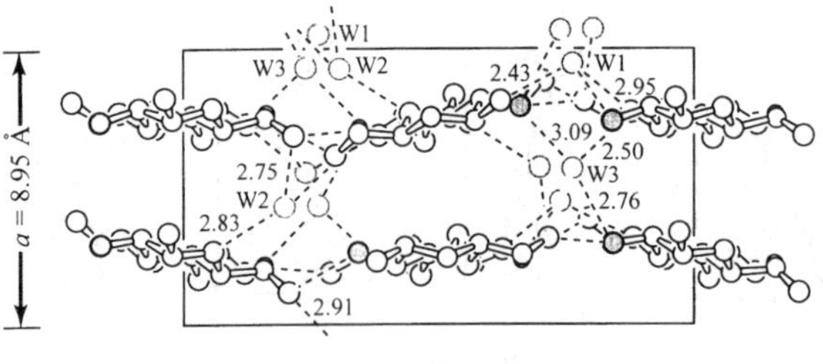

(b)

図3　キトサン水和型の結晶構造

(a) a軸投影図　(b) c軸投影図

灰色は窒素原子を示し，破線は水素結合を示す。複雑になるので(a)では(b)の上側の分子鎖と水は除いた。

水和型の結晶構造中に存在する水分子が，無水型では結晶から抜け出る。キトサン水和型から無水型への構造変化は不可逆的であり，無水型から水和型への変化は確認されていない。それ故，無水型はエネルギー的により安定な構造であると考えられている。また，キトサン複合体が水和型からのみ形成されるという実験事実からも，キトサン分子間に存在する水分子が複合体形成に対する重要な役割を担っていると考えられる。一方，安定なキトサン無水型では，シート間の水素結合がなく，van der Waals相互作用だけで安定化している。この状況はセルロースⅠ型の場合[11]に似ているが，セルロースⅠ型はマーセル化によりⅡ型へと転移する。

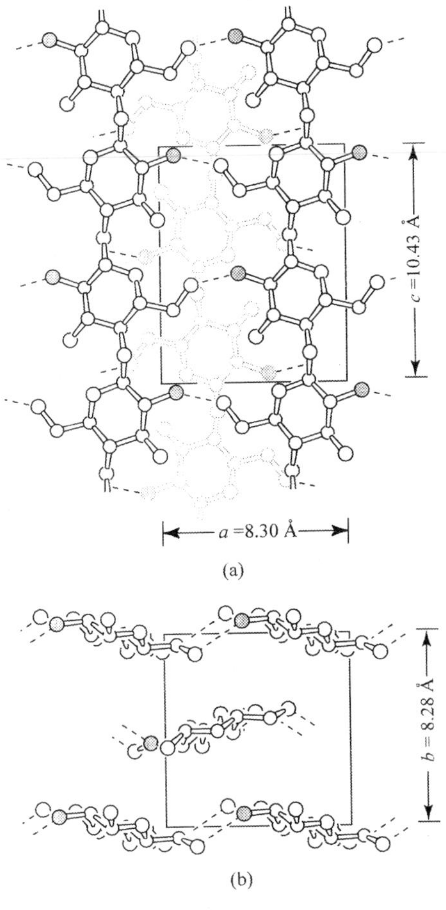

図4　キトサン無水型の結晶構造
(a) *b* 軸投影図　(b) *c* 軸投影図
灰色は窒素原子を示し，破線は水素結合を示す。

1.3　キトサン複合体

キトサンは単位構造中にアミノ基を持つことから無機酸，有機酸や遷移金属塩と結晶性の複合体を形成することができる。報告された様々な複合体のX線回折像は，繊維周期の違いにより，TypeⅠ(10Å)，TypeⅡ(40Å)，TypeⅢ(25Å)の 3 つのグループに分類されている。これまでに報告されているキトサン複合体の分類を表 1，代表的な複合体のX線回折像を図 5 に示す。乳酸やヨウ化水素酸(HI)などの一部の複合体はその調製条件などによりTypeⅠ，Ⅱの両形態になることが知られている[12~14]。

1.3.1　TypeⅠ複合体

TypeⅠには，硝酸[13, 15]やヨウ化水素酸(HI)[13]などの無機酸，アスコルビン酸[16]や乳酸[12]，マレイン酸[17]などの有機酸，すべての遷移金属塩[15, 18, 19]との複合体が含まれる。それぞれのX線回折

表1　キトサン複合体の分類

Type I （繊維周期10Å）	臭化水素酸，ヨウ化水素酸*，硝酸 L-，D-アスコルビン酸 L-，D-乳酸**，マレイン酸 遷移金属塩（$CuSO_4$，$ZnCl_2$等）
Type II （繊維周期40Å）	硫酸，フッ化水素酸，塩酸，ヨウ化水素酸* コハク酸，フマル酸 L-，D-乳酸** モノカルボン酸（ギ酸，酢酸等）
Type III （繊維周期25Å）	サリチル酸 ゲンチシン酸

*　Type I とType II の複合体の調製条件は制御できていない。
**　複合体形成を低温条件で行うとType II を，高温条件で行うとType I を形成する。

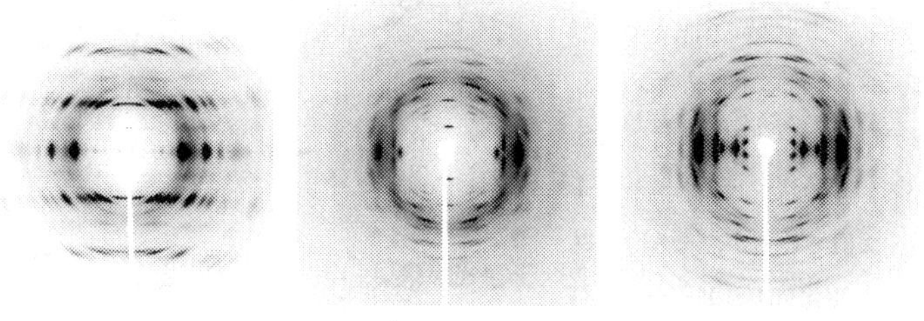

(a)　(b)　(c)

図5　キトサン複合体のX線回折像
(a) キトサン/HI複合体（Type I）
(b) キトサン/HI複合体（Type II）
(c) キトサン/ギ酸複合体（Type II）

像は異なっているが，繊維周期が約10Åで水和型や無水型と同様であることから，複合体形成において分子鎖構造に大きな変化はなく，extended 2/1-helix構造(図2-a)を保持していると考えられる。

Type I 型のいくつかの複合体結晶の構造解析が進められており，最近，キトサン/HI複合体の詳細な結晶構造が複合体構造として初めて明らかにされた[20]。キトサン/HI複合体は空間群が $P2_1$ で格子定数は $a = 9.46$, $b = 9.79$, c（繊維周期）$= 10.33$Åである。格子内には2本の分子鎖と4個の I^- が存在する。分子鎖は b 軸に沿って上向き分子と下向き分子が交互にジグザグに並んでおり，b 軸方向の分子鎖間はN-2…O-6の水素結合を形成している。単位格子中の I^- の2つのカラムは“ハ”の字に広がった分子鎖の隙間にあり，分子鎖間の水素結合ネットワークに寄与している。即ち，I^- は水和型における水分子の役割に似ており，N-2^+ と I^- 間の静電的相互作用の他に，隣接するキトサン分子鎖のN-2やO-6原子との水素結合ネットワークを形成して結晶構造を安定化している(図6)。

キトサン/遷移金属塩複合体については，回折像の第一層線上に強い回折点が現れるという共通した特徴が見られる。金属原子からのX線散乱がキトサン分子からの散乱に較べ強いために，実測強度を説明する構造モデルは得られるものの，構造を決定するまでには至っていない[15,18,19]。

1.3.2 Type II 複合体

Type IIには，ギ酸や酢酸などのモノカルボン酸[5, 17]や塩酸[13]，硫酸[13]などの複合体が含まれる。酸の種類が異なってもこれらのX線回折像は互いによく似ている。Type IIのキトサン分子鎖の構造は，繊維周期が約40 ÅとType Iのおよそ4倍であることからグルコサミン残基が8個で繰り返す8回らせん構造が提案されていた[21]。しかし，キトサン／ギ酸複合体の構造解析[22]により，実測の各層線反射の強度分布が，8回らせん構造の計算強度分布で説明できないことがわかり，グルコサミン4残基を繰り返し単位とした，2/1らせん構造(relaxed 2/1-helix)が提案されている(図2-b)。酸分子の構造が複雑なため，分子鎖構造の決定にとどまり，詳細な結晶構造の決定には至っていない。

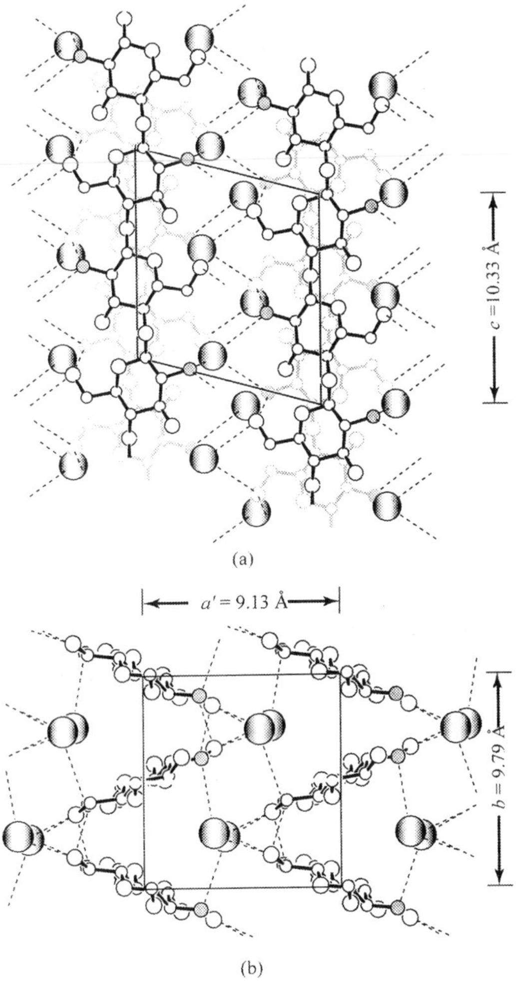

図6　キトサン/HI複合体の結晶構造
(a) *b*軸投影図　(b) *c*軸投影図
灰色は窒素原子，グラデーションはI^-を示し，破線は水素結合を示す。

また，キトサン/HI複合体の示すTypeⅡのX線回折像はこれまでのものとは強度分布が異なっている。構造解析の結果[14]，この複合体の分子鎖構造はrelaxed 2/1-helixではなくグルコサミン２残基を繰り返し単位とした4/1らせん構造であることが分った（図２-c)。

TypeⅡ型複合体を示すキトサン／モノカルボン酸複合体は2-プロパノールに浸漬するか，相対湿度を100％に保つことによりキトサン無水型に不可逆的に構造転移する[5]。この転移は時間経過とともに結晶内の酸分子が水分子を伴って自発的に出ていくことによって生じると考えられるが，転移機構の詳細は明らかになっていない。

1.3.3 TypeⅢ複合体

最近，フェニル基を含む薬用有機酸であるサリチル酸との複合体は，繊維周期が25.5Åで第５層線上に子午線反射を持つX線回折像を示すことが報告された[23]。フェニル基を持つゲンチシン酸との複合体からもよく似た繊維図形が得られた。これらのX線回折像とコンフォメーション解析によって，この複合体におけるキトサン分子の構造はグルコサミン残基が５個で繰り返す5/3らせん構造であることがわかった（図２-d)。

1.4 おわりに

キチンに較べ，その誘導体であるキトサン水和型の結晶構造は，ClarkとSmithの先駆的X線回折実験(1936)から60年後の1997年に初めて明らかになった。これは，前駆体であるα-キチンの構造解析に約20年遅れたことになる。キトサンの構造解析が遅れた理由の一つは，ClarkとSmith以降の研究では実用的な見地から結晶性，配向性の劣るキャストフィルムを用いた研究が主流となったためではないかと思われる。キャストフィルムからのX線回折像を基にしていたなら，繊維周期40ÅのTypeⅡ型結晶における主鎖のらせん構造が正しく解析できたとは考えにくい。構造研究の観点から最良の試料を得ようと，再び天然のカニの腱に注目し，固相状態のままで脱アセチル化してキトサン水和型を得た小川らの功績は大きい。このキトサン水和型を出発物質として固相のままで各種複合体結晶が調整できるようになり，TypeⅠ型，Ⅱ型の構造研究が可能となった。

セルロースは強アルカリの下でextended 2/1-helix以外の構造もとることが知られているが，基本的にはセルロースやキチンのようなβ-1,4結合多糖の主鎖構造はextended 2/1-helixである。これに対してキトサンは単に酸と反応して塩を作るだけでコンフォメーションを変化させ，多様な主鎖構造を示す。これはキトサンが構造単位中に遊離のアミノ基を持つためであり，構造の多様性，コンフォメーションの柔軟性はキトサンを利用する際の重要なポイントとなろう。

文　　献

1) G. L. Clark and A. F. Smith, *J. Phys. Chem.*, **40**, 863 (1936)
2) K. Okuyama, K. Noguchi, T. Miyazawa, T. Yui, K. Ogawa, *Macromolecules*, **30**, 5849 (1997)
3) K. Ogawa, S. Hirano, T. Yui, T. Watanabe, *Macromolecules*, **17**, 973 (1984)
4) T. Yui and K. Imada, *Macromolecules*, Vol. 27, No. **26**, 7601 (1994)
5) J. Kawada, Y. Abe, T. Yui, K. Okuyama, K. Ogawa, *J. Carbhydr. Chem.*, **18(5)**, 559 (1999)
6) K. Mazeau, W. T. Winter and H. Chanzy, *Macromolecules*, **27**, 7606 (1994)
7) R. J. Samuels, *J. Polymer Sci. Polymer Physics Edition*, **19**, 1081 (1981)
8) K. Sakurai, M. Takagi, T. Takahashi, *Sen-i Gakkaishi*, **40**, T-246 (1984)
9) K. Sakurai, T. Shibano, K. Kimura, T. Takahashi, *Sen-i Gakkaishi*, **41**, T-361 (1985)
10) K. Okuyama, K. Noguchi, K. Osawa, Y. Hanafusa and K. Ogawa, *J. Carbohydr. Chem.*, **19**, 789 (2000)
11) K. H. Gardner and J. Blackwell, *Biopolymers*, **13**, 1975 (1974)
12) J. Kawada, T. Yui, Y. Abe, and K. Ogawa, *Biosci. Biotech. Biochem.*, **62(4)**, 700 (1998)
13) K. Ogawa, *Carbohydrate Research*, **160**, 425(1987)
14) A. Lertworasirikul, S. Tsue, K. Noguchi, K. Okuyama, K. Ogawa, *Carbohydrate Research*, **338**, 1229 (2003)
15) K. Okuyama, K. Noguchi, M. Kanenari, T. Egawa, K. Osawa, K. Ogawa, *Carbohydrate Polymer*, **41**, 237 (2000)
16) K. Ogawa, K. Nakata, A. Yamamoto, Y. Nitta, and T. Yui, *Chem. Mater.*, **8**, 2349 (1996)
17) J. Kawada, T. Yui, K. Okuyama, K. Ogawa, *Biosci. Biotechnol. Biochem.*, **65**, 2542 (2001)
18) K. Ogawa, K. Oka, T. Miyanishi and T. Koshijima, "Chitin, chitosan and related enzymes", J. P. Zikakis ed., Academic Press, Orlando, 1984, pp. 327-345.
19) K. Ogawa, K. Oka, *Chem. Matter.*, **5**, 726 (1993)
20) A. Lertworasirikul, S. Yokoyama, K. Noguchi, K. Ogawa, K. Okuyama, *Carbohydrate Research*, in press
21) P. Cairns, M. J. Miles, V. J. Morris, M. J. Ridout, G. J. Brownsey and W. T. Winter, *Carbohydrate Research*, **235**, 23 (1992)
22) K. Okuyama, K. Osawa, Y. Hanafusa, K. Noguchi, K. Ogawa, *J. Carbohydr. Chem.*, **19**, 789 (2000)
23) M. Kawahara, T. Yui, K. Oka, P. Zugenmaier, S. Suzuki, S. Kitamura, K. Okuyama, K. Ogawa, *Biosci. Biotechnol. Biochem.*, **67**, 1545 (2003)

2　βキチンの成層化合物形成とナノ複合材料創製の可能性

斎藤幸恵*

天然キチンではα，βの二つの結晶形の存在が知られている。安定な構造であるαキチンに対し，βキチンは準安定構造で，結晶格子の中に水をはじめ比較的小さな溶媒分子を取り込んで可逆的に成層化合物を形成する。αキチン，βキチンは分子鎖の凝集構造の違いに起因して異なる物性を示す。αキチンでは分子鎖が分子間水素結合により三次元的に結びついているが，βキチンでは分子間水素結合はある一定の面内にしか存在しない。そのためβキチンでは，水素結合で結びついた分子鎖は平面状の分子層として振舞い，その分子層間には水素結合のような強い結合が存在しない。βキチンの分子鎖の層状凝集構造を利用し，分子鎖層間にさまざまな物質を取り込ませることで新しい材料を創製できる可能性がある。

2.1　キチンの結晶構造

キチンの凝集状態が成層化合物の形成に大きく影響するので，ここでキチンの取りうる2種の結晶構造について述べる。

最安定構造で2種の結晶構造のうち比較的自然界に豊富に存在するαキチンについてはMinke & Blackwell (1978) がX線結晶構造解析により原子座標を決定し，結晶の空間群が$P2_12_12_1$であるとした[1]（図1）。このモデルはαキチンのIRスペクトルに特有なダブルのアミドI吸収をも説明でき，現在のところ広く受け入れられている。空間群が$P2_12_12_1$であることは，*a*, *b*, *c*の3軸方向に2回螺旋軸がある，すなわち必然的に結晶内の隣合う分子鎖の向き（極性）が互い違いに並ぶ，逆平行鎖構造であることになる。結晶学的検討による結果はαキチンが逆平行鎖構造であることを示しているが，一方で[1,2]，キチンとよく似たセルロースの場合，天然に存在する結晶は分子鎖極性が揃った平行鎖構造である。生物による合成→結晶化のプロセスを考慮すると平行鎖構造のほうが自然であるが，αキチンの場合それに反して天然セルロースの合成→結晶化と全く異なる機構を示唆する点でも，αキチンが逆平行鎖構造とされることは重要な特色である。

一方，イカの腱，ある種の珪藻の粘糸，ハオリムシ類の棲管などに分布が限られているβキチンについては，Gardner & Blackwell (1975) により原子座標が決定されている[3]（図2）。回折図によれば，βキチンは周期性の単位である単位格子に分子鎖を一本しか含んでおらず，このことはβキチンが結晶内での分子極性が揃った平行鎖構造であることを示している。近年，珪藻の粘糸βキチンの合成・結晶化における分子極性が明らかにされたが[4]，この結果もβキチンが平

---

*　Yukie Saito　東京大学大学院　農学生命科学研究科　文部科学教官助手

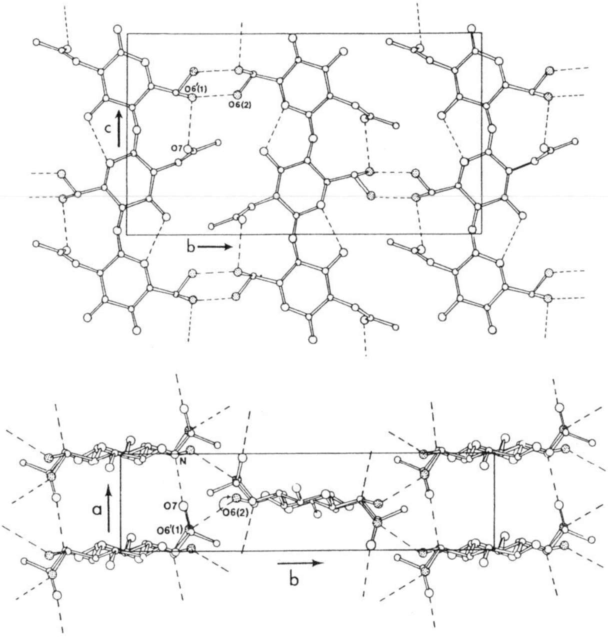

図1　Minke & Blackwellによるαキチンの結晶構造[1]
空間群$P2_12_12_1$，斜方晶，a＝0.474nm，　b＝1.886nm，c＝1.032nm（繊維軸）とされる。
水素結合(点線)により分子鎖は隣接するどの分子鎖とも結ばれている。

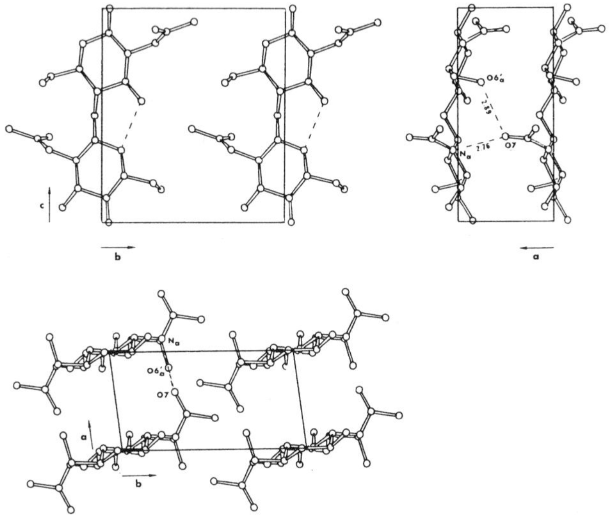

図2　Gardner & Blackwellによるβキチンの結晶構造[3]
空間群$P2_1$，単斜晶，a＝0.485nm，b＝0.926nm，c＝1.038nm(繊維軸)とされる。
水素結合はb軸方向には存在しない。

行鎖構造であることを明らかに支示している。

βキチンにはαキチンにない特徴が見られる。αキチンは無水結晶形しかもたないが，βキチンは水中で水和結晶として存在している。βキチンは結晶格子あたり水分子を1ないし2個取り込んで一水和あるいは二水和結晶となる[5]。βキチンの結晶格子は水分子を取り込むと，分子間水素結合が存在しないb軸方向にのみ広がる。βキチンがb軸方向に水素結合を持たないことは，b軸方向に熱膨張しやすい性質にも反映されている[6]。また，βキチンの特徴として，準安定で，塩酸[7~9]，ギ酸[10]，LiSCN水溶液[7]，水酸化ナトリウム水溶液[11]による処理でより安定なαキチンへ結晶変態することが挙げられる。β→αの結晶変態は平行鎖構造から逆平行鎖構造への転移[9]と考えられる。化学処理によりひとたびβキチンの平面状分子層構造を壊すと，再生により得られるのは最安定構造のαキチンである。すなわちβキチンは現在のところ天然界からしか得られない。三次元的に水素結合をもち安定なαキチン(図1)に比べ，βキチン(図2)はb軸方向には分子間水素結合を持たないから，分子鎖はほぼac面に沿って連なり平面状分子層として振舞い，層間に溶媒分子を取り込んで容易に成層化合物を形成する。

2.2 βキチン成層化合物[註1)]

2.2.1 βキチンからの種々の成層化合物の生成

浸漬するだけでβキチンの結晶内に取り込まれるのは，小さな溶媒分子に限られる。ところが，βキチンを室温で塩酸に浸漬してから溶媒に浸漬すると，比較的大きな溶媒分子でも結晶中に取り込まれ，成層化合物が形成される[9,12]。塩酸に浸漬すると，βキチンは結晶内膨潤して結晶構造を失う[9,13]。この結晶内膨潤した試料から塩酸を取り除けばふたたび結晶化するが，塩酸の濃度によって与える結晶形が異なる。即ち，塩酸の規定度が高い場合にはαキチンを与えるが，比較的希い塩酸[註2)]の場合には溶媒分子を結晶内に取り込んで成層化合物を形成する。βキチン成

註1）分子層間に他の分子を取り込んだキチンを「βキチン成層化合物」と呼んだ。「挿入化合物（inclusion compound)」は，結晶の層状格子の間に各種分子などが取り込まれた化合物で，取り込んだ分子と化学結合する場合も指すので，後述のアクリル酸―キチン複合体のような例にも適する。しかしこの語は分子層構造が失われた場合にも使用されることがあるので，この語と同義であるが層構造を持つことがより強調された「成層化合物(lamellar compound)」を用いた。他の候補として，平面状分子層の間に他の分子が挿入された化合物をも指す「包接化合物（inclusion compound, enclosure compound, clathrate compound)」や「層間化合物（intercalation compound)」も考えられた。しかし「包接化合物」は取り込まれる分子に適合するようなサイズを持つ包接格子を原型として有する場合をいうため，分子サイズにより分子層間隔の変化するβキチンには当たらないと思われた。また「層間化合物」は挿入が電荷移動力による場合（インターカレーション）に限定されるので，取込みの機構の判明していない現段階での使用は見合わせた。溶媒取込みが水和結晶構造の拡張であるとし「溶媒和（solvate)」の表現も考えられたが，後述のピラーリング構造などではキチン／溶媒分子間の化学量論的関係が必ずしも満たされない場合も考え得るので，ここでは「βキチン成層化合物」とした。

註2）結晶変態を起こす塩酸の規定度は試料の由来によって異なる。例えばイカでは6Nであるがハオリムシ類では7.5Nである。

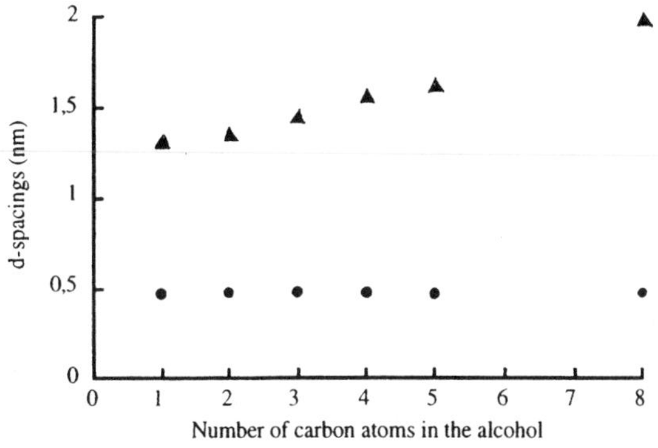

図 3　分子層間に線形アルコールを取り込んだβキチンの(010)●と(100)▲の面間隔をアルコールの炭素数に対してプロットしたグラフ[12)]
アルコールの炭素数の増加に伴い，ほぼ分子層間隔に相当する(010)の面間隔は増大している。一方，分子層内での分子鎖間距離にほぼ等しい(100)の面間隔は変化していない。

層化合物は，真空乾燥などの方法で溶媒を除去すればもとの無水βキチン(以後，挿入物がない場合のβキチンをこう呼ぶこととする)に戻る。成層化合物は結晶構造を有しており，その格子定数 a, c は無水βキチンとほとんど変わらず，b のみが無水βキチンより大きい[13)]。

塩酸膨潤したキチンを介して種々の成層化合物を創れる。メタノール，エタノールなどの比較的低分子量のアルコールは無水βキチンをそのまま浸漬するだけで取り込ませることが可能であるが，比較的サイズの大きいアルコールも，塩酸膨潤を経ることで取り込ませることができた[12)]。図 3 に種種のアルコール類を取り込んだ場合の面間隔の変化を示した。ほぼ分子層間隔に相当する(010)面間隔は，挿入された溶媒分子の大きさに従って増大する[12)]。これらの成層化合物を空気中に放置するとアルコール分子が抜けて無水βキチンに戻る。一般にβキチンの成層化合物化は可逆的で，取り込まれた分子を除去すると無水βキチンに戻る。

成層構造を与えるかどうかは，取り込ませる溶媒の種類による。例えばアセトンなどはβキチン結晶内に取り込まれるが成層構造を与えない。βキチン分子層間に取り込まれ，成層化合物をなすことがこれまでに判っているものとして，線形アルコールの他，エチレングリコール，グリセロール，2-ブタノール，イソプロパノール，イソブタノール，2-メチル-2-プロパノール，シクロヘキサノールなどの非線形アルコール，ジメチルアセトアミド，フェノール，ピリジンなどがある[12)]。アミン類も取り込み可能で，アルコール類と同様，取り込み分子サイズの違いにより層間隔が変化することが報告されている[14)]。

2.2.2 βキチン成層化合物における分子層構造保持の機構[13]

βキチンが溶媒分子を取り込んで成層化合物を形成するためには，分子層構造が保たれていることが必要である。そこで，層状構造の保持について，水素結合に注目して重水素赤外分光(IR)法により検討した。この検討にはハオリムシβキチンを用いた。容易に入手可能なβキチンとしてイカの腱があるが，IRにおいては非結晶成分由来のピークが顕著に検出され[15]検討を困難とするので，ここでは径数十nmのほぼ完全結晶のβキチンのみから成るハオリムシ由来の試料を用いた。ハオリムシの棲管を精製して得たβキチン無水物を，a.重水に浸漬，b.重メタノールに浸漬，c.重塩酸に浸漬後重水に浸漬，の3種の処理にそれぞれ供した。減圧乾燥し取り込んだ分子を除去した後，IR測定した。重水素化物を用いたのは，結晶内へ取り込まれた重水素化物と相互作用を持った箇所のOH基やNH基が重水素置換されて，同位体効果による新たなIR吸収が現れることが期待されるので，これを検討することにより無水βキチンの3種の水素結合O3H…O5（分子内），O6H…O=C（分子間），NH…O=C（分子間）が溶媒分子取り込みにより切断されるかどうか判断できると考えたからである。得られたIRスペクトルを図4に示した。未処理試料のスペクトルは，シングルのアミドI吸収を持ちβキチンの特徴を示している（図4a）。図4b，cはそれぞれ重水，重メタノールに浸漬させた後乾燥した試料である。重水や重メタノールに浸漬中のX線回析から，それら重水素化物分子がキチン分子層間に挿入して成層化合物を形

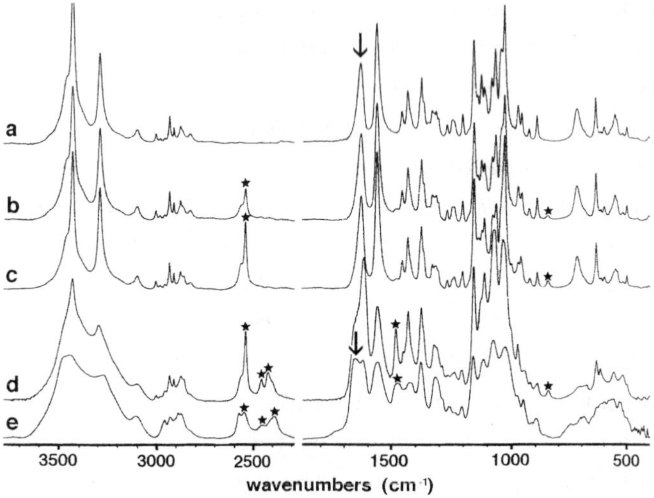

図4　ハオリムシβキチンのIRスペクトル[13]
(a)未処理。↓はアミドIの吸収。(b)D_2O処理試料。(c)CH_3OD処理試料。(d)6N DCl処理試料。(e)8N DCl処理試料↓に新たに吸収が現れアミドIがダブルになっている。★は重水素置換基に由来するピークを示す。(b)，(c)では2545cm^{-1}付近にODの吸収のみが見られるが，(d)，(e)ではODに加え，2462，2428cm^{-1}付近にさらにNDの吸収が現れている。

成したことを確認した。図4b，cは取り込んだ溶媒分子を除去した後のスペクトルで，βキチンであることを示しているが，2545cm^{-1}に未処理試料になかったODの吸収が見られた。これは，重水や重メタノールの取り込みでO3H…O5（分子内），O6H…O=C（分子間）の水素結合が影響をうけたことを示している。しかしNDの吸収は現れなかったことから，分子間アミド水素結合NH…O=Cは取り込まれた重水や重メタノールに影響されずにそのまま保持されていたことを意味する。分子間アミド水素結合NH…O=Cがβキチンのa軸方向に隣あう分子鎖を結びつけて分子層を形成し，この分子層間に重水や重メタノールが取り込まれてb軸方向に層間膨潤したと説明できる。図4d，eは重塩酸に膨潤→重水置換という履歴を持つ試料で，これらではODばかりでなくNDのピークが現れた。このことから，重塩酸はシート内の分子間アミド水素結合にも影響を与えたことがわかる。ところで図4d，eでは，用いた重塩酸の濃度はそれぞれ6N，8Nと異なっていた。6N塩酸で処理した場合（図4d）ではアミドIはシングルでβキチンであるが，8N塩酸で処理した場合（図4e）ではアミドIがダブルになっており，αキチンに結晶変態したことがわかる。塩酸処理によるキチンの分子量変化を測定したところ，塩酸濃度が8Nの場合，6Nに比べ分子量低下が著しいことが判った。以上の結果から考察するとβキチンの

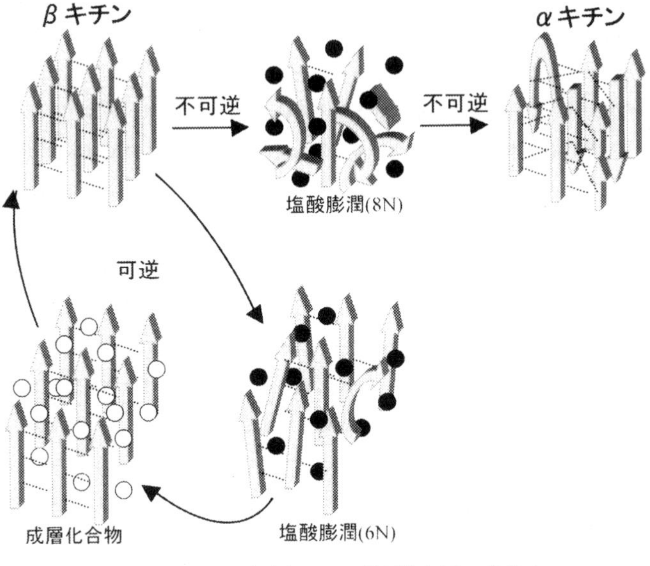

図5　βキチンの塩酸膨潤による結晶構造変化の模式図
矢印がキチン分子鎖一本に相当し，その向きが極性を表す。点線は分子間アミド水素結合NH…O=C，●は塩酸，○は溶媒を表す。8N塩酸処理は平行鎖配列を失う不可逆な過程である。一方6N塩酸処理は平行鎖配列を保った可逆的な過程で，比較的希い塩酸処理による軽微な分子間アミド水素結合の解裂が，分子層間に大きな分子を取り込みやすくすると考えられる。

結晶構造変化は図５の模式図のように表される：６Ｎ塩酸処理ではβキチンの平行鎖配列は保持されたままである。ただし分子間アミド水素結合の一部が切れてフレキシビリティが高くなるため，比較的大きな溶媒分子でも取り込み易い状態と考えられる。それに対して，８Ｎ塩酸処理では分子間アミド水素結合の解裂と，分子鎖の解重合との両方が起るために，分子鎖間の束縛が弱まり平行鎖配列が崩れる。そして再生の際に分子鎖が再配列して安定な逆平行鎖構造となり，不可逆的にαキチンが生成したと考えられる。

このように，浸漬しただけでは取り込まれないような比較的大きな溶媒分子であっても，いったん塩酸による結晶内膨潤状態を介して溶媒浸漬することで，取り込ませることができる。この方法は，サイズの小さな溶媒分子を挿入させていき徐々に大きな溶媒分子へと置き換えていく置換法と並び，大きな溶媒分子を挿入しようとする際に有効な方法と考えられる。ただし成層化合物を形成させるために，塩酸などで分子間アミド水素結合の一部を切る場合には，延びきり平行鎖配列が失われない程度にとどめることが必要である。

2.2.3　挿入化合物を形成するその他の多糖類

水和結晶は他の多糖類においてもよく見られる[16)]。アミロースA[17)]およびB[18)]，(１→３)-β-D[19)]および（１→４)-β-キシラン[20)]，(１→３)-β-Dグルカンファミリー[21)]などに水和結晶がみられるが，これらにおいて分子鎖は層状でなく柱状をなす。ニゲランの水和はβキチンに似て，分子層間に水分子が取り込まれて単位格子の b のみが拡大する[22)]。

一方，植物界でキチンと同様に構造多糖としての機能を持つセルロースは，キチンのアセチルアミド基を水酸基に置き換えた，キチンによく似た構造であるが，天然では水和結晶構造をとらない。セルロースを液体アンモニアやアミンにより処理した後にクロロホルムに浸漬するとクロロホルムが挿入されることが報告されている[23)]。ただしこの場合，挿入後に結晶のような構造規則性はほとんど持たないようである。水酸化ナトリウム水溶液により結晶内膨潤したセルロースを水やアルコール類に浸漬すると水やアルコール分子が取り込まれて挿入化合物が生成することが報告されている[24)]。この場合，セルロース分子は疎水結合によって層状構造をなして層間に親水性溶媒を取り込むといわれている。βキチンに取り込まれて成層化合物をなすエチレンジアミン[14)]は，セルロース結晶内にも取り込まれて成層化合物を形成することが報告されている[25)]。

このように多くの多糖類が挿入化合物を形成するが，βキチンの特徴は，骨格支持を受け持つ構造多糖でありながら天然で水和構造として存在し，結晶内の a 軸方向には強固な分子間アミド水素結合を持ち，b 軸方向には水素結合をもたないという凝集構造の異方性により層状の構造を持ち，サイズの小さい溶媒分子ならば浸漬しただけで結晶内に取込み成層化合物を容易に生成することである。

2.2.4　βキチンの成層化合物形成の応用

βキチンが容易に成層化合物を形成する性質を利用して，分子層間に取り込ませた種種の分子を分子層間で反応させて，ナノレベルの複合材料を設計できる可能性がある。一例として，アクリル酸をβキチンに取り込ませて得た成層化合物を加熱したところ，アクリル酸の一部は蒸発せずに留まり，キチン分子層間で反応して，安定な成層複合体を与えることを最近見出した[26]。この熱処理で生成したアクリル酸－キチン複合体は，結晶の *b* 軸のみが1.14nmつまりもとの分子層間隔の1.16倍を保って極めて安定で，高真空や200℃程度の加熱でも変化しない。アクリル酸－キチン複合体は室温，高真空下での透過電子顕微鏡（TEM）観察にも耐え，もとのβキチンミクロフィブリルの形状を保持した構造が観察された（図6）。この複合体は，水[27]をはじめ，浸漬しただけでは取り込まれない大きいサイズの溶媒分子をも，成層構造を保ったままで分子層間に可逆的に取り込むことが判っている。この複合体の構造のモデルとして，キチン分子層間に疎らに存在するアクリル酸分子が反応してキチン分子層間に柱（ピラー）をつくり，分子層間隔を広げて固定した，ピラーリング構造が考えられる（図7）。ピラーどうしの間隔とピラーの分子層積層方向の長さとを制御することで，取り込む分子の量やサイズを調整して，分子篩などに応用することが考えられる。

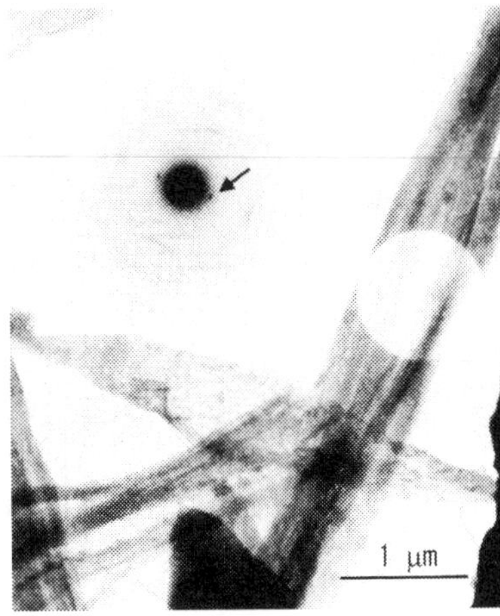

図6　アクリル酸－βキチン成層化合物を加熱してキチン分子層間のアクリル酸を反応させることで得た，安定な複合体のTEMによる回折コントラスト像と，円内の領域から得た制限視野電子回折像
複合物はフィブリル構造を保っている。分子層間隔が1.14nmであることを示す回折（矢印）が観察された。

このような例を発展させることで，将来的には分子層構造を利用したさまざまなナノ構造制御の可能性が考えられる。キチン分子層間を固有の空間的電気的特性を持つ反応場として，ゲスト分子に特定の反応を起こさせたり，βキチンの分子層を鋳型としてゲスト分子の反応後の構造設計を行うことが考えられる。また，化学等量的に取り込ませたゲスト分子をキチン分子層間で重合させたり，キチン分子層と結合させたりすることによって，従来存在しなかった3次元規則性を持つハイブリッド超分子結晶が創製できる可能性もある。βキチンは，こうしたナノレベルでの新規な複合材料の設計を可能にする素材であると考えられる。

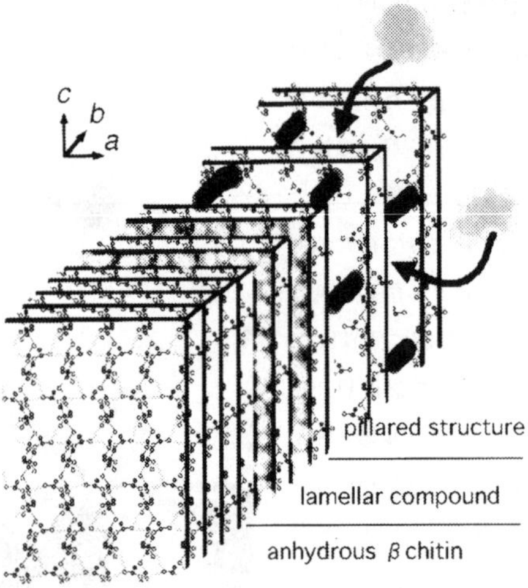

図7　βキチンによるピラーリング構造の模式図
無水βキチン(手前)をアクリル酸に浸すとキチン分子層間にアクリル酸を取り込んで成層化合物となり(中)，それを加熱することでアクリル酸の一部は蒸発，一部は分子層間で反応して隣あうキチン分子層間に柱(ピラー)をつくる。ピラーによりキチン分子層間隔は固定され，広げられた分子層間により大きな分子が取り込まれ得る。

文　　献

1) Minke R. and Blackwell J., *J. Mol. Biol.* **120** (1978) 167
2) Saito Y., Okano T., Chanzy H. and Sugiyama J., *J. Structural Biol.* **114** (1995) 218
3) Gardner K. H. and Blackwell J., *Biopolymers*, **14** (1975) 1581
4) Sugiyama J., Boisset C., Hashimoto M. and Watanabe T., *J. Mol. Biol.* **286** (1999) 247
5) Blackwell J., *Biopolymers* **7** (1969) 281
6) Wada M. and Saito Y., *J. Polym. Sci.: Part B: Polym. Phys.*, **39** (2001) 168
7) Rudall K. M. and Kenchington W., *Biol. Rev.* **49** (197) 597
8) Tanner S., Chanzy H., Vincendon M., Roux J. C. and Gaill F., *Macromolecules* **23** (1990) 3576
9) Saito Y., Putaux J.-L., Okano T., Gaill F. and Chanzy H., *Macromolecules* **30** (1997) 3867
10) Rudall K. M., *Adv. Insect. Physiol.*, **1** (1963) 257

11) Noishiki Y., Takami H., Nishiyama Y., Wada M., Okada S. and Kuga S., *Biomacromolecules* **4** (2003) 896

12) Saito Y., Okano T., Putaux J.-L., Gaill F. and Chanzy, H., in Domard A., Roberts G.A.F. and Varum K.M. (Ed.), Advanced in Chitin Science, vol. II, 7th ICC. Lyon, France, (1997) pp.507

13) Saito Y., Okano T., Gaill F., Chanzy H. and Putaux J.-L., *Int. J. Biol. Macromol.* **28** (2000) 81

14) Noishiki Y., Nishiyama Y., Wada M., Okada S. and Kuga S., *Biomacromolecules* **4** (2003) 944

15) 斎藤幸恵，第16回キチン・キトサン・シンポジウム講演要旨（キチン・キトサン研究 **8** (2002)188)

16) Bluhm T., Deslandes Y., Marchessault R. H. and Sundarajan P., in Rowland S. P. (Ed.) ACS Symposyum Series, (1980) pp. 253

17) Imbery A., Chanzy H., Perez S., Buleon A. and Tran V., *J. Mol. Biol.* **201** (1988) 365

18) Imbery A. and Perez S., *Biopolymers* **27** (1988) 1205

19) Atkins E.D.T. and Parker K. D. J. *Polym. Sci. part C*, **28** (1968) 69

20) Nieduszynski I. and Marchessault R. H., *Biopolymers* **14** (1975) 1335

21) Chuah C., Sarko A., Deslandes Y. and Marchessault R. H., *Macromolecules*, **16** (1983) 1375

22) Taylor K. J., Chanzy H., Marchessault R. J., *J. Mol. Biol.* **92** (1975) 165

23) Wade R. H., Creely J. J., *Text. Res. J.* **44** (1974) 941

24) Warwicker J. O. and Wright A. C., *J. Appl. Polym. Sci.* **11** (1967) 659

25) 和田昌久，機能材料，**23** No.2 (2003) 60

26) 斎藤幸恵，友竹洋太郎，セルロース学会第10回年次大会講演要旨集 (2003) p.59

27) 友竹洋太郎，斎藤幸恵，第17回キチン・キトサン・シンポジウム要旨（キチンキトサン研究 **9** (2003)

3　アルカリキトサンハイドロゲルとその分子機能の応用

平野茂博*

3.1　はじめに

多糖のハイドロゲルとは，多糖鎖分子の固相と水分子の液相の共存した二分散系からなり，固相の多糖鎖分子は接合領域とほぐれ領域からなる三次元の多孔性の小泡構造を形成し，この小泡中に水滴（液相）が満され，系全体が非流動性の半固体となったものである。接合領域の架橋には，水素結合，イオン結合，共有結合などが知られている[1]。表には，これまでに報告されたキチンとキトサンから導かれた主なハイドロゲルを示す[2]。

表1　キチンとキトサンから導かれる代表的なハイドロゲルとそれらの特性

ハイドロゲル	色	N-置換基	透明性	熱可逆性	希酸	希アルカリ
N-アシルキトサン(キチン)	無色	-NH(C=O)R	透明	不可逆	安定	安定
N-アリイリデン，N-アルキリデン	無色・褐色	-N=CHR	透明	不可逆	不安定	安定
キトサン	白濁	$-NH_2$	不透明	不可逆	不安定	安定
キトサン－蓚酸	無色	$-N+H_3-O(C=O)R$	透明	可逆	不安定	安定
キトサン-Caアルギン酸塩	無色	$-NH_2$	透明	不可逆	不安定	不安定
キチン－コラーゲン	無色	-NH(C=O)R	透明	不可逆	安定	安定
キチン－シルクフィブロイン	無色	-NH(C=O)R	透明	不可逆	安定	安定

キチン分子は，分子内の強固な水素結合により，α-およびβ-立体構造をとり[3]，水や希アルカリや希酸溶液に溶けない。この水素結合が，キチン分子内の水酸基をナトリウム塩（-ONa）に置換すると切断され，14%水酸化ナトリウム溶液に溶けるアルカリキチン（キチンナトリウム塩）溶液が生成する。本節は，①このアルカリキチン溶液を原料にした水溶性のN-部分脱アセチル誘導体，②N-部分脱アセチルキチン繊維，③アルカリキトサンハイドロゲル（図1），④環境に優しいキトサンと酢酸ナトリウム・一水和物の同時調製法（アルカリキチン溶液法）を述べる。化学反応スキームは，これら一連の化学反応を示す。

図1　アルカリキトサンハイドロゲルの概観

*　Shigehiro Hirano　キチン・キトサンR&Dセンター；鳥取大学　名誉教授

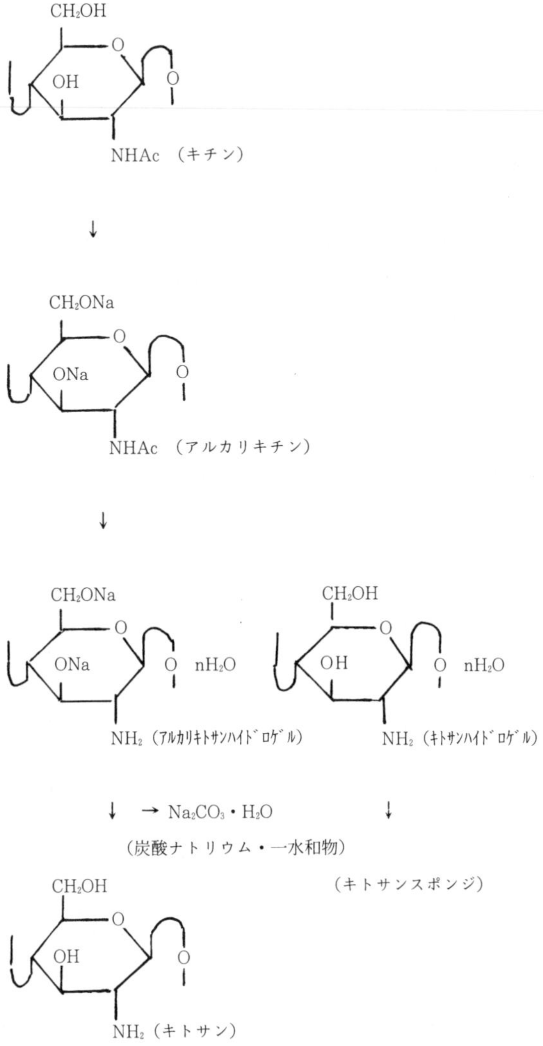
CH2OH
O
OH
O
NHAc （キチン）
↓
CH2ONa
O
ONa
O
NHAc （アルカリキチン）
↓
CH2ONa
O
ONa
O nH2O
NH2（ｱﾙｶﾘｷﾄｻﾝﾊｲﾄﾞﾛｹﾞﾙ）
CH2OH
O
OH
O nH2O
NH2（ｷﾄｻﾝﾊｲﾄﾞﾛｹﾞﾙ）
↓ → Na2CO3・H2O
（炭酸ナトリウム・一水和物）
↓
（キトサンスポンジ）
CH2OH
O
OH
O
NH2（キトサン）

化学反応スキーム

3.2　アルカリキチン

細かく粉砕した（80メッシュ以上）α-またはβ-キチンを室温にて40%水酸化ナトリウム溶液中に懸濁し，つづいて3時間撹はん膨潤させる。これに氷片を加え14%水酸化ナトリウム濃度とすると，均一透明な5～8%アルカリキチン溶液が得られる。

3.3　水溶性のN-部分脱アセチル誘導体

14%水酸化ナトリウム溶液に均一に溶けたアルカリキチンは，室温にて自動的に分子鎖上に均一に脱N-アセチル化される。その反応過程で生成するN-部分的脱アセチル化物は，キチンの分子内水素結合を弱くし，水に溶ける様になる。この反応過程で，いろいろな度合にN-脱アセチル化された誘導体が得られる。①N-アセチル基の置換度0.42～0.82の領域（0.40の幅）のものは水，2%酢酸や2%水酸化ナトリウム溶液に溶ける。②N-アセチル基の置換度0.42以下のものは2%酢酸溶液に溶けるが，水と2%水酸化ナトリウムに溶けない。③N-アセチル基の置換度0.82以上のものは水，2%酢酸や2%水酸化ナトリウム溶液のいずれにもに溶けない[4]。図2は，キトサンと飽和脂肪酸無水物の反応で得られた一連のN-飽和脂肪酸アシル誘導体のN-アシル基の炭素数と置換度および水，2%酢酸，2%水酸化ナトリウムへの溶解性の相関を示す。

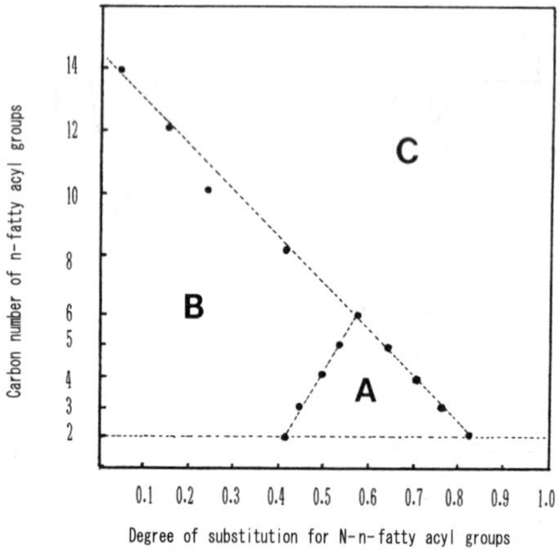

図2　N-飽和脂肪酸アシルキトサンの水，2%水酸化ナトリウム，2%酢酸への溶解性に及ぼすN-アシル基の化学構造と置換度の相関
A：水，2%水酸化ナトリウム，2%酢酸に溶ける。B：2%酢酸に溶ける。
C：水，2%水酸化ナトリウム，2%酢酸に溶けない。

3.4　N-部分脱アセチル化キチン繊維

①14%水酸化ナトリウム溶液に溶かした5～8%濃度のキトサンアルカリキチン(N-アセチル基の置換度1.0)，②5～8%濃度のN-部分脱アセチルキチン(N-アセチル基の置換度0.42以上)，および③2%酢酸溶液に溶かした5～8%濃度のN-部分脱アセチルキチン(N-アセチル基の置換度0.42以下)は，そのまま湿式紡糸のドープとなる。表2は，湿式紡糸した置換度の異なるN-アシル基をもつ二，三の単繊維の特性を示す。

表2　N-部分的脱アセチルキチン繊維の特性[a)]

	N-アセチル基 置換度	繊度 (デニール)[b)]	強度 (gf/デニール)	伸度 (%)
α-キチン	1.00	42.1	0.72	3.5
	0.83	43.5	0.70	5.8
	0.76	60.4	0.60	4.1
β-キチン	0.86	46.5	1.14	16.8
	0.80	65.7	0.93	9.0
	0.75	45.4	0.73	10.8

a) 紡糸の出口穴の直径0.9mmにて湿式紡糸。凝固浴：硫酸アンモニアで飽和(40～43%)した10%硫酸水溶液[5)]。
b) 単繊維9,000mの重量(g)。

3.5　アルカリキトサンハイドロゲル

アルカリキチンの14%水酸化ナトリウム溶液を室温で放置すると，自然にN-脱アセチル化反応が進行する。N-アセチル基の置換度約0.25以下になると，アルカリキトサンハイドロゲルが液相から分離してくる[6)]。アルカリキトサンハイドロゲルは，分子中に$-NH_2$と-ONaの両基をもち，アルカリキトサン(5～10%)と水(90～95%)から構成され，無色，透明，熱不可逆性で，希酸溶液に溶け，希アルカリ溶液に溶けない。図3に，β-キチンから得られたアルカリキトサンハイドロゲルの概観を示す。外観上α-とβ-キチンの差は全く見られない。

3.6　キトサンと酢酸ナトリウム・一水和物

アルカリキトサンハイドロゲルを室温にて大気中に放置すると，ハイドロゲル中の-ONaが大気中の炭酸ガスで中和され，炭酸ナトリウム・一水和物の白色結晶がゲル表面に2～3週間にわたり析出し続く。同時に，ハイドロゲルは1/5～1/3に収縮し，褐色のキトサン芯が残る(図4)。このキトサン芯を2%酢酸に溶解して希水酸化ナトリウム溶液にて微アルカリにすると沈澱が生成する。この沈澱を水洗・乾燥すると，精製キトサン(N-アセチル基の置換度 0.00-0.21)が得られる。単離されたキトサンにて，^{13}C CP/MAS NMRスペクトルにてN-アセチル基のシグナルが殆ど検出されず，元素分析でN-アセチル基の置換度は 0.00～0.21の領域を示す。また，白色

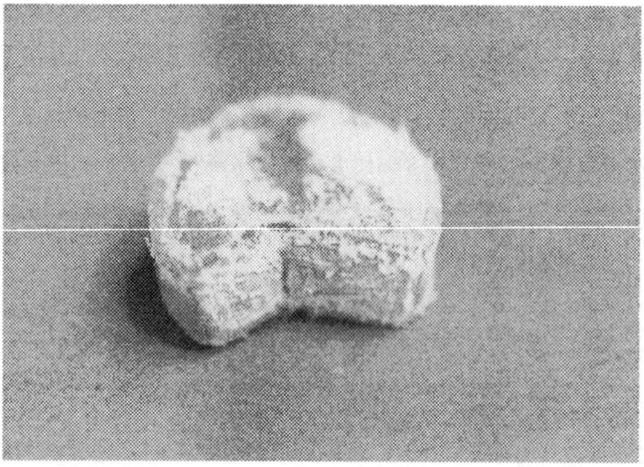

図3　アルカリキトサンハイドロゲルの表面からキトサンと炭酸ナトリウムの生成

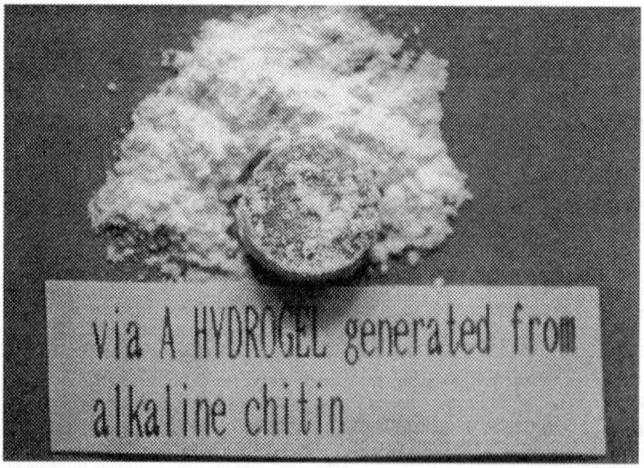

図4　生成した炭酸ナトリウム・一水和物とキトサン芯

結晶は，FTIRスペクトル（1462, 1400cm^{-1}に$(CO_3)^{2-}$吸収）にて炭酸ナトリウム・一水和物と同定された。

表3に，キトサン調製におけるアルカリキトサンハイドロゲルを用いたアルカリキチン溶液法(新法)と古くより繁用している濃アルカリで高温処理によるキチンフレーク固相法(旧法)を比較する。アルカリキチン溶液法の長所は，使用する水酸化ナトリウムが削減でき，反応温度は室温にて分子鎖の分解が少なく，とりわけアルカリキトサン分子中の-ONaが大気中の炭酸ガスで中和され，副産物として炭酸ナトリウム・一水和物の利用できることである。従って，キトサンの製造コストが低くなり，地球環境と生態系に優しいキトサン製造法の一つとなることが期待される。しかし，このアルカリキチン溶液法の短所は，反応時間が2～3日間と長いことである。

表3　キトサン調製におけるアルカリキチン溶液法とキチンフレーク固相体の比較

反　応	アルカリキチン溶液法(新法)	キチンフレーク固相法(旧法)
反応溶液	14%　NaOH	40～45%　NaOH
反応温度	室温	90～140℃
反応時間	2～3日間	3～4時間を繰り返す
中和	大気中の炭酸ガス	酸
副産物	炭酸ナトリウム・一水和物	廃液
N-脱アセチル化度	0.00～0.21	変動あり
糖鎖低分子化	少ない	する
収率	高い（87～95%）	変動あり

3.7　ハイドロゲルとその成形品

機械的に細かくしたアルカリキトサンハイドロゲルは，アルカリ溶媒を用いるカラムゲル濾過の担体として使用できる。また，アルカリキトサンハイドロゲルを室温で蒸留水中にて透析すると，分子中の-ONaが加水分解され-OHとなり，白濁したキトサンハイドロゲルが生成する。これを凍結乾燥するとキトサンスポンジ（N-アセチル基の置換度 0.00-0.21）が得られ，またハイドロゲルの薄片を凍結乾燥するとキトサンスポンジシート，風乾するとキトサン膜がそれぞれ得られる。

3.8　おわりに

アルカリキチンから誘導されるアルカリキトサンハイドロゲルは，分子内に$-NH_2$と-ONaの両基を含み，アルカリキトサン5～10%と水分90～95%から構成されるキトサンのハイドロゲルである。このアルカリキトサンハイドロゲルは大気中に放置すると，アルカリが大気中の炭酸ガスで中和され，キチンと共に副産物として結晶炭酸ナトリウム・一水和物が生成する。従って，アルカリキトサンハイドロゲルの応用として，キトサンの簡易調製と共に，地球温暖化を防ぐことにも貢献すると思われる。

文　　献

1）a)荻野一善，長田義仁，伏見隆夫，山内愛造，“ゲル”，産業図書，東京，1991. b)Hirano, S., Yamaguchi, R., Fukui, N., Iwata, M., Biological gels: The gelation of chitosan and chitin, “Biotechnoloy and Polymers” ed. Geblein, C. G., Plenum, 1991, pp. 181-

188. c) Hirano, S., N-Acyl-, N-arylidene- and N-alkylidene-chitosans, and their hygrogels, "Chitin Handbook" eds. Muzzarelli, R. A. A. and Peter, M. G., *Euoropean Chitin Soc.*, 1997, pp. 71-75

2) Hirano, S., *Adv. Macromole. Carbohydr. Res.* **2**, 131-190, 2003

3) Hirano, S., Chitin and Chitosan, "Ullmann's Encyclopedia of Industrial Chemistry", 6th Ed., Wiley-VCH, Weiheim, 2002

4) a) San-nan, T. Kurita, K., Iwakura, Y., *Makromol. Chem.*, **176**, 1191-1195 (1975); 178, 3197-3201(1977), b) Hirano, S., Yamaguchi, Y., Kamiya, M., *Carbohydr. Polym.*, **48**, 203-207 (2002)

5) Hirano, S., Nakahira, T., Nakagawa, M., Kim, S. K., *J. Biotechnol.*, **70**, 373-377 (1999)

6) a) Goycoola, F. M., Heras, A., Arnanz, I., Galed, G., Fernandez, M. E., Arguelle-Monal, W. M., *Advan. Chitin Sci.*, **6**, 2169-172 (2002); Abs. 2nd SOAQ, Acapulco, Mexico, 2002, pp.612-613. b) 平野茂博，中川益男，アルカリキトサンハイドロゲルとその二，三の応用，キチン・キトサン研究，**9**, 186-187 (2003)

第3章　溶媒分野

戸倉清一[*1]，田村　裕[*2]

1　温和な溶媒を使ったキチンの溶解とその応用

1.1　はじめに

昆虫類，甲殻類の表皮形成因子であるキチンは化学構造・結晶構造ともにセルロースによく似ているムコ多糖で，地球上での生産量もセルロースに次ぐと言われている。大きな相違点は生体への親和性であろう。糖残基をつなぐ結合が共にβ-1,4グリコシド結合なので人間の場合は経口投与しても消化吸収することはないが，皮下や筋肉への生体内投与でキチンは生体内の酵素で徐々に加水分解されるので免疫増強性（Immunoadjuvant activity）等の毒性はないとされている。しかし，セルロースの場合，われわれ人間の体内には加水分解酵素がないため長期間残留し，その結果免疫感作が起こる。また，キチンの脱アセチル誘導体キトサンは生体内酵素で加水分解されるが，その速度が遅いのとグルコース残基のC-2位にある遊離アミノ基のためか軽い免疫増強作用がある（感受性の差で人によりその程度はまちまちである）。一義的に定義すればキチンは低毒性，キトサンは中程度の毒性があるということになるが，実用に際しては中程度の毒性でも非常に難しい判定になることが多い。

しかし，研究面では溶解性や反応性が良いことからキトサンの化学修飾，成形加工，生体反応等についての報告が，難溶性・低反応性のキチンのそれよりはるかに多い。キチンは構成因子のN-アセチルグルコサミン残基（GlcNAc残基）が残基内と残基間に水素結合を形成して硬い結晶構造を作っているため，温和な条件下でキチンを溶解することが難しかった。このため不均一系の化学修飾や生体内投与が主流となり安定した成果を得るためにはより多くの実験例が要求されてきた。本節ではキチンの温和な条件下での溶解に続いて分子量測定法，成形加工法等比較的新しい方法について記し，次いでキトサンを医用材料として使う最近の研究例について記したい。

1.2　キチンとキトサンの概要

1.2.1　キチン

キチンは図1に示すようにカニ，エビ等甲殻類の殻，あるいはイカの背骨から熱・希アルカリ

＊1　Seiichi Tokura　関西大学　工学部　教養化学教室　教授

＊2　Hiroshi Tamura　関西大学　工学部　教養化学教室　助教授

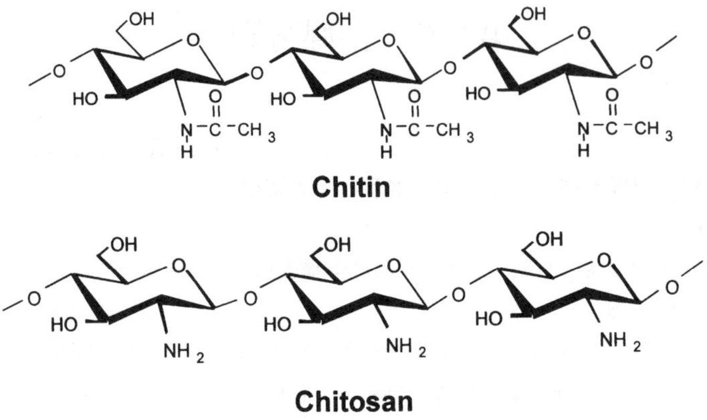

図1

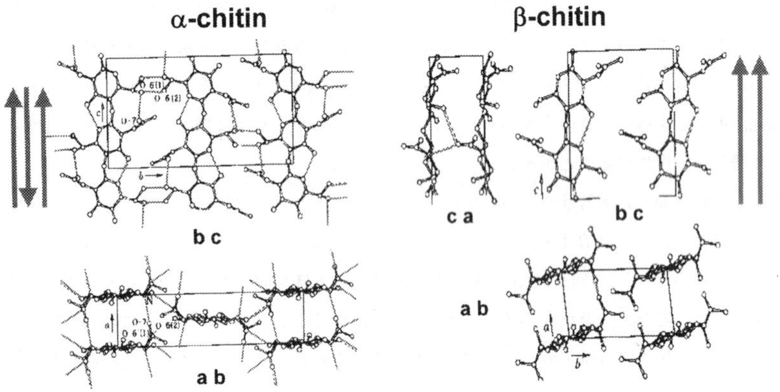

図2　キチンの結晶構造

水溶液による除蛋白質，希塩酸水溶液による脱カルシウム操作を経て調製される難溶性のムコ多糖[1)]である。糖鎖分子の配列により，逆平行配列のカニ，エビ殻由来α-キチンと平行配列のイカ背骨由来β-キチンの2種に大別される[2)]（図2）。α-キチンは分子鎖が高密度に配置され水素結合で固定されているため難溶性で反応性も低い。一方，平行配列のβ-キチンは密度が低いため粉末状のβ-キチンを水に分散させてからミキサー等で物理的に攪拌するだけで簡単に水を吸収・膨潤してスラリー状になる。このβ-キチンスラリーから紙漉きの手法でバインダーなしのβ-キチン不織布（100%キチン紙）が調製できる[3)]。この特性はβ-キチンにだけあり，強固な結晶構造を持つα-キチンには見られない。キチナーゼやリゾチーム等の酵素受容性では結晶構造の関係かβ-キチンの方が加水分解を受け易いようである。キチンを不均一系で化学修飾する場合，結晶構造の中で大部分のC-3位の第2級水酸基は水素結合に関与しているため反応性が低くC-6位の第1級水酸基が優先的に修飾される[4]。このようにして調製されたキチン誘導体は，結晶構造が化学修飾で崩されたため溶解性が改善され反応性も高くなる傾向がある。また，化学修飾で付加した官能基の嵩が極端に大きくならない限り本来キチンが持っていた生体内消化性は高くなるが，免疫反応には大きな差は見られなかった[5]。キチンの分子量は難溶性のためユニチカ社が採用している方法に従い脱アセチル化してキトサンにしてその酢酸水溶液の粘度から分子量を推定する方法がある[6]。また後述するように塩化カルシウム・2水和物飽和メタノールにキチン粉末を溶解させその粘度からキチンの分子量を推定する方法もある[7]。

1.2.2　キトサン

キトサンは図1に示すような化学構造を持ち，粉末あるいはフレーク状のキチンを40-50w/v%の濃アルカリ水中で加熱して調製される化学工程が主流である。環境保全の面から脱アセチル化酵素やバクテリアを使ってキトサンを調製する工程についても研究されているが，キチン粉末を使っての脱アセチル化反応のため脱アセチル化度に限界があり[8]，新しい発想の下での脱アセチル化工程の開発が待たれる。有効な脱アセチル化工程で調製されたキトサンといっても100%グルコサミン（GlcN）残基で構成されていると言うものではなく10〜30%程度のGlcNAc残基を含んでいる[9]。したがってキトサンは蟻酸，酢酸，グルタミン酸，アスコルビン酸等の有機酸可溶なキチン脱アセチル誘導体を総称してキトサンとするのが適当である（図3）。ただし，実際の場合脱アセチル化度をDAC-90（90%GlcN残基，10%GlcNAc残基）のような形で表現すべきであろう。また，GlcN残基中に10%GlcNAc残基がどのように分布するかについてもブロック状分布あるいはランダム状分布が化学修飾や生体反応等に及ぼす影響を十分配慮する必要があろう[10]。X-線結晶学的にはキチン型結晶構造とキトサン型結晶構造では明確な差が見られる（図4）[11]。それでは結晶学的に見たキチンとキトサンの境界はどこにあるだろうか。キトサン繊維を無水酢酸で順次N-アセチル化して結晶構造の変化を見た例がある。それによるとDAC-93.3(DA＝6.7%）のキトサン繊維を平野等の方法[12]に従って順次N-アセチル化していくとDA＝44.2%まではキトサン型結晶構造であるが，DA＝52.2%になると明らかにキチン型結晶構造に変わることを見出している（図5）[13]。この際，DA＝44.2%のキトサン繊維を塩化カルシウム・2水和物飽和メタノール（キチンの溶媒）で処理すると一時結晶構造が崩れたX-線図になるが，吸着している塩化カルシウムを良溶媒であるメタノールで抽出すると次第にキチン型結晶構造を示す場合もあることを見つけている（図6）。キトサン粉末ではこのような現象を見つけることは難しいので，分子配向性が良いキトサン繊維をN-アセチル化した特殊な反応環境に由来する現象と思

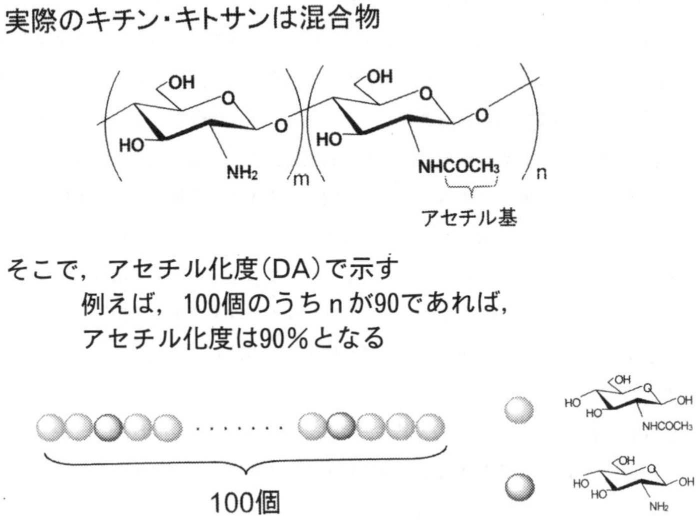

実際のキチン・キトサンは混合物

アセチル基

そこで，アセチル化度（DA）で示す
例えば，100個のうちnが90であれば，
アセチル化度は90％となる

100個

図3

crystalline chitosan
amorphous GlcNAc residues

crystalline α-chitin
amorphous GlcN residues

b=8.50Å, a=8.26Å, 2.72Å

Acetylation
Deacetylation

Chitosan filament
(DA=6.72%)
anhydrous chitosan type

N-Acetyl-chitosan filament
(DA=79.2%)
α-chitin type

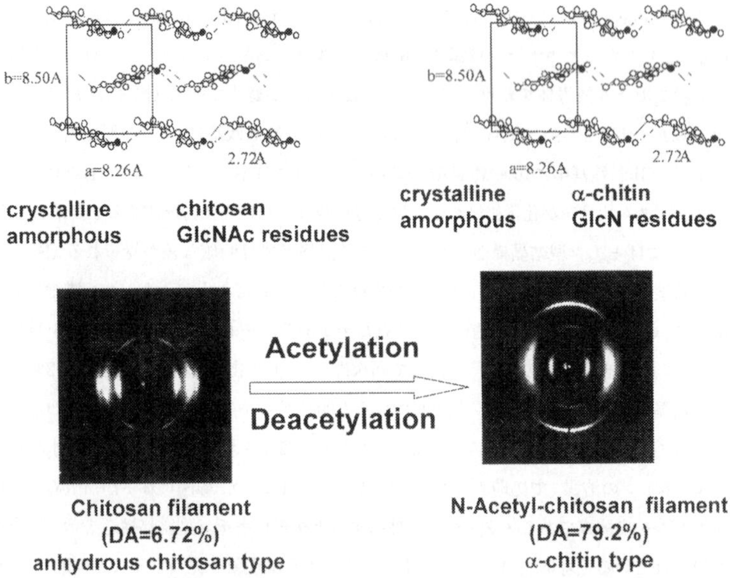

図4 キトサンのアセチル化に伴う結晶型の変化

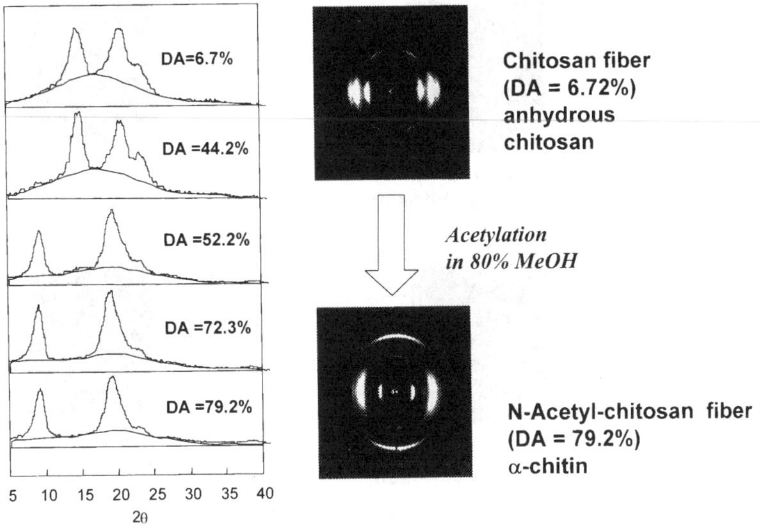

図5　キトサンのN-アセチル化度と結晶型

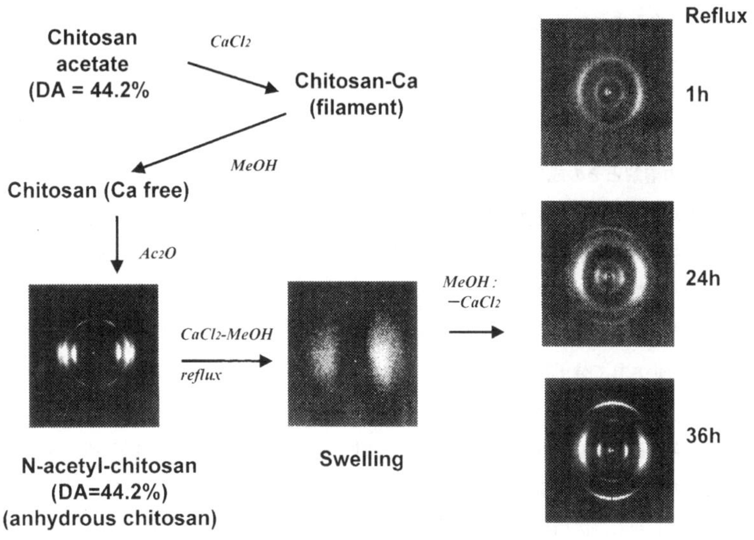

図6　キトサンのN-アセチル化に伴う結晶型の変化

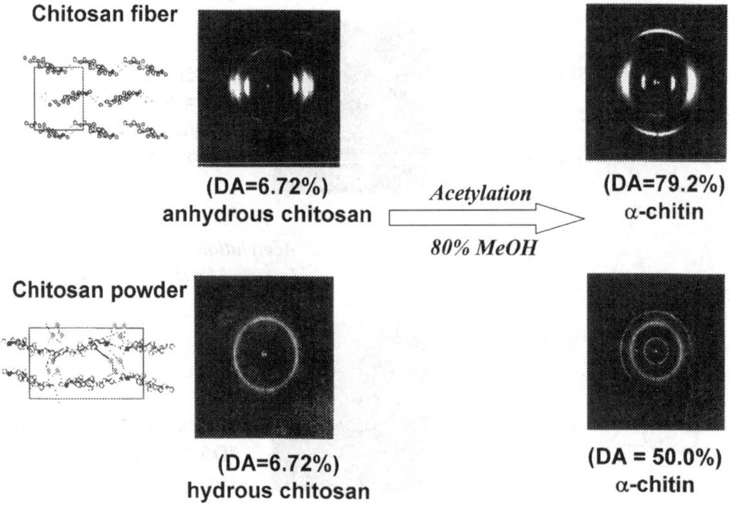

図7　キトサンのN－アセチル化効率

われる（図7）。キトサン繊維をN-アセチル化した場合，分子鎖配向で繊維表面に露出されるアミノ基が優先的にN-アセチル化されるためGlcNAc残基の分布がブロック状になることが考えられる。このためキチン溶媒での処理に際してGlcN部分が不溶性でGlcNAc残基部分のみが溶解した結果アモルファス構造を示し，洗浄操作中に水素結合の再生で残基の再配列が起こり結晶性の良いGlcNA残基が集まり，その部分が強調された結果とも考えられる。

1.3　キチンの溶解とその成形

1.3.1　これまで報告されたキチンの溶媒

キチンは生体内消化性と低毒性という医用材料としてはかけがえのない特性を持つ天然高分子化合物なので，医用材料を念頭にした成形加工の場合溶媒も出来るだけ低毒性のものあるいは完全除去可能な溶媒が望ましい。さらに，GlcNAc残基をつなぐグリコシド結合が安定で溶解一成形の過程で切断されて分子量低下が起こらない温和な溶媒が望まれる。しかし，キチンは前述のようにGlcNAc残基のアセトアミド基を中心とした水素結合に由来する硬い結晶構造があるので，この構造を崩し且つグリコシド結合が安定で低毒性の溶媒を見つけることは難しい。これまで報告されたキチンの溶媒を表1に列記した。用途により溶媒を選択することになるが非常に難しい選択である。しかし，医用材料や食品への応用のみならず，一般的な応用でも溶媒類の抽出は慎重且つ入念にやらねばならないので操作が煩雑になることは避けられない。

表1　Reported solvents for α-chitin

Formic acid	Foster *et al.*, (1961)[14]
Methanesulfonic acid	Nishi *et al.*, (1977)[15]
LiCl-DMAc	Austin, (1975)[16]
Dinitrogen tetroxide-DMF	Allan *et al.*, (1971)[17]
Hexafluoroisopropanol /hexafluoroacetone	Capozza, (1975)[18]
Conc. HCl	
H_2SO_4	

1.3.2　温和で毒性の低い溶媒系を使ったキチン溶液

キチンは凍結・解凍を繰り返すと蟻酸に溶けるようになるが，蟻酸が強酸性のため溶解・成形過程での分子量低下は避けられない。そこで，蟻酸がナイロン6やナイロン6,6の溶媒でもあることからナイロン類の溶媒をキチンの溶媒として検討したところ塩化カルシウム・2水和物飽和メタノールがキチンの良溶媒であることが明らかになった[19]。詳しく調べたところキチンの脱アセチル化度が低いほど溶解度が高く，脱アセチル化度が高いキトサンではまったく溶解性が見られなかった（図8）。この際，Refluxをすると溶解までの時間が短縮できることも明らかになった。また，分子量が高くなると溶解度が低下する傾向も見られたが，分子量が高くなると溶液の粘度が高くなり攪拌できなくなるのも一因と思われる。この溶媒系でキチンの分子量を手早く推定できる粘度式の設定を試みたが，塩濃度が高く光散乱法や拡散測定ができないため粘度式の設

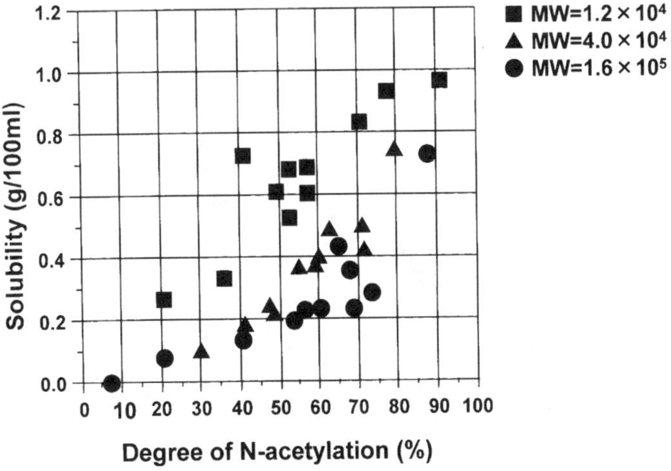

図8　キチン溶解度のDA及び分子量依存性

定は不可能であった。しかし，種々の分子量を持った標準キトサンを無水酢酸でN-アセチル化した再生キチンを調製し，これを塩化カルシウム・2水和物飽和メタノールに溶かした溶液の極限粘度[η]を測定し（図9），その分子量依存性からMark-Houwink-桜田の粘度式にあるK値とα値とを求め（図10），キチンの分子量を直接推定できる簡易粘度式を設定することができた[7]。

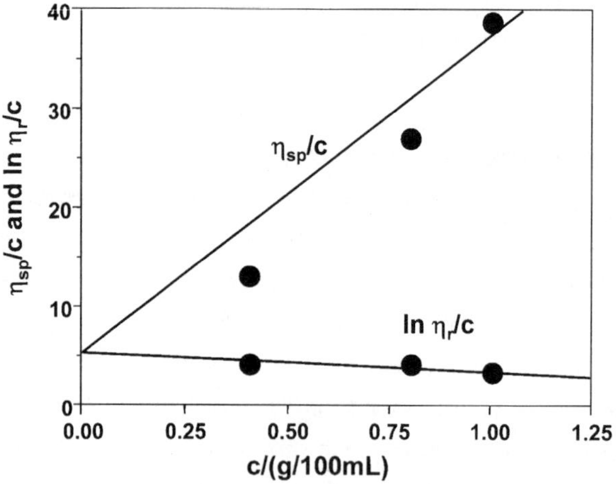

図9　粘度測定の一例

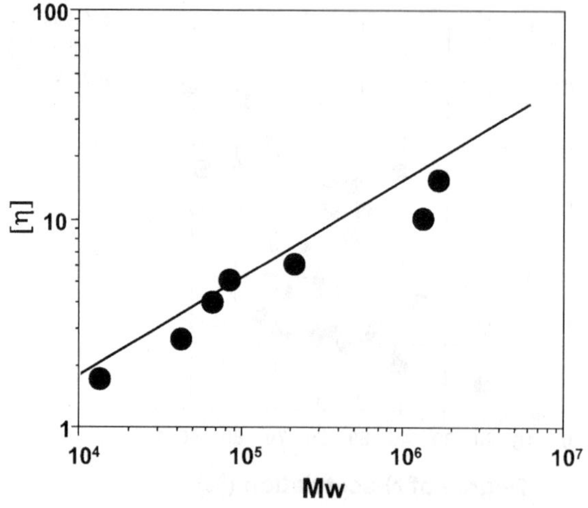

図10　粘度式の係数設定

ただし，β-キチンの分子量に関しては塩化カルシウム・２水和物飽和メタノールへの溶解度もあまり高くない上に粘度が異常とも思えるほど高いことが分かった。この現象がβ-キチンの分子構造によるものか，或いはβ-キチンの分子量が非常に高いためかについては現在検討中である。後述するようにキチン紡糸に際してもβ-キチンの場合は，α-キチンより流動性の関係で低濃度での紡糸が要求される。その上，β-キチン由来の繊維の方が湿強度が高いなどの相違点があるのでβ-キチンは溶液状態でもα-キチンとは異なる分子構造をとっている可能性もある。

α-キチン分子量を直接測定するための粘度式

（Mark-Houwink-桜田の式）

$$[\eta] = KM^{\alpha}$$

$$K = 2.54 \times 10^{-2}, \quad \alpha = 0.45$$

さらに，キチンの溶解条件を検討したところ高濃度のカルシウムと一定量の結晶水が必須であること，臭化カルシウム・４水和物やヨウ化カルシウム・n水和物飽和メタノールもRefluxをすれば有効な溶媒であることも分った。しかし，医用材料化を目指す場合，除去可能とは言えメタノール使用は出来るだけ避けたい。そこで現在カルシウムハライドが可溶なメタノール以外の低毒性有機溶媒について溶解方法も含めて詳しく検討中である。

1.3.3　キチンの成形法

キチン繊維の調製法としてはこれまで蟻酸法が報告されているが，キチン紡糸原液調整中にキチンの分子量低下が起こり満足な強度は得られていない[20]。ところが，キチンを過塩素酸触媒[21]でDMF（ジメチルホルムアミド）可溶化t-ブチル化キチンを調製してからこのDMF溶液を冷水中に押し出して紡糸し柔軟性に富むキチン誘導体繊維を調製し，このキチン誘導体繊維をアルカリ鹸化して白色で柔軟性に富むキチン繊維調製法が報告されている[22]。このプロセスで調製されたキチン繊維のコストは高くなるが，物性が非常に良いことから工業化が期待される（図11)。

キチン溶液の調製が可能になったことから，できるだけ少ない工程でキチン成形品を調製する方法の検討が行われている。前述のようにキチンには固い結晶構造を形作る水素結合があり，これらの水素結合を崩してやることでキチン溶液が調整される。そこで，これらの水素結合再生ができる条件が設定できれば，キチンのみでも成形品の調製は可能なはずである。特に，紡糸に際しては高濃度のカルシウム塩をできるだけ早く抽出できる凝固系を見つける必要がある。膜や不織布はキチン溶液に大過剰の水またはアルコール類を加えるとキチンが微粒子状態で沈殿するの

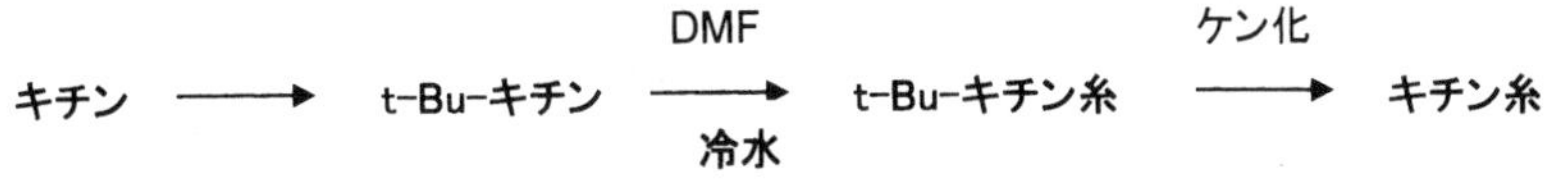

図11　t-Butyl-Chitin 経由のキチン繊維調製

で，このキチン沈殿を利用してキチン不織布の調製が可能になっている。

(1)　キチン溶液からの直接紡糸

カルシウム飽和系ではあるがメタノールがカルシウム塩の良溶媒であることからキチン溶液を直接紡糸する際の凝固浴にメタノールを中心にした系について検討した[23]。図12に直接法で得られたキチン繊維の物性をあげたが，結節強度に関しては依然として今ひとつの感がある。図13にこれまでのキチン繊維の強・伸度を比較して示してある。

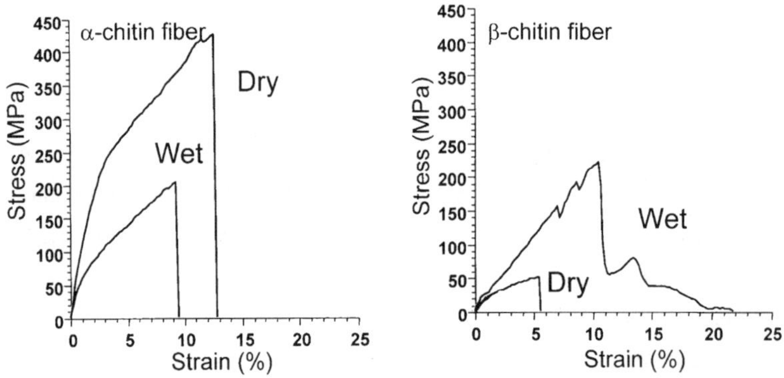

	Tenacity (dTex)	Dry			Wet		
		Strain(%)	Tensile strength (cN/dtex)	Young's Modulus (MPa)	Strain(%)	Tensile strength (cN/dtex)	Young's Modulus (MPa)
α-chitin fiber	8.33	11.44	2.67	10.60	9.22	1.40	5.00
β-chitin fiber	15.62	4.25	1.13	2.88	10.91	3.09	4.41

図12　キチン繊維の物性

(2)　キチン溶液からキチンヒドロゲルの調製

キチン溶液を攪拌下大過剰の水に加えると軟らかいキチン微粒子が沈殿してくる。さらに沈殿を水洗後透析バッグに詰めて徹底的に透析して脱カルシウムを行い，最終的にオートクレーブで滅菌とメタノール除去をすると白色のゲルが得られる（図14）[24]。このキチン微粒子中にキチン分子はわずか4-6w/v%しか含まれておらず，ほとんどが水分子のヒドロゲルであった。また，エタノールやイソプロパノール添加で得たゲルをメタノールで十分洗浄した後DMF等の非極性溶媒で置換すると非水系での化学修飾に適したキチンゲルが得られる。

(3)　キチンヒドロゲルおよびスラリーからキチン不織布の調製

図15及び図16に示したようにキチンヒドロゲルまたはキチンスラリーを蒸留水に懸濁して紙漉きにかけプレス乾燥するとヒドロゲル調製の際切断されていた水素結合が再生しキチン100%の

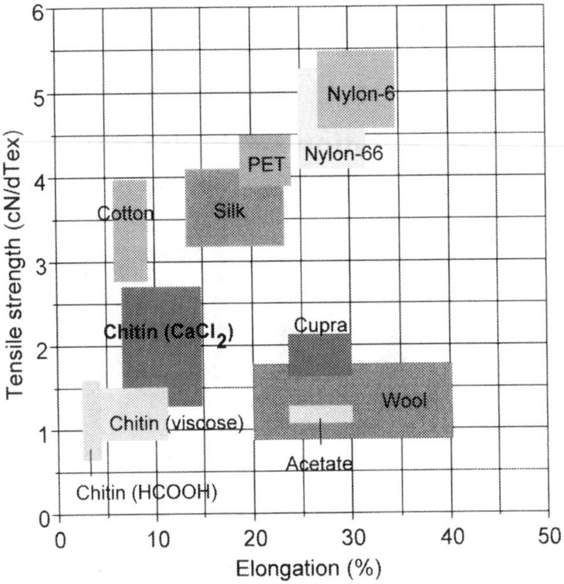

図13　繊維強度の比較

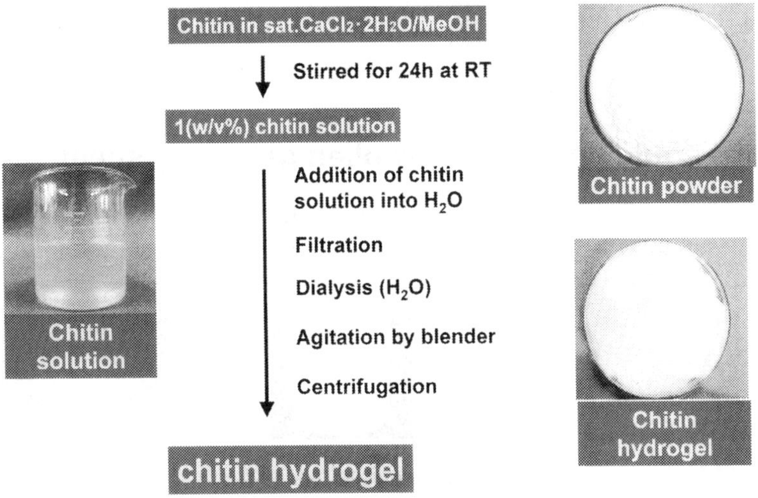

図14　キチンヒドロゲルの調整

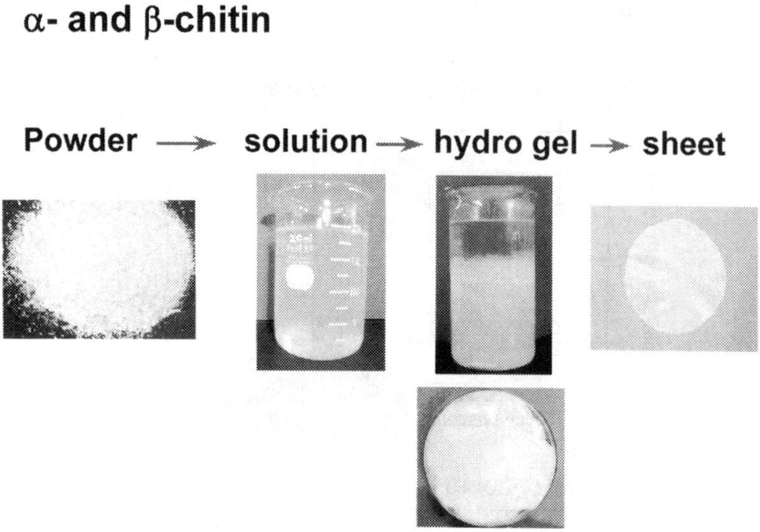

図15　キチン不織布(Sheet)の調製(ヒドロゲル経由)

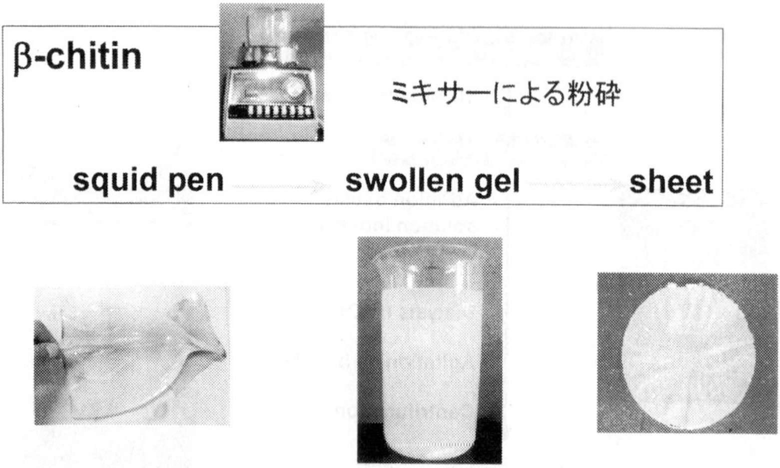

図16　β-キチン不織布の調製（スラリー経由）

不織布ができる。キチン不織布の厚さはヒドロゲルまたはスラリー懸濁液の濃度で調整できる。キチン不織布の引っ張り強度等物性は図17に示したようにβ-キチンスラリーから調製したキチン不織布の方がα-型，β-型ヒドロゲルから調製したもの（α-RS，β-RS）より高かった。X線解析では，スラリーからのキチン不織布（β-SS）がβ-キチン型構造を保っていることから，キチンスラリー調製の際β-キチン型構造を持つ硬いユニットは親水化されず周囲の緩い構造部分のみが親水化され膨潤してスラリーを形成したものと思われる（図18）。これに反し，ヒドロゲル調製に際してα-型キチン，β-型キチンともに塩化カルシウム・2水和物飽和メタノールに溶解する際，結晶構造がほぼ完全に崩されているためオリジナルの結晶構造に関係なく安定なα-型構造になることを示唆しているようである。一方，これらキチン不織布へのモデル医薬として化学染料を使った研究ではスルホン基等の陰イオン性官能基を持った化合物がキチン不織布へ非常に高い親和性を持つことが分った（図19及び図20））。また，その親和性でもスラリーからの不織布とヒドロゲルからの不織布との間に差が見られた[24]。

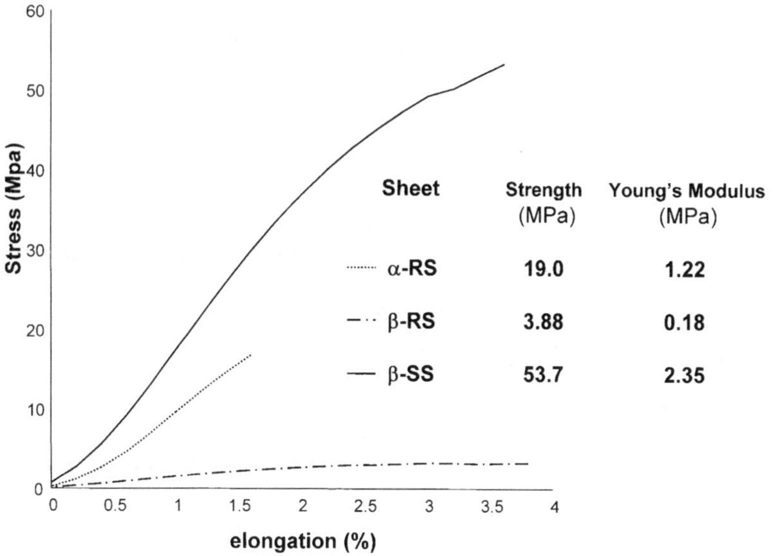

図17　キチン不織布の引っ張り強度

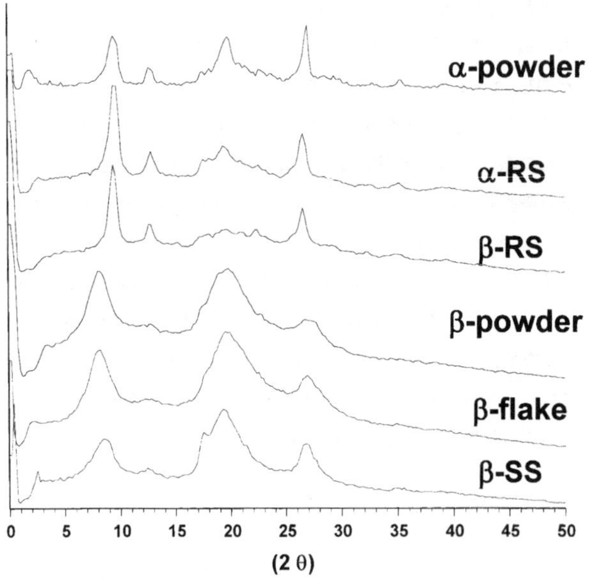

図18　キチン不織布のX線回析パターン

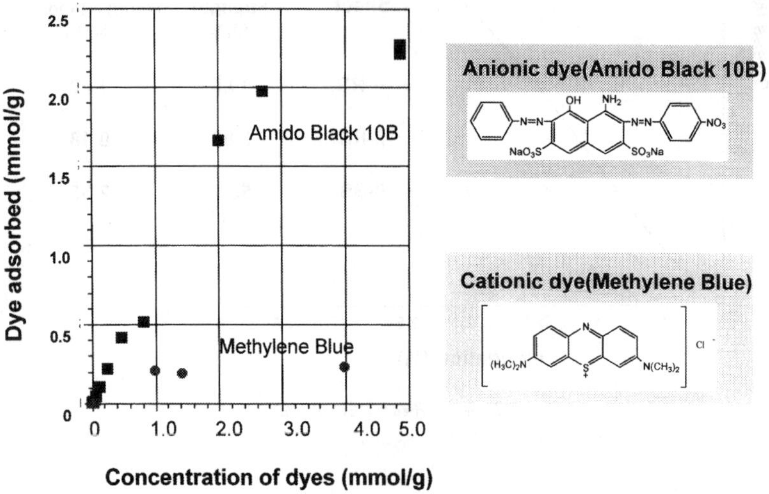

図19　α-キチン不織布への色素選択吸着

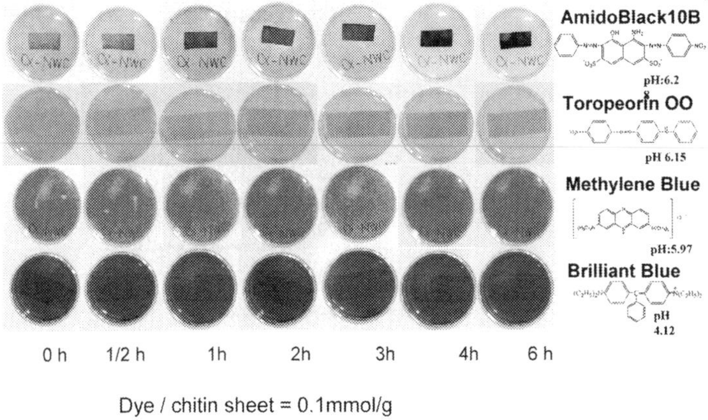

図20　α-キチン不織布（Sheet）への色素吸着

1.4　キトサンの成形

キトサンの成形に関しては，キトサンが蟻酸，酢酸，酸性アミノ酸，アスコルビン酸等の有機酸との間で塩を作り水溶性になることからメタノール-NaOH系（またはイソプロパノール-KOH）[25]や銅―アンモニア系[26]を凝固浴としての紡糸が報告されてきた。最近では，塩化カルシウム飽和50%（v/v）アルコール水を凝固浴とするキトサン繊維調製法が報告されている[27]。この紡糸条件は従来のキトサン紡糸法に比べてはるかに温和な条件になっている（図21）。このキトサン繊維紡糸でキトサンがカルシウムイオンに高い感受性を持つことが分り，他のカルシウムイオン感受性高分子化合物とのコンポジット化による成形の可能性についてもの検討されるようになった。例えば，キトサンオリゴマー―アルギン酸混合繊維[28]，キトサンコートアルギン酸繊維

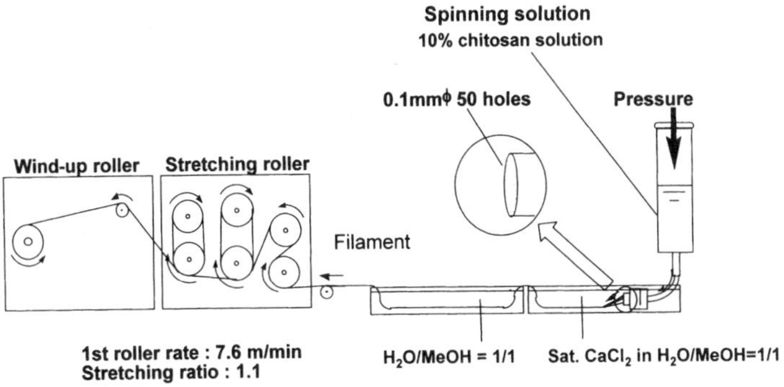

図21　キトサン繊維の紡糸概念図

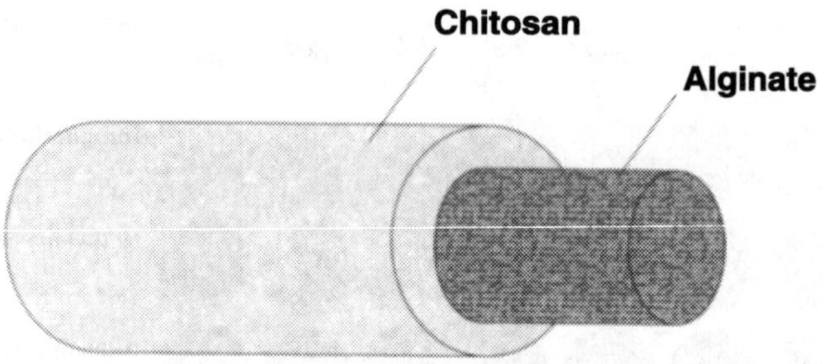

図22　キトサンコートアルギン酸繊維の概要

(図22)[29]，燐酸キチン混合アルギン酸繊維[30]等である。いずれもイオン相互作用とカルシウムイオン効果で成形されているのでキトサンの軽い免疫増強作用の中和，生体内消化性や表皮細胞再生促進因子誘導などの利点だけを強調できる成形品の調製が可能になると期待されている。

1.5　医用材料あるいは化粧品へのキチンとキトサンの応用

1.5.1　キチンおよびキチン誘導体の医用材料その他への応用

キチンそのものを医用材料として応用した例は少ないが，実用化した例としてキチン不織布のベスキチンW(ユニチカ)があげられる。P. Austinの特許に従がってDA-70%のキチンをN-エチルモルフィリン（NEM）に溶解し0.07mmφの多孔ノズルを通して熱水中に圧出して外径が8mmφの繊維を調製する。長さ5mmにカットしたキチン繊維9部に対し1部のポリビニルアルコール繊維を水に混合分散後紙漉き手法で成形し150℃前後でプレス乾燥してキチン不織布（ベスキチンW）を調製している。このベスキチンWの人工皮膚，創傷カバー材，吸収性縫合糸等医用材料として必要な物性については非常に詳しく調べられているので木船の総説を参考されたい[31]。近い将来，メタノール以外の低毒性有機溶媒—カルシウムハライド系がキチンの溶媒として開発される可能性が高いので，キチン繊維，キチン不織布，キチン軟膏等添加物を全く含まない医用材料が調製される可能性が高いと思われる。さらに，食品関係でも増量材や包装材としての用途が考えられる。ただし，キチンには高分子量キトサンに見られたような抗菌作用がないのでキトサンコンポジット型膜の開発になる可能性もある。養殖関係でも甲殻類を餌にしている動物の養殖に際し抗生物質や色素を動物体内へ効率よく運ぶ担体としての可能性も考えられる。

キトサンについては，キトサンが有機酸と塩を作り水溶性になるため数多くの研究例や応用例もあり総説も多いのでそれらを参考にしていただきたい。

文　　献

1）今堀和友，山川民夫編：生化学辞典，東京化学同人，（1984）.

2）Gardner, K. H., Blackwell, *J., Biopolymers*, **14**, 1581-1595 (1975).

3）Takai, M., *et al.*,"Chitin Derivatives in Life Science" (1992), Ed. By S. Tokura and I. Azuma, p167-172.

4）Tokura, S., Nishi, N., Tsutsumi, A., and Somorin, O., *Polym. J.*, **15**, 485-489 (1983).

5）Nishimura, K., Nishimura, S-I., Nishi, N., Numata, F., Tone, Y., Tokura, S., and Azuma, I., *Vaccine*, **3**, 379-384(1985).

6）西　則雄，戸倉清一，キチン，キトサン実験マニュアル，キチン・キトサン研究会編，技報堂出版（1991）p 256-282.

7）Tokura, S., and Nishi, N., "Chitin and Chitosan-The Versatile Environmentally Friendly Modern Materials" (1995), Ed. By Mat B. Zakaria, Wan Mohamed Wan Muda and Md. Pauzi Abdullah, p67-86.

8）大宝　明，キチン・キトサンハンドブック，キチン・キトサン研究会編，技報堂出版(1995) p 31-131.

9）滝口泰之，古賀大三，キチン・キトサンハンドブック，キチン・キトサン研究会編，技報堂出版（1995）p 2-30.

10）Omura, Y., Shigemoto, M., Akiyama, T., Saimoto, H., Shigemasa, Y., Nakamura, I., and Tsuchido, T., "Advances in Chitin Science vol.Ⅵ," Ed. By K.M. Varum, A. Domard and O. Smidsrod, proceedings from the 5th International Conference of the European Chitin Society held in Trondheim, Norway, june 26-28 (2002). NTNU Press. ISBN:82-471-5901-5, p273-274.

11）櫻井謙資，キチン・キトサンハンドブック，キチン・キトサン研究会編，技報堂出版(1995) p134-148.

12）Hirano, S. and Ohe, Y., *Carbohydr. Res.*, **41**, (1975), Kurita, K., Sannan, T., Iwakura, Y., *Macromol. Chem.*, **178**, 2595 (1977).

13）Tamura, H., Sawada, M., and Tokura, S., "Advances in Chitin Science vol.Ⅵ", Ed. By K. M. Varum, A. Domard and O. Smidsrod, proceedings from the 5th International Conference of the European Chitin Society held in Trondheim, Norway, June 26-28 (2002). NTNU Press. ISBN:82-471-5901-5, pp119-121.

14）Foster, A. B., and Webber, J. M., *Adv. Carbohydr. Chem.*, **15**, 371-393 (1961).

15）Nishi, N., Noguchi, J., Tokura, S., and Shiota, H., *Polym. J.*, **11**, 27-32. (1979)

16）Brine, C. J. and Austin, P. R., *ACS Symp. Series* No. 18, p505 (1975)

17）Allan, G. G., Johnson, P. G., Lay, Y. Z., and Sarkanen, K. V., *Chem. Ind.*, **1971**, 127

18）Capozza, R. C., Ger. 2, 505, 305. Capozza, R. C., *Chem. Abs.*, **84**:35314s (1976).

19）Tokura, S., and Tamura, H., "Advances in Chitin Science vol.V" ed. By K. Suchiva, S. Chandrkrachang, P. Methacanon and M. Peter, Proceedings of the 5th Asia Pacific Chitin and Chitosan Symposium, held in Bangkok, Thailand, March 13-15 (2002),

p104-107.
20) Tokura, S., Nishi, N., and Noguchi, J., *Polym. J.*, **11**, 781-786 (1979), Tokura, S., Nishi, N., Nishimura, S-I., and Somorin, o., *Sen-I Gakkaishi*, **39**, 507-511 (1983).
21) Tokura, S., Nishi, N., Somorin, O., and Noguchi, J., *Polym. J.*, **12**, 695-700 (1980).
22) Szozland, L., "Chitin and Chitin Derivatives-preparation, Structure and Properties" ed. By S. Tokura and J. Dutkiewicz, Lodz Technical University Press, 1993. p80-98.
23) 田村　裕，和田圭太，戸倉清一，平成15年度繊維学会秋季研究発表会予稿集.（2003），91
24) Tamura, H., and Tokura, S., Proceedings of International Symposium on Biomaterials and Drug Delivery systems held in Taipei on April (2002), p190-194.
25) Wei, Y. C., and Hudson, S. M., "Chitin World" ed. By Z. S. Karnicki, A. W.pjtasz-Pajak, M. M. Brzeski and P. J. Bykowski, Bermerhaven Wirtschaftsverlag NW, Proceedings of 6th International Conference on Chitin and Chitosan held in Gdynia, Poland, 16-19 (1994), p190-199.
26) Tokura, S., Nishimura, S-I., Nishi, N., Nakamura, K., Hasegawa, O., Sashiwa, H., and Seo, H., *Sen-I Gakkaishi*, **43**, 288-293 (1987).
27) Tamura, H., Tsuruta, Y., Itoyama, K. Warakitkanchanakul, W., Rujiravanit, R., and Tokura, S., *Carbohyd. Polym.*, in press.
28) Tokura, S., and Tamura, H., "Advances in ChitinScience vol. V" ed. By K. Suchiva, S. Chandrkrachang, P. Methacanon and M. Peter, Proceedings of the 5th Asia Pacific Chitin and Chitosan Symposium, held in Bangkok, Thailand, March 13-15 (2002), p57-62.
29) Tamura, H., and Tokura, S., *Mat. Sci. Eng. C*, **20**, 143-147 (2002)
30) Tokura, S., Tamura, H., Tsuruta, Y., Nagayama, C., and Itoyama, K., *Chitin and Chitosan Res.*, **7**, 21-27 (2001)
31) 木船紘爾，キチン・キトサンハンドブック，キチン・キトサン研究会編，技報堂出版（1995）p 324-354.

第4章　分解分野

1　超臨界水分解

吉田　敬[*1]，江原克信[*2]，坂　志朗[*3]

1.1　はじめに

化石資源の枯渇と化石資源から排出されるCO_2による地球温暖化が問題視されるようになり，カーボンニュートラルな資源であるバイオマスの有効利用が望まれている。バイオマスのひとつであるキチンは，天然高分子として最も多量に存在するセルロースに匹敵する資源量をもつといわれている[1,2]。したがって，化石資源の代替として，セルロース系資源だけでなくキチンの有効利用も期待されている。キチンを有効利用する一方策として，それらを低分子化し，様々な有用ケミカルスを得る試みがなされているが，現時点においては，塩酸や酵素などによる加水分解法が適用されている[3,4]。

一方，近年，超臨界水を用いたリグノセルロースの化学変換についての検討が進められ，その構成成分であるセルロース，ヘミセルロース，リグニンの分解とそれらの成分分離が可能となっている[5,6]。セルロースは，D-グルコースがβ-1,4グルコシド結合した高分子であり，N-アセチルグルコサミンがβ-1,4グルコシド結合したキチンと類似した構造を有している。したがって，超臨界水によるキチンおよびキトサンの化学変換に関する研究も行われるようになってきた[7~9]。

物質は，温度，圧力の条件により気体，液体，固体として存在するが，超臨界流体とは，臨界温度，臨界圧力(水の場合，374℃，22.1MPa)を共に超えた物質の状態であり，圧力を高くしてももはや液化しない非凝縮性の流体といえる。また，その特性も常温，常圧の水とは異なっている。水の誘電率は常温で約80程度であるが臨界点(374℃，22.1MPa)では5～10となり[10]，非極性の物質も溶解できるようになる。また，水のイオン積は臨界点近傍で増大し，触媒を添加することなく高温の酸加水分解の反応場が得られる[11]。超臨界水はこのような特異な特性を有してい

＊1　Kei Yoshida　京都大学　大学院エネルギー科学研究科　エネルギー社会・環境科学専攻　博士課程

＊2　Katsunobu Ehara　京都大学　大学院エネルギー科学研究科　エネルギー社会・環境科学専攻　博士研究員

＊3　Shiro Saka　京都大学　大学院エネルギー科学研究科　エネルギー社会・環境科学専攻　教授

るものの，常温，常圧の水に戻れば，またもとの水の特性を示すため触媒を必要とする既存の変換法に比べて触媒の除去が不要で，クリーンな状態でのバイオマス変換が可能となり，その変換プロセスも簡略化できるメリットがある。そこで本節では，超臨界水によるキチン，キトサンの化学変換について現在までに得られている研究成果をセルロースと比較しながら紹介する。

1.2 超臨界水バイオマス変換装置

超臨界水処理を行うための装置は，バッチ型と流通型に大別することができる。バッチ型装置による処理では，反応管にサンプルと水を封入し，これを予め加熱したスズ浴槽に浸漬させることで，超臨界水状態を作り出す。所定時間処理した後，水浴槽に反応管を浸漬し反応を停止させる。なお，加熱浴槽にはスズだけでなく溶融塩を用いることもある。しかし，スズのほうが熱容量が大きいため，より短期間（十数秒）で超臨界水状態を得ることができるため，本研究ではスズを用いている[12]。反応管内の圧力は，特に制御せず水の膨張により圧力を得ている。

流通型装置では，スラリー状の試料を常時循環させながら試料の沈殿を防ぎつつ，これを超臨界水に合流させることで処理を行う。予め流通させておいた超臨界水にスラリー状の試料を混合させるため，昇温時間は極めて短い。なお，リグノセルロースは，超臨界水によって0.1秒単位の短時間で分解するため，瞬時の冷却が不可欠である。したがって，反応管の出口で冷却水を反応流体へ直接導入し，瞬時に冷却する。それゆえ，本装置ではバッチ型で不可能な0.1秒単位の短時間の処理が可能である[13]。圧力は背圧弁により制御でき，50MPaまでの処理が可能である。さらに詳しくは文献[13~15]を参照されたい。

1.3 キチンおよびキトサンの分解挙動

α-キチンはキチン鎖が逆平行に配列し，水素結合によって強固な結晶構造を有しているが，β-キチンはキチン鎖が平行に配列しており，α型に比べ分子間水素結合が比較的弱い結晶構造をとっている[16~19]。また，キトサンは，N-アセチルグルコサミンのアセチル基が脱離したグルコサミンを構成糖とするポリマーである。本項では，これら3種の亜臨界水および超臨界水中での分解挙動について述べる。

図1にα-キチン，β-キチンおよびα-キトサンの亜臨界水（300℃，21MPa）および超臨界水（380℃，100MPa）処理したときの水不溶残渣率の変化を示す。α-キチンおよびα-キトサンはカニ由来，β-キチンはイカ由来のものを用いている。なお比較のため，セルロースでの結果も示した。300℃，21MPaの亜臨界水処理において，α-キチンは50秒の処理で約20%が，β-キチンは40秒の処理で約65%が水に可溶な物質へと変換されている。一方，α-キトサンは8秒の処理ですでに約80%が水に可溶な物質へと変換されている。このように，結晶構造の違いとア

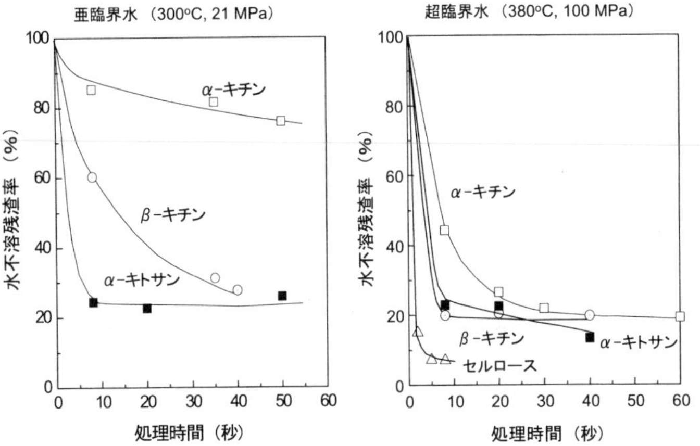

図 1　キチン，キトサンおよびセルロースの亜臨界および超臨界水処理での水不溶残渣率の変化（バッチ型装置により検討）

セチル基の有無によって亜臨界水処理での分解挙動が異なり，分解されやすさはα-キトサン＞β-キチン＞α-キチンの順になることがわかる。

一方，380℃，100MPaの超臨界水処理において，α-キチンは20秒の処理で約75%が，β-キチンとα-キトサンは 8 秒の処理で約80%が水に可溶な物質へと変換された。即ち，亜臨界水処理20秒では，試料の違いにより不溶残渣率に顕著な差が見られたが，超臨界水処理20秒では，それらの差が小さくなっている。しかし，分子構造が類似のセルロースと比較すると，依然キチン，キトサンは分解されにくい。

図 2 に処理時間を 8 秒と20秒に固定し，処理温度を亜臨界水域から超臨界水域へと変化させたときの水不溶残渣率の変化を示す。 8 秒処理の場合，亜臨界水域では，α-キチン，β-キチンおよびα-キトサンそれぞれの残渣率に大きな差が見られるが，臨界点付近の処理温度になってくるとその差は縮小していることがわかる。また，20秒処理の場合ではこの傾向がさらに顕著に見られ，超臨界水域(380℃)では殆ど差が無くなっていることがわかる。この結果からも，α-キチン，β-キチンおよびα-キトサンの分解されやすさは，亜臨界水域で差があるものの，超臨界水域ではその差が小さくなることがわかる。

常温，常圧状態では，水分子は水素結合によってクラスターを形成しているが，超臨界水近傍では水の分子運動が激しくなり，水素結合が切れて単分子の水を形成することが知られている[20]。同様に，キチン，キトサンの結晶構造を形成している水素結合も超臨界水条件下で解裂しているものと予想される。したがって，超臨界水処理では，結晶構造の差異が分解挙動にさほど影響を

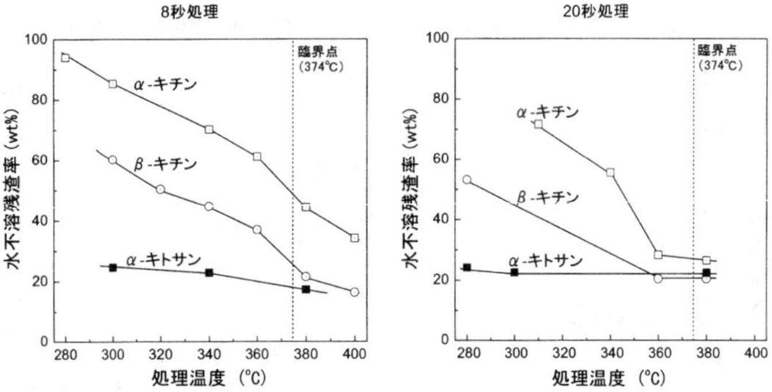

図2　α/β-キチンおよびα-キトサンの亜臨界および超臨界水処理における処理温度と水不溶残渣率の関係（処理時間を8秒または20秒に固定，バッチ型装置により検討）

及ぼさないのではないかと考えられる。

しかし，同様の超臨界水中でセルロースを処理した場合[13]，図1に示したように2秒の処理ですでに約85%が水に可溶な物質へと変換されている。超臨界水状態ではセルロース，キチン，キトサンいずれも水素結合が解裂していると考えられるため，これらの間でも分解挙動の差は小さいと予想されるが，キチンおよびキトサンは，セルロースよりも分解されにくい。これはキチン，キトサン中に存在するN-アセチル基とアミド基による静電気的な相互作用がセルロース鎖中のそれに比べ強いためであると推測されている[7]。

1.4　水不溶残渣の結晶構造の変化

図3にα-キチン，β-キチンおよびα-キトサンの亜臨界水および超臨界水処理したときの水不溶残渣のX線回折図を示す。300℃，21 MPaおよび340℃，59MPaでの亜臨界水処理で得られたα-キチンからの水不溶残渣は，9°と19°に回折ピークを示し，未処理のα-キチン

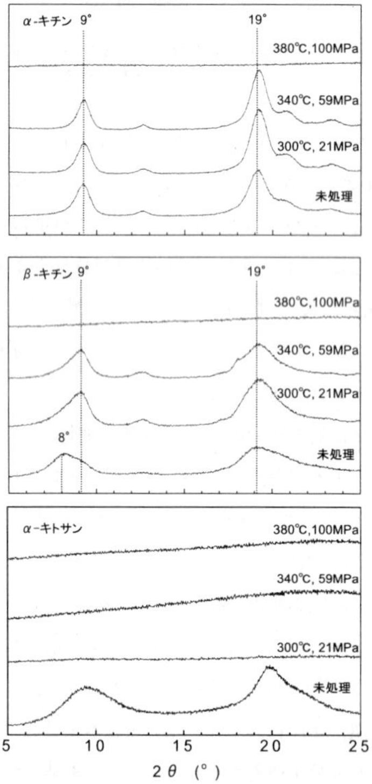

図3　α/β-キチンおよびα-キトサンの亜臨界および超臨界水での水不溶残渣のX線回折図
（バッチ型装置により8秒処理）

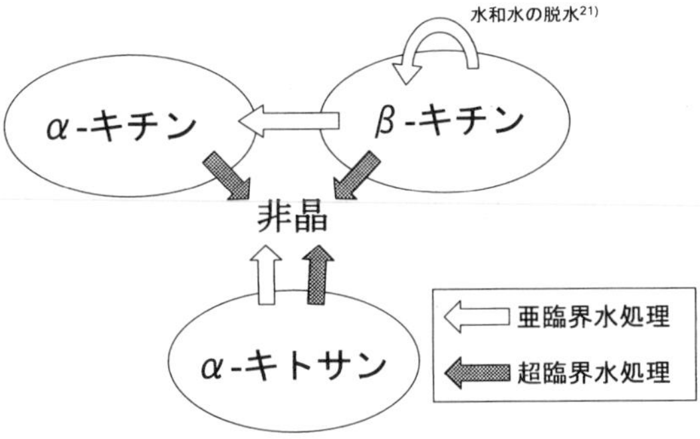

図 4　α/β-キチンおよびα-キトサンの超臨界水近傍での処理における水不溶残渣の結晶構造変化

と全く同じ回折パターンを示している。なお，同処理条件において，β-キチンは，β型特有の 8°での回折ピークが 9°に移動し，α-キトサンは明確な回折パターンを示さなくなっていることがわかる。一方，超臨界水処理（380℃，100MPa）の場合では，いずれの試料からの水不溶残渣も明確な回折ピークを示していない。

以上の変化は，図 4 のようにまとめられ，前項で得られた分解挙動を説明することができる。すなわち，亜臨界水処理の場合，α-キチンの結晶構造は維持されたままであり安定であるが，β-キチンおよびα-キトサンの結晶構造はそれぞれ変化および消失しており，不安定である。したがって，結晶構造の安定度が分解挙動に反映され，α-キチンが最も分解されにくく，次にβ-キチン，α-キトサンの順になると考えられる。一方，超臨界水処理の場合では，いずれの試料の結晶構造も消失してしまうため，結晶構造の差が分解挙動に反映しなくなると考えられる[9]。

なお，亜臨界水中でのβ-キチンの処理で見られた回折パターンの変化に対し，キチン分子が平行に配列しているとされるβ型の構造がより安定な逆平行鎖に再配列し，α型の構造をとった可能性が考えられる。また，今回用いたイカ軟甲由来のβ-キチン中には，もともとα型が混在しており，分解されやすいβ-キチンが優先的に分解されたためα-キチンが残存した可能性も考えられる。またSaitoらはβ-キチンを100℃程度で熱処理すると，結晶内に水和した水分子が脱水し，その結果，回折ピークが 8°から 9°に変化することを明らかにしている[21]。したがって，β-キチン結晶中の脱水も回折パターンの変化に関与している可能性がある。これらの点を明らかにするためには，さらに詳細な検討が必要である。

1.5　水可溶成分

図 5 に，α-キチンおよびα-キトサンの超臨界水処理によって得られる水可溶部のHPLCクロ

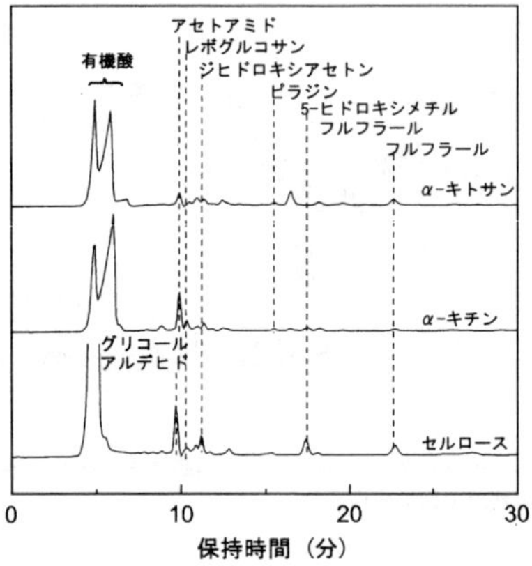

図5　α-キチン，α-キトサンおよびセルロースの超臨界水処理で得られる水可溶部のHPLCクロマトグラム（バッチ型装置により380℃，100MPa，8秒処理，カラムはShodex，sugar KS-801 を用いて測定）

マトグラムを示す。また，比較のためセルロースの水可溶部のものも示した。α-キチンとα-キトサンのバッチ型装置による超臨界水処理（380℃，100MPa，8秒）で得られた水可溶部には，有機酸，レボグルコサン，ジヒドロキシアセトン，アセトアミド，ピラジン，フルフラールが検出された。5-ヒドロキシメチルフルフラールの有無を除いては，α-キチンとα-キトサンから得られる生成物は同じである。レボグルコサン，ジヒドロキシアセトン，5-ヒドロキシメチルフルフラールおよびフルフラールは，セルロースの同処理でも得られていることがわかる。また，Shuは，グルコサミン塩酸塩を150℃の熱水で処理し，アセトアミド，ピラジン，フルフラールなどを得ている[22]。したがって，これらは，キチン，キトサン，セルロースを構成するグルコピラノースの断片化や脱水によって生成していると推察される[13]。また，アセトアミドとピラジンは，アミノ基を持たないセルロースからは得られないため，キチン，キトサン特有の生成物であると言える。

図6に，図5と同じ水可溶部のキャピラリー電気泳動分析で得られたエレクトロフェログラムを示す。なお，本分析は紫外線検出器を用いた間接吸光度法で検出している。α-キチン，α-キトサンの両試料ともに，有機酸は，主にギ酸，グリコール酸，酢酸，乳酸で構成されている。またセルロースの場合でも，ピルビン酸を除いて同じ有機酸が得られることを確認している[6]。しかし，α-キチンとα-キトサンは，セルロースに比べ酢酸のピークが大きい。キチンはアセチル基を，また，キトサンも残存アセチル基を有しているため，それが脱離し酢酸が高収率で得られたものと推察される。

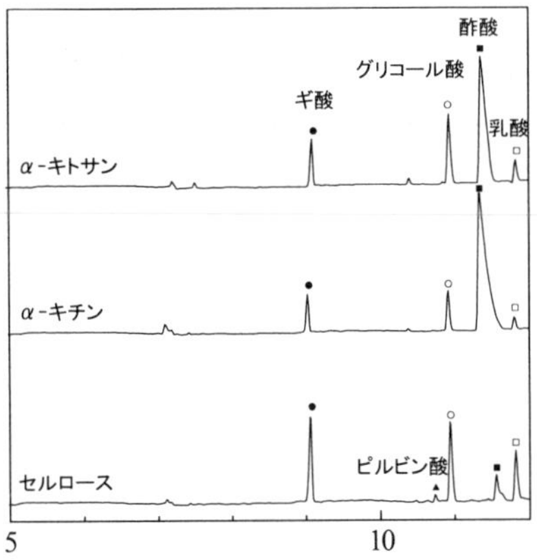

図6　α-キチン，α-キトサンおよびセルロースの超臨界水処理で得られる水可溶部のキャピラリーエレクトロフェログラム
（バッチ型装置により380℃，100MPa，8秒処理）

表1にα-キチン，α-キトサンおよびセルロースの超臨界水処理で得られた生成物を示す。α-キチンおよびα-キトサンから得られる生成物の中では，酢酸が最も高収率であり，それぞれ11.2%および10.5%の収率であった。その他の物質は，いずれも数%未満であった。特に，水可溶部には未同定の物質が多く存在している事から，今後，さらに詳細な分析が必要である。なお，キチンおよびキトサンの構成成分であるN-アセチルグルコサミンやグルコサミンおよびそれらのオリゴマーは，生成していないことを確認している。また，本条件においては，セルロースからも糖類が得られていないことがわかる。したがって，バッチ型装置を用いた超臨界水処理では，キチンおよびキトサン中のグルコシド結合の開裂のみならず，グルコピラノース環の分解も生じていると考えられる。

図7に，著者らの研究グループが所有する流通型装置[14]によりα-キトサンを処理して得られる水可溶部のHPLCクロマトグラムを示す。流通型装置ではあらかじめ調製してある超臨界水にキトサンを混合するため，処理条件は，380℃，40MPaで0.6秒という短時間となっている。その結果，バッチ型装置と同様に有機酸，アセトアミド，レボグルコサン，ジヒドロキシアセトンが検出されたが，保持時間5分から8分付近に2量体程度の糖類と推察されるピークが検出された。これらは，N-アセチルグルコサミンでもグルコサミンでもないが，分析に用いたカラムの特性を考慮すると糖類である可能性が高い。これは流通型反応装置では，超臨界水状態へ瞬時に昇温できることと，0.6秒という短時間の処理により糖の過分解を抑制できたために得られた生成物と考えられる。

表1　α-キチン，α-キトサンおよびセルロースの超臨界水処理で得られる水可溶成分の収率（バッチ型装置により380℃，100MPa，8秒間処理）

物質名	収　率（%）		
	α-キチン	α-キトサン	セルロース
ギ酸	1.1	1.2	2.7
グリコール酸	1.1	3.7	4.1
酢酸	11.2	10.5	1.4
乳酸	0.2	0.6	1.6
ピルビン酸	—	—	0.3
アセトアミド	2.0	0.8	0.0
グリコールアルデヒド	0.0	—	3.8
ジヒドロキシアセトン	0.5	0.6	1.6
ピラジン	0.1	0.5	—
5-ヒドロキシメチルフルフラール	0.1	—	2.4
フルフラール	0.1	0.5	3.8
その他	33.6	58.9	53.3
合計	50.7	77.1	86.3

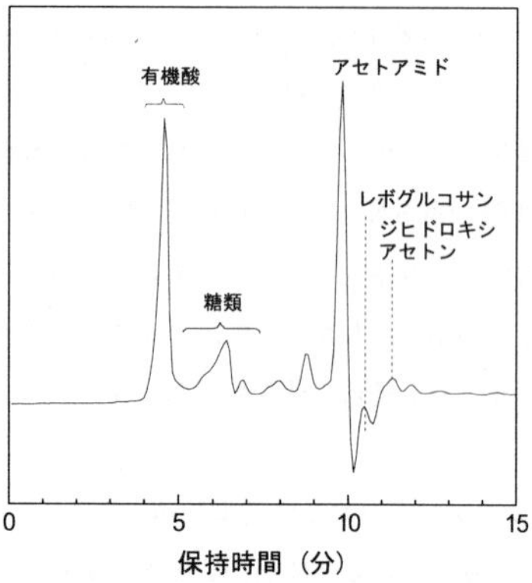

図7　α-キトサンの超臨界水処理で得られる水可溶部のHPLCクロマトグラム
（流通型バイオマス変換装置により380℃，40MPa，0.6秒処理，カラムはShodex, sugar KS-801 を用いて測定）

以上の結果を基にして，図8に超臨界水処理によるセルロース，キチンおよびキトサンの推定分解経路を示す。セルロースの分解経路は，流通型装置を用いた検討によって明らかにされている[6,13]。セルロースは，超臨界水中で加水分解されオリゴ糖に変換される。オリゴ糖の一部の還元性末端は断片化もしくは脱水され，エリトロース，グリコールアルデヒドもしくはレボグルコ

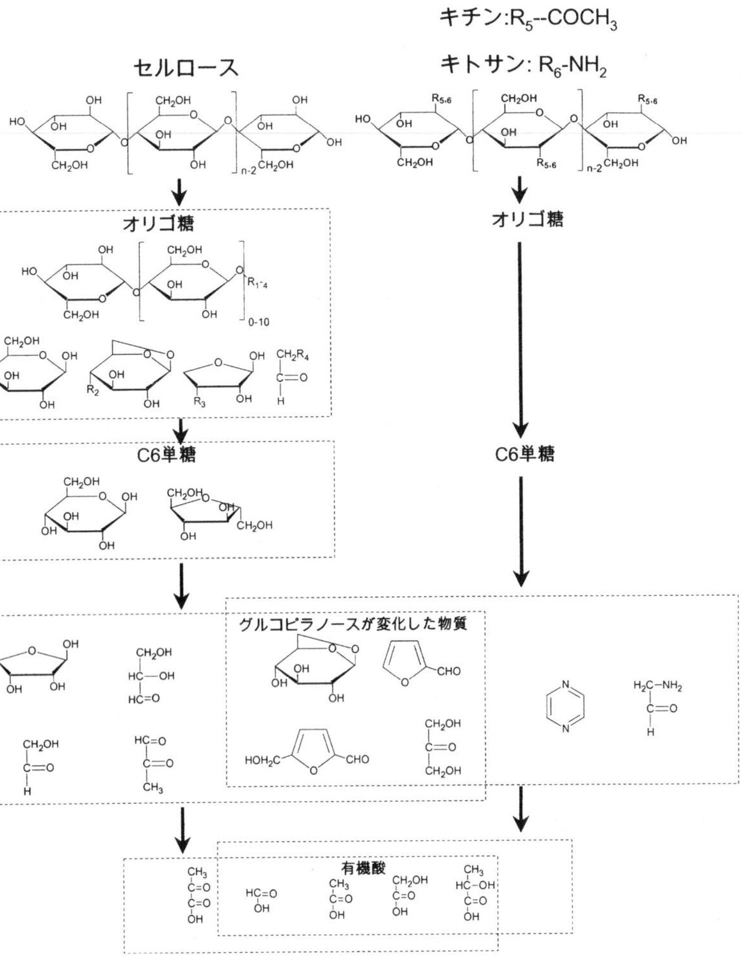

図8　超臨界水中におけるセルロース[6,13]，キチンおよびキトサンの分解経路

サンに分解される。グルコシド結合の加水分解が続くとグルコースにまで変換され，グルコースの一部はフルクトースへと異性化する。これら炭素数6（C6）の単糖は，さらに断片化や脱水されることによって，バッチ型装置でも得られるようなグルコピラノースが変化した物質を経て有機酸へと分解される。

一方，上述したように，キチンおよびキトサンの超臨界水処理物は，セルロースのそれと同じ物質を含んでいる。したがって，キチン，キトサンもセルロースと類似した分解経路を経ていると推察される。即ち，キチン，キトサンは超臨界水によって多糖，オリゴ糖さらには単糖にまで変換される。その後，さらに本研究で検出されたようなグルコピラノースが変化した物質に変換される。セルロースと異なる点は，アミド基に由来するピラジンやアセトアミドなどが生成することである。

1.6 今後の展望

超臨界水によるキチンおよびキトサンの化学変換について概説したが，本研究は未だ発展途上の部分が多い。したがって，今後は流通型装置を用いた検討を進め，より詳しい知見を得る必要がある。それらを基に，超臨界水処理装置の改良と処理条件の最適化がなされれば，酸や酵素を用いることなく，水だけで目的とする有用物質を回収できるようになると期待される。キチンおよびキトサンの変換技術として超臨界水処理が取り入れられ，さらにその研究が推進されることを期待する。

文　　献

1) M-M. Giraud-Guille, *Tissue and Cell*, **16**, 75 (1984)
2) 南　英治，坂　志朗，エネルギー・資源，**23**, 219 (2001)
3) J.A. Rupley, *Biochem. Biophys. Acta*, **83**, 245 (1964)
4) Y. Takiguchi, K. Shimahara, *Lett. Appl. Microbiol.*, **6**, 129 (1988)
5) 坂　志朗，江原克信，エネルギー・資源，**24**, 178 (2003)
6) K. Ehara, S. Saka, ACS Symp. Ser. Lignocellulose Biodegradation, B.D. Saha, K. Hayashi eds.in press
7) K. Sakanishi, *et al., Ind. Eng. Chem. Res.*, **38**, 2177 (1999)
8) T.Q. Armando, *et al., Ind. Eng. Chem. Res.*, **40**, 5885 (2001)
9) 吉田敬ほか，キチン・キトサン研究，**9**, No.2, 174 (2003)
10) D. P. Frenandez *et al., J. Phys. Chem. Ref. Data*, **26**, 1125 (1997)
11) W. B. Holzapfel, *J. Chem. Phys.*, **50**, 4424 (1969)
12) S. Saka, T. Ueno, *Cellulose*, **6**, 177 (1999)
13) K. Ehara, S. Saka, *Cellulose*, **9**, 301 (2002)
14) D. Kusdiana *et al.*, 12th European Conf. Technol. Exhib. on Biomass for Energy, Ind. and Climate Protec., Amsterdam, 789 (2002)
15) 坂　志朗，バイオマス・エネルギー・環境，坂　志朗編，アイピーシー出版，東京，p.291

(2001)
16) N. E. Dweltz, *Biochem. Ciophys. Acta*, **51**, 283 (1961)
17) K. Gardner, J. Blackwell, *Biopolym.*, **14**, 1581 (1975)
18) J. Blackwell, *et al., J. Mol. Biol.*, **28**, 282 (1967)
19) J. Blackwell, *Biopolym.*, **7**, 281 (1969)
20) W. T. Lindsay, ASEME Handbook on Water Technology for Thermal Power Systems, P. Cohen ed., ASEME, NewYork p. 371 (1981)
21) Y. Saito, *et al., Biomacromol.*, **3**, 407 (2001)
22) C-K. Shu, *J. Agric. Food Chem.*, **46**, 1129 (1998)

2 キチンキトサンの水熱分解

佐藤公彦*

2.1 はじめに

キチン，キトサンは，セルロースに次いで天然に豊富に存在する天然多糖であり(図1)，特異な生物活性を示す素材として注目を集めている[1,2]。しかし，セルロースが繊維や紙をはじめとする様々な分野で大量に利用されているのとは対照的に，キチン，キトサンの利用量としては水処理用の凝集剤が主な用途であり，ポリアクリルアミドがそれに使われるようになってからは，こうした大量に使われる用途はなくなってしまっている．最近では主として機能性食品として期待される食品添加物が比較的大量に使われている用途である。しかし，用途開発に向けての研究開発は進められており，低分子化されたキチン，キトサンからオリゴ糖，単糖の領域においては，生物活性，誘導体の機能等，期待される用途は多岐に渡っている。

そのため，キチン，キトサンの低分子化は，その用途を広げるためにも重要な課題である。低分子化法には，濃塩酸とともに加熱する方法，加水分解酵素（キチナーゼ，キトサナーゼ，リゾチーム，ヘキソサミニダーゼ，等）を使った低分子化法，亜硝酸や過酸化水素を使った低分子化法等があげられる。酵素を使った単糖化も機能性食品の生産を目指して検討されている[3,4]。また，最近ではセルロース系材料に対して検討が重ねられている超臨界水域での低分子化法も注目される[5,6]。

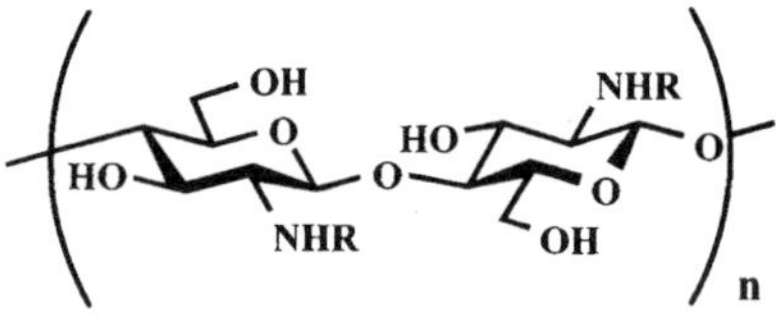

図1 Chemical structure of chitin and chitosan.

しかし，高濃度の塩酸を使っての低分子化は，長時間を要することと，分解産物を回収する際，中和，脱色等の処理が必要であったり，高濃度の塩酸を使うため工場施設内への塩酸ミストの飛散により腐食する等の問題がある。また，過酸化水素や亜硝酸による分解では，効果的にキチンやキトサンを分解することができるものの，食品添加物としては認められない低分子化物が得られてしまう。酵素分解法は，室温程度の温度で低分子化が可能であるが，反応液中からの酵素除去，緩衝液中に含まれる塩の除去の問題の他，酵素が高価であること，反応時間が長くかかる等の問題により，低コスト生産が難しい。いずれにしても，高濃度の触媒が必要であったり，長時間の反応時間を要するなどの問題があった。触媒を必要としない超臨界域での分解は，キチン，

* Kimihiko Sato 鳥取県産業技術センター 技術開発部 有機材料科 有機材料科長

キトサンやセルロースなどの結晶性を速やかに破壊するとともに極めて短時間に低分子化することができる方法の一つである[7]。しかしながら，反応が速すぎることなどから分解反応を制御するのが難しい。また，装置的にも特殊な容器を必要とし，コストがかかることなどが難しい課題として残されている。

本節では，非晶性のキチン，キトサンが，無触媒で水とともに120～180℃の圧力容器内で処理するという比較的簡便な手法によって，短時間で低分子化されるかどうか検討した結果についてのべる。

2.2 実　　験

2.2.1 試料及び試薬

キチンは凝集剤用キチン（共和冷蔵製，脱アセチル化度(DDA)10%未満）とキチンTCL（甲陽ケミカル製，DDA2.0%未満)を使い，キトサンはSKD(甲陽ケミカル製，DDA90%)を使った。

2.2.2 試料調製

(1) 非晶質キチン，非晶質キトサンの調製

非晶質のキチンは，粉末のキチンTCL4.0gを全量100gの40wt%NaOH水溶液に加え，十分浸せきさせ，一昼夜室温で放置した。これに300gの氷を加え攪拌するとアルカリキチンの液体となり，完全に氷が溶けるまで攪拌した。この反応液に中和熱を抑えるため氷を加えながら濃塩酸で中和し，析出したキチンを吸引ろ過により濾別した。生成物には大量のNaClが含まれているが，熱水で数回洗浄ろ過を繰り返すことによってNaClを除去した。

非晶質のキトサンの調整では，まず5.0gのキトサンを500mlの2.0%酢酸水溶液に溶解し，一昼夜室温で放置した。その水溶液を1000mlの5.0%NaOH水溶液中に攪拌しながら注ぎ込むと，キトサンは凝固して析出し，攪拌をさらに一昼夜続けた。これを吸引濾過し，濾液が中性になるまで繰り返し熱水で洗浄した。

(2) 均一系部分脱アセチル化キチンの調製

均一系部分脱アセチル化キチン(DAC)の調製は，2.2.2の非晶質キチンの調製と同じ方法でアルカリキチンを調製した後，反応液をビーカに入れラップして水分の蒸発を抑え，30℃の恒温器に48時間放置した[8]。この後，反応液に氷を適当に入れながら濃塩酸で中和した。これをアセトン中に注ぎ込み析出した生成物を少量の水に溶かし，透析による脱塩をおこなって，DACとした。このように調製された均一系DACは，脱アセチル化度がほぼ50%で水溶性であった[9]。

(3) カルボキシメチルキチンの調製

カルボキシメチルキチン（CM-キチン）の調製法は戸倉等の方法に準じた[10]。キチン10.0gを40mlの40wt%NaOHに懸濁させて４℃で１時間放置した後，－25℃で一昼夜凍結させた。凍結さ

せたキチンは，2.0lのイソプロピルアルコール中で解凍し懸濁させた。これに200mlのイソプロピルアルコールに溶かした約28.0gのモノクロル酢酸をN_2気流中で攪拌しながら3時間で滴下した。滴下後，反応液はN_2気流中室温で攪拌しながら一昼夜放置した。このあと，生成物を濾別し，エチルアルコールで洗浄し，少量の水に溶解させ，ろ過により不溶部を除いた後，可溶部をアセトンに注ぎ込んで沈殿させ，CM-キチンを得た。しかし，この段階においても副反応生成物であるグリコール酸が存在すると考えられるためセロファンチューブ中で透析し，回収されたものを実験に供した。このようにして得られたCM-キチンは，置換度0.5以上のものであった。

2.2.3 水熱処理

水熱処理は日阪製作所製の高温高圧水蒸気処理装置を用いておこなった(図2)。この装置は30kgボイラーから供給される高温高圧水蒸気により缶内の温度を上昇させ200℃まで温度を上昇させることができる。目的温度までの時間や目的温度の保持時間等は，プログラム制御により自在に条件を変えることができる。

図2　Experimental apparatus.

各試料の水溶液あるいは懸濁液（濃度0.8％，4ml）をバイアル瓶に封入してこの装置内に入れ，図3に示したように目的温度まで20分で上昇させ，その温度での保持時間を10分あるいは60分として処理した。なお，冷却は缶内に冷水を流し込んで冷却した。

2.2.4 還元末端基の定量

各温度で処理された試料は，それぞれ試験管に1.5mlずつ採り，シャーレス液2mlを加えて15

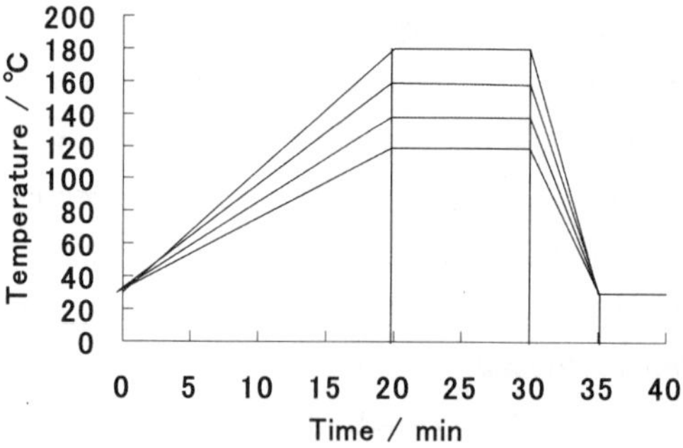

図3　Temperature control by experimental apparatus.

分間沸騰水中で加熱した。冷却後，波長420nmで比色定量した。グルコサミン塩酸塩を標品とし，420nmのΔOD値から校正し，還元末端基の定量を行った[11]。

2.2.5　分子量測定

水熱分解処理後の分子量は，島津製作所製LC-6Aシステムを用いたGPC分析によって行った。均一系脱アセチル化キチン，キトサンの場合は，カラムGMPWXL（東ソー㈱製）を 2 本連結し，移動相は0.5M酢酸ナトリウム＋0.5M酢酸，分析温度は30℃，流速は1.0ml/min，検出器は示差屈折計により分析した。また，カルボキシメチルキチンの分析条件は，カラムはGS710 7E（東ソー㈱製），移動相は，0.1MHClO4＋0.1MNaOH，分析温度は40℃，流速は0.8ml/min，検出器は示差屈折計とした。いずれの試料も溶解させて24時間以上室温に放置し，GPC分析を行った。なお，プルランを標品として分子量分布を求めた。

2.3　結果と考察

2.3.1　X線回折

図 4，図 5 に2.2.2(1)で調製した非晶化したキチン，キトサンの広角X線回折強度プロフィールを示す。上述の調製法によりキチンは非晶化されていた。キトサンは，キチンほど結晶化度は高くないと考えられるが，この調製によって，原料であるキトサンよりは結晶化度が低下しており，非晶化されたと考えられる。

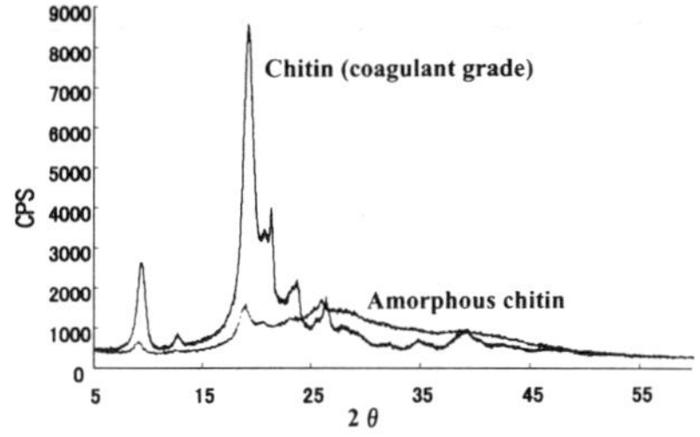

図 4　X ray diffraction curves of chitin (coagulant grade) and amorphous chitin.

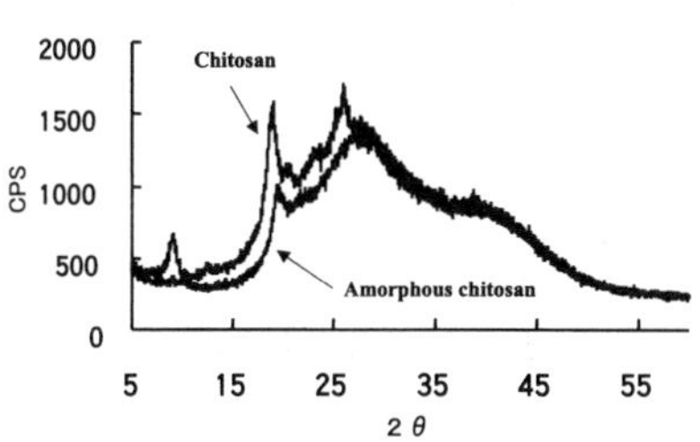

図 5　X ray diffraction curves of chitosan (SKD) and amorphous chitosan.

2.3.2　水熱処理による還元末端基の増大

(1)　水熱処理における結晶性キチンと非晶性キチンにおける還元末端基の増大

図6は，結晶性のキチンと非晶性キチンの水熱処理後の還元末端基の定量結果である。結晶性のキチンに比較して非晶質のキチンの方が還元末端基量が多かったが，これは非晶化の時にキチンを強アルカリに浸せきし24時間放置する段階において，脱アセチル化とともに加水分解反応も若干進んだためと考えられる。水熱処理後，結晶性のキチンは，還元末端基の増大はほとんど認められない。若干増大しているのは，キチンの非晶部分が分解したためと考えられる。これに比較して非晶性のキチンは，水熱処理温度の上昇に伴い還元末端基量が増大している。その増加量は，120℃，140℃から160℃では徐々に大きくなり，180℃では著しく増大した。これらの結果から，結晶性のキチンはこの温度域ではほとんど分解しないが，非晶状態のキチンはこの温度域で触媒が存在しなくても加水分解されると考えられる。

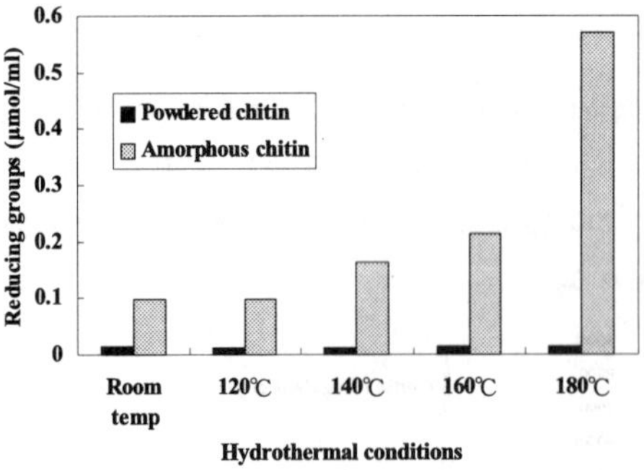

図6　Increase of reducing groups of chitin and amorphous chitin with hydrothermal decomposition.

(2)　水熱処理によるカルボキシメチルキチンの分子量低下

(1)の結果から非晶性のキチンは触媒が存在しなくても水熱下で加水分解されることが還元末端定量法によりわかったが，キチンの場合，GPC分析用にサンプルを溶解させることが難しく分子量低下について検討できないため，水溶性であるCM-キチンをキチンのモデルとして分子量低下について検討した。

表1にその結果を示す。調製されたCM-キチン（Mw 約340,000）は，水熱温度120℃，140℃では徐々に分子量が低下していき，160℃からは顕著な分子量低下が見られた。これらの結果は，非晶性キチンの水熱処理による還元末端基の増加と併せて考えると，キチンの結晶構造が非晶性になれば，触媒が存在しなくても今回の実験条件である水熱処理温度で低分子化され，さらにβ-1,4-グリコシド結合部位の加水分解による低分子化であると考えられる。

(3) 水熱処理による均一系脱アセチル化キチン，キトサンの還元末端基量及び分子量

均一系部分脱アセチル化キチン（DAC）は，キチンをアルカリキチン溶液の状態で，30℃でゆっくりと脱アセチル化させる方法で調製し，工業的に行われている固相で脱アセチル化する方法とは異なる。つまり，反応が均一系で起こるため，キチン分子鎖中の*N*-アセチル基がランダムに脱アセチル化されていく。今回用いたDACは脱アセチル化度が50%のもの（DAC-50）であり，*N*-アセチルグルコサミン残基とグルコサミン残基が50%ずつの割合でランダムに配列したポリマーである。キチンからキトサンに変換される中間体として検討した。表2にその結果を示す。DAC-50においてもキチンと同様，120℃，140℃ではそれほど顕著な分子量低下は認められなかったが，160℃，180℃では分子量が大きく低下した。また，それに伴って還元末端基量も増大していることを表3に示す。

表4では粉末キトサンSKDの還元末端基量の変化を示した。結晶性の高いキトサンはこの実験条件である水熱下ではほとんど変化しないことがわかる。これに対して，表4の下段は非晶化したキトサンSKDの結果を示したものであるが，やはり，非晶質キチン，DAC-50と同様160℃，180℃において著しく還元末端基量が増大した。

表1　Effect of temperature on molecular weight of decomposed carboxymethylchitin under hydrothermal conditions

Starting material	Temperature	Pressure	Molecular weight		
	℃	Mpa	*M*n	*M*w	*M*w/*M*n
CM-Chitin	control	–	106471	341231	3.2
	120	0.11	98321	297781	3.03
	140	0.27	82840	251719	3.04
	160	0.53	34569	82385	2.38
	180	0.92	7500	10726	1.43

表2　Hydrothermal decomposition of 50% deacetylated chitin.

Starting material	Temperature	Pressure	Molecular weight		
	℃	Mpa	*M*n	*M*w	*M*w/*M*n
DAC50	control	–	351000	1667000	4.76
	120	0.11	300000	1577000	5.27
	140	0.27	267000	1315000	4.92
	160	0.53	186000	722000	3.89
	180	0.92	74000	354000	4.77

表3　Increase of reducing group of 50% deacetylated chitin under hydrothermal conditions.

Starting material	Temperature	Pressure	Reducing group
	℃	Mpa	μmol/ml
DAC50	control	–	0.077
	120	0.11	0.088
	140	0.27	0.121
	160	0.53	0.312
	180	0.92	0.763

表4 Increase of reducing group of chitosan (SKD) and amorphous chitosan (SKD) with hydrothermal decomposition.

Starting material	Temperature ℃	Pressure Mpa	Reducing group μmol/ml
SKD	control	−	0.0395
	120	0.11	0.0472
	140	0.27	0.0559
	160	0.53	0.0766
	180	0.92	0.0977
Amorphous SKD	control	−	0.289
	120	0.11	0.305
	140	0.27	0.605
	160	0.53	1.323
	180	0.92	1.422

2.4 おわりに

以上の結果から，キチンやキトサンはその結晶性を低下させれば，今回の実験で明らかにされたように，触媒を添加しなくても低分子化されることがわかった。水熱条件温度が140℃まではそれほど分解反応は進まないが，160℃以上では著しく分解が進んだ。

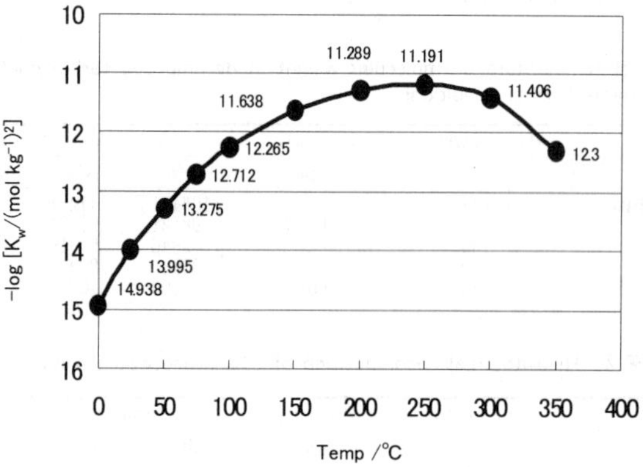

図7 Ionic Product of Water (K_w) under Saturated Vapor Pressure.

この水熱条件下（120℃～180℃）の水は図7に示されるようにイオン積がかなり増大し，酸触媒になり得るものと考えられる。しかし，結晶性のキチンやキトサンはこれらの温度条件ではほとんど低分子化されず，水熱条件下での分解は結晶性が大きく影響していることが明らかとなった。今回の160℃以上の条件では，水のイオン積は常温常圧の場合よりも大きい[12, 13]。非晶性のキチンやキトサンの分解は，還元末端基の増大から考えて加水分解的であり，その温度域の水が酸触媒として作用したと考えるのが妥当であろう。

このような水熱条件では超臨界亜臨界水下での条件，又は高濃度の強酸類を触媒とする加水分解法に比較して，結晶性の高いキチンやキトサンは一気に分解されることはないが，前処理として非晶化さえしておけば200℃以下の高温高圧水で加水分解されることが明らかとなった。

処理時間も短く，大量バッチ処理が可能で，そして環境にもやさしいこの分解法は，キチンキトサンの分解だけではなくセルロース，その他の多糖類の分解にも応用が可能と考えられている。

文　献

1）Y. Shigemasa and S. Minami, in Biotechnology and Genetic Engineering Reviews; M. P. Tombs, Ed.; Intercept Ltd.: Andover, 1995; pp. 383-420

2）M. Morimoto, H. Saimoto, H. Usui, Y. Okamoto, S. Minami, and Y. Shigemasa, *Biomacromol.*, **2**, 1133-1136 (2001)

3）S. Yoshida, K. Sato, and T. Ohtsuki, *Chitin Chitosan Res.*, **5**, 150 (1999)

4）特許第3170602号「非晶質のキチンを基質とする酵素による*N*-アセチル-D-グルコサミンの製造方法」佐藤公彦，吉田晋一，大槻　徹 (2001)

5）T. Adschiri, S. Hirose, R. Malaluan, and K. Arai, *J. Chem. Engineer. Jpn.*, **26**, 676 (1993)

6）S. Saka and T. Ueno, *Cellulose*, **6**, 177 (1999)

7）K. Sakanishi, N. Ikeyama, T. Sakaki, and M. Shibata, ACS Div: *Fuel Chem.*, **44**, 373 (1999)

8）T. Sannan, K. Kurita, and Y. Iwakura, *Makromol. Chem.*, **176**, 1191 (1975)

9）特許第2990248号「非晶質の水溶性部分脱アセチル化キチンの製造方法」佐藤公彦，大槻　徹 (1999)

10）S. Tokura, N. Nishi, A. Tsutsumi, and O. Somorin, *Polym. J.*, **15**, 485 (1983)

11）T. Imoto and K. Yagishita, *Agr. Biol. Chem.*, **35**, 1154 (1971)

12）S. Saka, *Mokuzaikogyo*, **56**, 105 (2001)

13）W. Holzapfel, *J. Chem. Phys.*, **50**, 4424 (1969)

3　酵素分解によるキチンからのN-アセチル-D-グルコサミンの生産

相羽誠一*

3.1　はじめに

最近の健康産業は最も注目されるビジネスとして急成長を遂げており，食品分野の伸びは特に大きい。このような状況下，健康食品市場で最近注目されているのがグルコサミン塩酸塩である。変形性関節症の改善効果を有することから，従来より欧米で治療薬として使われてきたもので，最近では3,000トン／年の需要がある。また日本ではここ4，5年の間に次第に普及しはじめ，300トン／年にまで市場が拡大している。最近では美肌効果も有することがわかってきている。グルコサミンは体内の代謝経路でUDP-N-アセチルグルコサミンとなり，グリコサミノグリカン（ヒアルロン酸，コンドロイチン硫酸，デルマタン硫酸，など）の合成に組み込まれ，軟骨や皮膚となっていく。グルコサミン塩酸塩はキチンを濃塩酸で加水分解して主鎖を切断するのみでなく，アセトアミド基も加水分解して生産されており，反応が単純であるため比較的低価格である。しかし，グルコサミン塩酸塩は渋味・苦味を有するため経口摂取には難点があるといわれている。そこで最近注目されているのがN-アセチル-D-グルコサミン(NAG)である。これはグルコサミンのアミノ基にアセチル基がまだ残ったままのもので，グルコサミン塩酸塩とは対照的にさわやかな甘味を有する。現在，NAGはキチンの濃塩酸による分解によって生産されている[1~3]。しかし，強酸による化学分解では反応後，中和と脱塩という工程が必要になり，高濃度塩溶液の廃液が生じるという欠点もあり，環境調和型での生産プロセスが求められていた。もし，このキチンの分解をすべて酵素で行えれば，塩酸による装置の腐食と廃液処理も解決でき，省資源，環境低負荷のプロセスとして意義がある。さらに，NAGはグルコサミン塩酸塩と同様に軟骨形成能に有効性が認められているほか美肌効果が確認されており，爽やかな甘味を持つ機能性甘味料として期待されている[4~7]。図1のようにN-アセチルグルコサミンはグルコサミンの無水酢酸によるN-アセチル化反応でも生産できるが，このように合成されたものは日本の法律では食品添加物として使用できない。そこでこれからの高齢化社会における健康で快適な生活を支援することを目的に，特に事業化には有利と考えられる粗酵素を用いたキチンの分解を中心にNAGの生産技術の研究開発成果について概説する。

3.2　工業用粗酵素を用いてキチンの分解

近年キチン分解酵素について多くの研究例があるが，結晶状キチンを直接効率的に分解する性

* Sei-ichi Aiba　㈱産業技術総合研究所　人間系特別研究体　グリーンバイオ研究グループ　グループ長

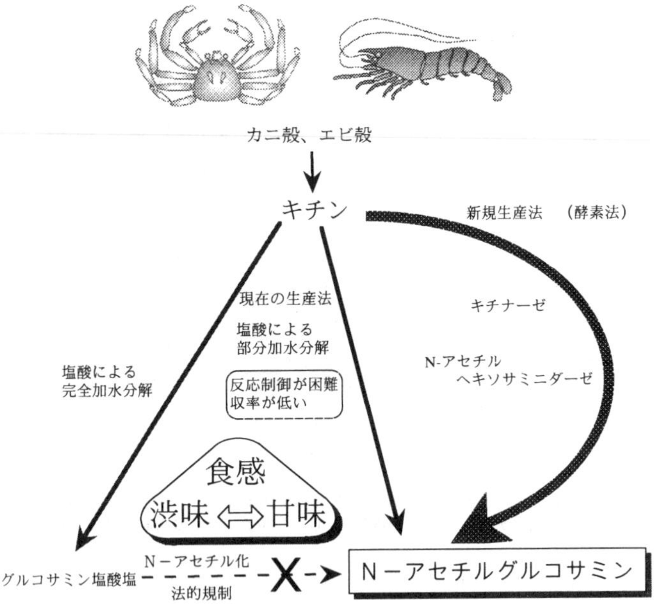

図1　N-アセチルグルコサミンの生産工程

質に関してはほとんどない。そこでまず，工業用粗酵素を用いてキチンの分解活性を調べた。キチンからNAGを生成させるにはまず，固体状キチンをエンド型のキチナーゼでオリゴ糖にまで分解させ，水溶性となったオリゴ糖をエキソ型のN-アセチルヘキソサミニターゼでNAGにまで分解させるルートを通らなければならない。以前我々の研究でキトサンをこれらの酵素で分解した際，*Aspergillus niger*などから得られるセルラーゼなどの酵素製剤にエンド型のキチナーゼとエキソ型のN-アセチルヘキソサミニターゼが混入していることがわかっている[8]。一方，NAGを生成させる原料としてのキチンの状態にも3つ考えられる。α-キチン，β-キチン，そして非晶質キチンである。分解されやすさでは非晶質キチンであるが，調製にコストがかかる欠点がある。また，この非晶質キチンをつくるためにアルカリキチンを経由するので，アルカリ中での脱アセチル化が起こり，N-アセチルグルコサミンの収率が低下するという問題もある。事実この基質を用いて各種起源の微生物由来の粗酵素による分解試験を行ったところ，その分解活性は*Tri-choderma viride*セルラーゼ＞*Aspergillus niger*のセルラーゼ＞*Aspergillus niger*のヘミセルラーゼの順となった[9]。しかし12日間での収率は40%以下と低く，酵素を段階的に添加しても図2のように50%程度の収率しか達成できない。

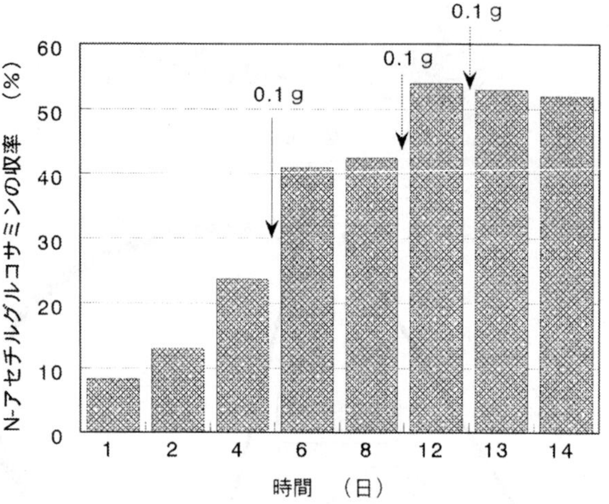

図2　セルラーゼTを用いた時のN－アセチルグルコサミンの生成の時間経過；非晶質キチン，0.1 g；pH4.5；37℃；セルラーゼTの初期添加量，0.1 g

そこで次に同様の粗酵素製剤を用いてイカ甲由来のβ-キチンの分解について調べたところ，セルラーゼT（*Trichoderma viride*）及びセルラーゼA（*Acremonium cellulolyticus*）のセルラーゼ製剤が格段に高活性であることがわかった（表1）[10, 11]。

次に，セルラーゼTを用いて各種反応条件において分解活性を調べたところ，微粉末化したβ-キチンが原料として適しているが，一般に流通しているカニ殻由来のα-キチンに対しては活性がかなり低かった。さらに反応メカニズムを検討するために酵素製剤中のエンド型活性とエキソ型活性を調べた。これはエンド型だけではキチンからN-アセチルキトオリゴ糖が生成するだけでNAGにまで分解できないためで，エキソ型によってオリゴ糖を単糖のNAGにまで分解できる。つまり，両者のバランスが重要である。しかし，エンド型の反応が律速段階であるので，エンド型が高活性でなければならないのはいうまでもない。その結果（表2）から，セルラーゼTは両者のバランスがよくて高収率であったこと，セルラーゼAはエンド型が強くて高収率であったことがわかった[12]。これらのことから，NAGの収率を向上させるには，2つの酵素を混合，つまり高活性なエンド型を有する酵素製剤に十分量のエキソ型を混合すれば最終的に高収率が達成できると考えた。そこで，表3のような組み合せで混合し，収率を測定してみた。予想どおり，混合によって収率は向上した。さらに最大収率を目指して反応時間を延長したところ，β-キチンで93%，α-キチンで70%となった（表4）[12, 13]。

表1　β－キチンに対する各種工業用粗酵素製剤のN-アセチルグルコサミン生成活性[a)]

酵素製剤	起　源	収率（%）
セルラーゼT	*Trichoderma viride*	58
セルラーゼA	*Acremonium cellulolyticus*	54
ヘミセルラーゼ	*Aspergillus niger*	12
リパーゼ	*Aspergillus niger*	16
ペクチナーゼ	*Aspergillus niger*	9
パパイン	*Carica papaya L.*	5

a）β-キチン，10mg/mL；酵素，40mg/mL；pH＝4；37℃；3日間

表2　粗酵素のエンド型及びエキソ型活性（mU/mg）

酵素	エンド型活性	エキソ型活性
セルラーゼT	3.7	1.4
セルラーゼA	12.3	0.18
キチナーゼA	26.9	69.4

表3　粗酵素製剤の混合によるN-アセチルグルコサミン生成活性[a)]

セルラーゼT（mg/mL）	セルラーゼA（mg/mL）	ヘミセルラーゼ（mg/mL）	リパーゼ（mg/mL）	収率（%）
α-キチン				
40	—	—	—	16
—	40	—	—	22
20	20	—	—	33
β-キチン				
20	20	—	—	73
20	—	20	—	44
20	—	—	20	54
—	20	20	—	58
—	20	—	20	62

a）基質濃度，10mg/mL；pH4.0；37℃；3日間

表4　α-及びβ-キチンからのN-アセチルグルコサミンの最大収率[a)]

キチン	セルラーゼT（mg/mL）	セルラーゼA（mg/mL）	リパーゼ（mg/mL）	反応時間（日）	収率（%）
α	40	—	—	8	23
α	20	20	—	7	41
α	20	20	—	18	70
β	40	—	—	8	81
β	20	20	—	7	93
β	20	—	20	7	85

a）基質濃度，10mg/mL；pH4.0；37℃

3.3　新規微生物由来の粗酵素を用いてのキチンの分解

ここまでの結果では工業用酵素である程度の収率は見込めるものの，反応時間がかかりすぎるという欠点がある。そこで京都工芸繊維大学[14]が発見した海洋細菌*Aeromonas hydrophila* H-2330株由来の粗酵素キチナーゼAについて試験した。この細菌は17℃でも活性が強く，1ヶ月でキチンフレークを98%（重量減）分解してしまう。また，この培養液には5種類のキチナーゼが含まれており，そのうちのひとつはかなり強力で，1ヶ月でフレークキチンを62%も分解する能力があることがわかっている。そこで，この細菌の培養液から得られる粗酵素キチナーゼAについて詳しくキチン分解挙動を調べた。このキチナーゼAはセルラーゼ製剤とは異なり，α-キチンに対しても強い活性を有していた[15]。粒径の大きいキチンでも分解しやすかった（表5）。β-キチンではほぼ定量的に分解された。これは表2に示すようにエンド型活性が相当高かったことによる。

表5　*Aeromonas hydrophila*の粗酵素を用いたキチンからのN-アセチルグルコサミンの生成収率[a)]

	基質濃度（mg/mL）	反応時間（日）	収率（%）
α-キチン			
フレーク	20	10	77
微粉末（3.8 μm）	20	10	64
β-キチン			
微粉末（3.0 μm）	20	4	94

a) 酵素濃度，1.85 mg/mL；pH7.0；17℃

3.4　将来への展望

以上の結果から*Trichoderma viride*及び*Aeromonas hydrophila* H-2330からの酵素製剤がN-アセチルグルコサミンの生産用として有望であることが示された。今後は酵素とN-アセチルグルコサミンの生産をスケールアップする技術を確立する段階にきており，N-アセチルグルコサミンが酵素法によって安く生産できるようになれば，栄養補助食品の市場だけでなく，一般食品の市場でも広く受け入れられていくと期待される。また，この研究成果から酵素製剤によってはエキソ型活性が低く，エンドとエキソの活性発現を反応条件によって制御すれば，N-アセチルグルコサミンあるいはオリゴ糖の生成を優先的に行わせることができると考えられ，機能性オリゴ糖をキチンの酵素分解で直接生成させることが期待できる。

文　　献

1） 焼津水産化学工業株式会社，「N-アセチル-D-グルコサミンの製造法」，公開特許公報昭63-273493；焼津水産化学工業株式会社，「天然型N-アセチルグルコサミンの製造法」，公開特許公報2000-281696
2） 「N-アセチルグルコサミン　グルコサミン」，食品新素材有効利用技術シリーズNo.4，菓子総合技術センター（2000）
3） 「天然型N-アセチルグルコサミン」，*BIO INDUSTRY*，**18**（12），68-74（2001）
4） 梶本修身，大磯直毅，又平芳春，菊池数晃，高橋丈生，「N-アセチルグルコサミン配合食品における美肌効果の臨床的検討－３次元的画像解析による客観的評価－」，新薬と臨床，**49**，539-548（2000）
5） 酒井進吾，佐用哲也，「表皮細胞ヒアルロン酸産生促進作用をもつ天然型N-アセチルグルコサミン」，ファインケミカル，**30**（22），301-312（2003）
6） 梶本修身，又平芳春，菊池数晃，坂本朱子，梶谷祐三，平田　洋，「天然型N-アセチルグルコサミン含有ミルクの変形性膝関節症に対する治療効果」，新薬と臨床，**52**，539-548（2003）
7） Y. Tamai, K. Miyatake, Y. Okamoto, Y. Takamori, K. Sakamoto, S. Minami, "Enhanced Healing of Cartilaginous Injuries by *N*-Acetyl-D-glucosamine and glucu ronic Acid", *Carbohydr. Polym.* **54**, 251-262 (2003)
8） S. Aiba, E. Muraki, "Preparation of Higher *N*-Acetylchitooligosaccharides in high yields", *Adv. Chitin Sci.*, **3**, 89-96 (1998)
9） H. Zhu, M. Sukwattanasinitt, R. Pichyangkura, S. Miyaoka, M. Yunoue, E. Muraki, S. Aiba, "Preparation of *N*-Acetyl-D-glucosamine from Chitin by Enzymatic Hydrolysis", "*Chitin and Chitosan－Chitin and Chitosan in Life Science*", p.330-331, Ed. By T. Uragami, K. Kurita, T. Fukamizo, Kodansha Scientific Ltd., (2001)
10） H. Sashiwa, S. Fujishima, N. Yamano, N. Kawasaki, A. Nakayama, E. Muraki, S. Aiba, "Production of *N*-Acetyl-D-glucosamine from β-Chitin by Enzymatic Hydrolysis", *Chem. Lett.*, 308-309 (2001)
11） 指輪仁之，山野尚子，藤嶋　静，村木永之介，川崎典起，中山敦好，坂本廣司，太田寿人，西方　靖，平賀和三，小田耕平，相羽誠一，"Production of N-Acetyl-D-glucosamine from Chitin by Enzymatic Hydrolysis"，キチン・キトサン研究，**7**，257-260（2001）
12） H. Sashiwa, S. Fujishima, N. Yamano, N. Kawasaki, A. Nakayama, E. Muraki, M. Sukwattanasinitt, R. Pichyangkura, S. Aiba, "Enzymatic Production of *N*-Acetyl-D-glucosamine from Chitin. Degradation Study of N-Acetylchitooligosaccharide and the Effect of Mixing of Crude Enzymes", *Carbohydr. Polym.* **51**, 391-395 (2003)
13） M. Sukwattanasinitt, H. Zhu, H. Sashiwa, S. Aiba, "Utilization of Commercial Non-chitinase Enzymes from Fungi for Preparation of 2-Acetamido-2-deoxy-D-glucose from β-Chitin", *Carbohydr. Res.*, **337**, 133-137 (2002)
14） K. Hiraga, L.Shou, M. Kitazawa, S. Takahashi, M. Shimada, R. Sata, K. Oda, "Isolation and Characterization of Chitinase from a Flake-chitin Degrading Marine

Bacterium, *Aeromonas hydrophila* H-2330", *Biosci. Biotechnol. Biochem.*, **61**, 174-176 (1997)

15) H. Sashiwa, S. Fujishima, N. Yamano, N. Kawasaki, A. Nakayama, E. Muraki, K. Hiraga, K. Oda, S. Aiba, "Production of *N*-Acetyl-D-glucosamine from α-Chitin by Crude Enzymes from *Aeromonas hydrophila* H-2330", *Carbohydr. Res.*, **337**, 761-763 (2002)

4　還元末端基にN-アセチル基を持つモノN-アセチルキトサンオリゴ糖

光富　勝*

キチンやキトサンを加水分解して得られる重合度5～7のキチンオリゴ糖やキトサンオリゴ糖には種々の生理機能が見出されており，これらオリゴ糖の利用が期待されている。しかしながら，高重合度のキトオリゴ糖を高純度で収率良く調製するのは容易ではない。最近，著者らは酵素反応特異性の高い酵素を組み合わせることにより，任意の鎖長を持つモノ*N*-アセチルキトサンオリゴ糖（重合度2～11）の調製を可能にした。ここでは，著者らが開発した酵素分解による高重合度キトサンオリゴ糖の調製法について紹介する。

4.1　はじめに

キチンおよびキトサンは，*N*-アセチルグルコサミン（GlcNAc）およびグルコサミン（GlcN）を構成糖とするアミノ多糖であり，それらの加水分解によって生成するキチンオリゴ糖［$(GlcNAc)_{5\text{-}8}$］やキトサンオリゴ糖［$(GlcN)_{4\text{-}7}$］には抗腫瘍活性，免疫賦活活性，エリシター活性や細菌増殖抑制など種々の生理機能が報告されている[1]。また，キトオリゴ糖は調味，増粘，抗菌，難消化，整腸などの機能を有する食品素材として期待されている[2]。現在，これらのオリゴ糖は酸加水分解や酵素分解により製造されているが，任意の糖配列および重合度を有するキトオリゴ糖を収率よく単離することは非常に困難である。

酵素分解法によるキトオリゴ糖の調製はモノマーの生成量を抑制できる点で酸加水分解法に比べ有利であると考えられる。しかしながら，酵素分解によるキトオリゴ糖の調製では酵素の反応特異性だけでなく，基質として用いるキチン，キトサンのアセチル化度とアセチル基の分布の違いにより，生成してくるキトオリゴ糖の糖組成および重合度が大きく変化してくることに注意をはらう必要がある。例えば，不溶性のキチンをキチナーゼで分解した場合，主な生成物は$(GlcNAc)_2$であり[3]，多くの場合，$(GlcNAc)_4$以上のオリゴ糖はほとんど生成されない（図1）。これはキチンが強固な結晶構造をとることに起因すると考えられる。また，キチナーゼの糖転移反応を利用して$(GlcNAc)_4$や$(GlcNAc)_5$から，さらに重合度の高いオリゴ糖が調製されているが[4]，この場合，基質になる$(GlcNAc)_4$などのオリゴ糖がキチンの酵素分解によって多量に必要になることが問題となる。また，現在，重合度2～6のキトサンオリゴ糖がキトサナーゼによる酵素分解法でも工業的に製造されているが[5,6]，この方法は重合度2～4のキトサンオリゴ糖を得るには効率のよい方法である。

＊　Masaru Mitsutomi　佐賀大学　農学部　応用生物科学科　教授

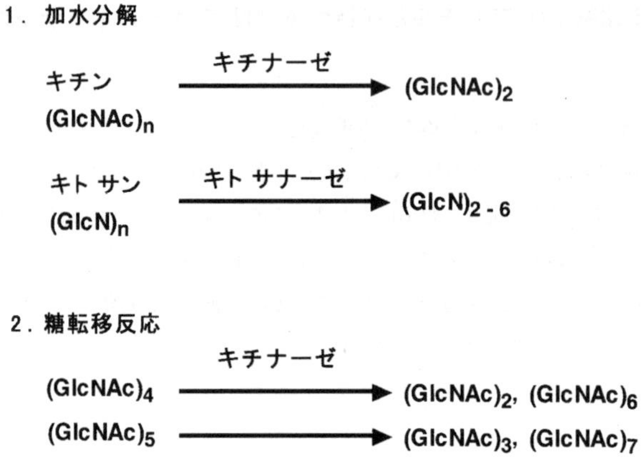

図1　酵素法によるキトオリゴ糖の生産

一方，部分的にN-アセチル化された部分N-アセチルキトサンは酸可溶性であり，キトサナーゼのみでなくキチナーゼでも分解され，糖配列の異なる比較的重合度の高いオリゴ糖を生成することが報告されており[7,8]，部分N-アセチルキトサンの酵素分解は高重合度キトオリゴ糖の製造に有用であると考えられる。そこで，筆者らは，図2で示すようにアセチル化度の低い部分N-アセチルキトサン分子中のN-アセチルグルコサミニド結合のみを，切断特異性の高い酵素で分解すれば，還元末端にGlcNAcを持つ一連のモノN-アセチルキトサンオリゴ糖（図3）が生成すると考えた。さらに，基質のアセチル化度およびアセチル基の分布を制御することにより，任意の重合度を持つキトオリゴ糖の製造が可能になると考えられる。また，分解生成物の分離精製が酵素反応後の重要な課題となるが，モノN-アセチルキトサンオリゴ糖のような一連の規則的な配列を持つオリゴ糖を生成させることは，生成したオリゴ糖のカラムクロマトグラフィーによる精製を容易にさせる利点がある。筆者らはこのようなストラテジーに基づいて，キチナーゼとβ-N-アセチルグルコサミニダーゼを用いたモノN-アセチルキトサンオリゴ糖[GlcN-(GlcN)$_n$-GlcNAc, $n=1\sim10$]の製造法を開発した[9]。

本稿では酵素分解によるモノN-アセチルキトサンオリゴ糖の製造について著者らの研究を述べる。

4.2　キチン質分解酵素の切断特異性

可溶性の基質である部分N-アセチルキトサンはキチナーゼおよびキトサナーゼによって分解される[7~11]。これらキチン質分解酵素をオリゴ糖の調製に応用する場合，用いる酵素の切断特異

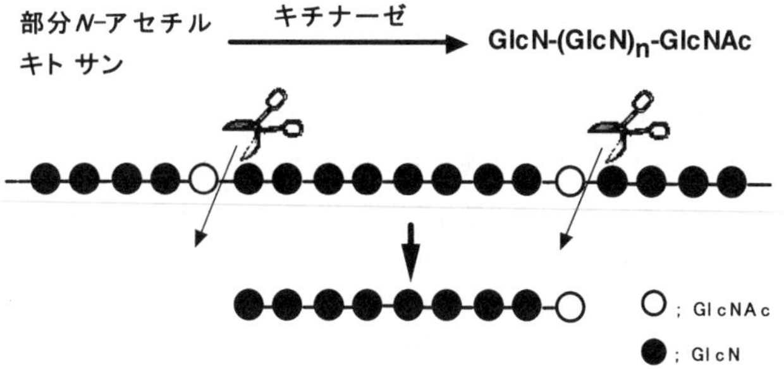

図2　キチナーゼによるモノN-アセチルキトサンオリゴ糖の生産

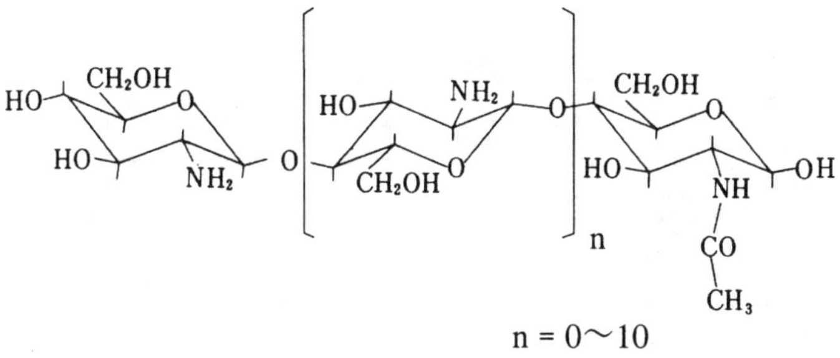

図3　モノN-アセチルキトサンオリゴ糖の構造

性を十分に把握しておく必要がある。表1に，部分N-アセチルキトサンの酵素分解生成物として得られたキトオリゴ糖と酵素によって切断されるキトサン分子中の結合を示した。糖質加水分解酵素は活性ドメインのアミノ酸配列の類似性から，約90のファミリーに分類されており[12~14]，キチナーゼはファミリー18とファミリー19に大別される。ファミリー18に属するキチナーゼは部分N-アセチルキトサン分子中のGlcNAc-GlcNAc結合およびGlcNAc-GlcN結合を切断するのに対し，ファミリー19キチナーゼはGlcNAc-GlcNAc結合およびGlcN-GlcNA結合を切断する。一方，キトサナーゼはキトサンの切断様式により，三つのグループに分けられる。すなわち，GlcN-GlcN間およびGlcNAc-GlcN間を切断するグループ，GlcN-GlcN間のみを切断するグループ，GlcN-GlcN間およびGlcN-GlcNAc間を切断するグループである[8]。この表から分かるように，ファミリー18に属するキチナーゼだけが部分N-アセチルキトサン分子中のN-アセチル-β-グルコサミニド結合のみを特異的に分解する。また，生成してくる部分N-アセチルキトオリゴ糖の糖配列は用いた酵素の起源によって異なっている。中でも，大阪府立大の上田らによって発見された*Aeromonas* sp. No. 10S-24の生産するキチナーゼII[15]は，GlcNの連続した配列を持つオリゴ糖を生成する[10)]。このことは，本酵素が他のキチナーゼと異なり，GlcNの連続した配列に隣接したN-アセチル-β-グルコサミニド結合を切断することを示唆している。そこで，本酵素の基質特異性をさらに検討したところ，表2に示すように，本酵素はコロイダルキチンよりも脱アセチル化度の高いキトサンをよく分解する[10)]ばかりでなく，他のキチナーゼと異なり，還元末端のN-アセチル-β-グルコサミニド結合を分解した(表3)。これらの結果から，キチナーゼIIはモノN-アセチルキトサンオリゴ糖の製造に適していると考えられた。

表1　キチナーゼおよびキトサナーゼによる部分*N*-アセチルキトサン分解生成物

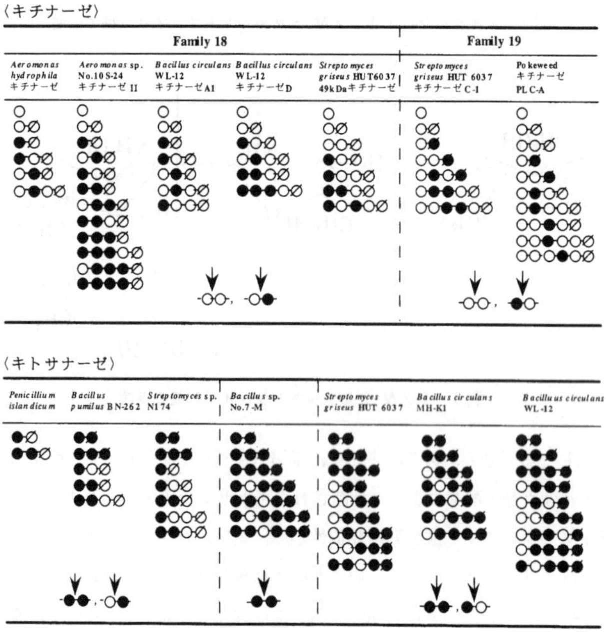

○，*N*-アセチルグルコサミン；●，グルコサミン；∅，還元末端；矢印は切断箇所

表2　*Aeromonas* sp. No.10S-24 キチナーゼIIによる部分*N*-アセチルキトサンの分解

基　質	相対分解速度（%）
コロイダルキチン	12.7
54%　N-アセチルキトサン	100
49%　N-アセチルキトサン	91.8
34%　N-アセチルキトサン	90.6
17%　N-アセチルキトサン	31.2
10%　N-アセチルキトサン	6.9

表3　キチナーゼによる部分*N*-アセチルキトオリゴ糖の分解

基　質	反応生成物 *Bacillus circulans* WL-12 キチナーゼA1	反応生成物 *Bacillus circulans* WL-12 キチナーゼD	反応生成物 *Aeromonas* sp. No.10S-24 キチナーゼII
●○∅	○ + ●∅	ND	○ + ●∅
○●○∅	○ + ●∅	ND	○ + ○●∅
●○○∅	○ + ●∅	○+ ●○∅	○ + ●∅
●●○∅	ND	ND	○ + ●●∅
●●●○∅	ND	ND	○ + ●●●∅

○, *N*-アセチルグルコサミン; ●, グルコサミン ;∅ , ●̸, 還元末端; ND, 未検出

4.3　モノ*N*-アセチルキトサンオリゴ糖の調製

次に著者らが開発したモノ*N*-アセチルキトサンオリゴ糖の調製法について述べる。図4は均一系で*N*-アセチル化することにより調製された部分*N*-アセチルキトサンを基質に用い，キチナーゼIIで分解した反応液をMALDI-TOF MSにより質量分析した結果である。このように重合度17までのモノ*N*-アセチルキトサンオリゴ糖が生成していることが確認された。しかしながら，GlcNAcを2分子有するオリゴ糖の生成も確認された。これらの糖は非還元末端と還元末端

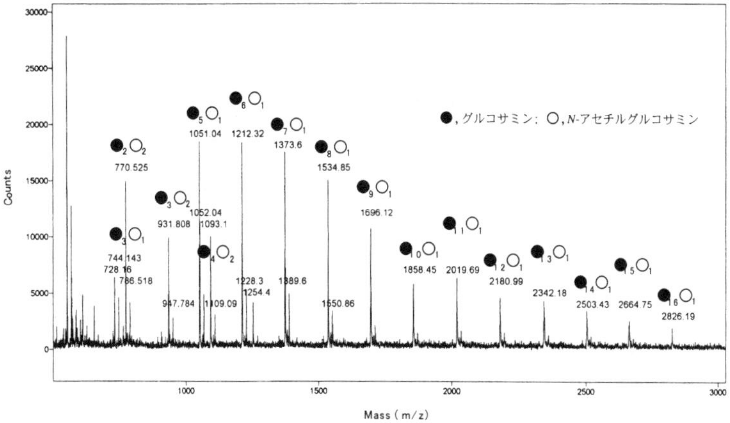

図4　キチナーゼIIによる25% *N*-アセチル化キトサン分解生成物のMALDI-TOF MS

25% *N*-アセチル化キトサン,　400 ml
（濃度 0.5%、0.1M 酢酸緩衝液、pH4.0）
← 2% アジ化ナトリウム,　2 ml
← キチナーゼ II（2 units/ml),　1 ml
37℃で 48 時間保温
← キチナーゼ II（2 units/ml),　1 ml
37℃で 48 時間保温
← β-N-アセチルグルコサミニダーゼ（6.2 units/ml),　0.8 ml
37℃で 24 時間保温
5 分間煮沸により酵素反応停止
遠心分離（13,000 rpm × 15 min）

上清　　沈殿
電気透析
CM-セファデックス C-25 による陽イオン交換クロマトグラフィー
電気透析
凍結乾燥

キトオリゴ糖
バイオゲル P-6 によるゲル濾過
電気透析
凍結乾燥

モノ *N*-アセチルキトサンオリゴ糖

図5　モノ*N*-アセチルキトサンオリゴ糖の調製法

にそれぞれGlcNAc 1分子が存在する（表1）と考えられたので，非還元末端のGlcNAc残基を*β*-*N*-アセチルグルコサミニダーゼで遊離させることにより，還元末端にGlcNAc残基を持つモノ*N*-アセチルキトサンオリゴ糖に変換した。

図5にモノ*N*-アセチルキトサンオリゴ糖の調製法を示す。25%*N*-アセチル化キトサン酢酸溶液（均一系でキトサンを*N*-アセチル化して調製，*N*-アセチル化度25%，濃度0.5%，pH4.0）に*Aeromonas* sp. No. 10S-24キチナーゼIIを加え，37℃，96時間反応後，*Pycnoporus cinnabarinus* *β*-*N*-アセチルグルコサミニダーゼ[16]を37℃で24時間作用させ，5分間煮沸により反応を停止した。生成したモノ*N*-アセチルキトサンオリゴ糖はCM-セファデックスC-25を用いて分離した(図6)。吸着された部分*N*-アセチルキトサンオリゴ糖は，酢酸緩衝液を用いたNaCl直線濃度勾配溶出により良好に分離された。また，$(GlcN)_n$-$(GlcNAc)_2$が混在する画分（F8～F11）はバイオゲルP-6によるゲル濾過で分離した。図6に示すように，キトオリゴ糖の還元末端をア

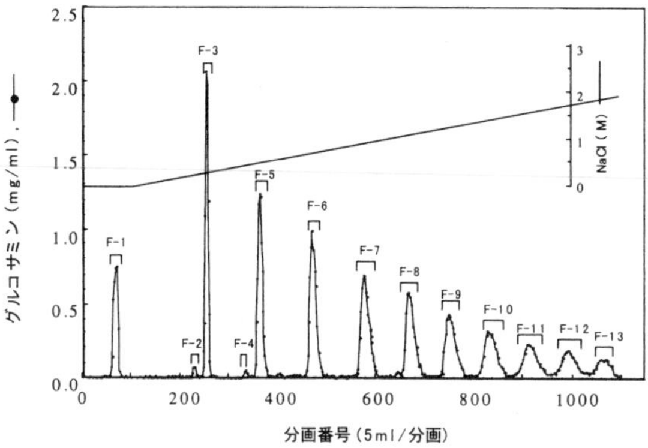

図6　25%*N*-アセチル化キトサン分解生成物のCM-セファデックスC-25による分離
カラム：CM-セファデックスC-25（ϕ2.6×68cm）
溶出液：0.02M酢酸緩衝液（pH5.0），0-2 M NaCl直線濃度勾配
流速：42ml/hr

セチル化することにより，カラムクロマトグラフィーにおけるオリゴ糖のテーリングが抑えられ，オリゴ糖の分離および回収率が向上した。得られたオリゴ糖の構造と収量を表4に示す。F-3およびF5～F13の画分はそれぞれ，重合度2～11のモノ*N*-アセチルキトサンオリゴ糖であり，いずれも還元末端にGlcNAcを1分子有していた。表に示すように，2gのキトサンから1.35gのモノ*N*-アセチルキトサンオリゴ糖が得られた。これまで，6糖以上のオリゴ糖を単離することは極めて困難であったが，このように本方法を用いることにより，比較的容易に調製できるようになった。

表4　モノ*N*-アセチルキトサンオリゴ糖の収量

画分		収量(mg)
F-1	○	72
F-2	●$_1$・○$_2$	8
F-3	●$_1$・○$_1$	121
F-4	●$_2$・○$_2$	6
F-5	●$_2$・○$_1$	146
F-6	●$_3$・○$_1$	176
F-7	●$_4$・○$_1$	162
F-8	●$_5$・○$_1$	120
F-9	●$_6$・○$_1$	97
F-10	●$_7$・○$_1$	92
F-11	●$_8$・○$_1$	90
F-12	●$_9$・○$_1$	148
F-13	●$_{10}$・○$_1$	110
合計		1348

●：GlcN，　○：GlcNAc

4.4　部分*N*-アセチルキトサンの調製法がオリゴ糖生成に及ぼす影響

基質として用いられる部分*N*-アセチルキトサンは通常，キチンを熱アルカリ溶液中で脱アセチル化することによって調製されるが[17]，キトサンを無水酢酸で部分的にアセチル化することによっても調製される[18,19]。部分N-アセチルキトサンは，調製時の条件によってその重合度，N-アセチル化度およびN-アセチル基の分布が異なってくる。特にモノN-アセチルキトサンオリゴ糖の調製には，基質のN-アセチル基の分布が重要となってくる。キチンを不均一系で脱アセチル化した場合，N-アセチル基はブロック的な分布になり，これに対し，均一溶液系でキチンを脱アセチル化あるいはキトサンをN-アセチル化すると，N-アセチル基の分布はランダムになると考えられている[17,19,20]。図7は均一系でキトサンをN-アセチル化することにより調製したアセチル化度25%のキトサンを酵素分解した結果を，また，図8は不均一系でキチンを脱アセチル化することにより調製されたアセチル化度25%のキトサンを用いたときの結果を示している。均一系で調製されたキトサンでは重合度2から11のオリゴ糖の生成が均等にみられるのに対し，不均一系で調製された部分N-アセチルキトサンを用いた場合，GlcNAcおよびF-3(GlcN-GlcNAc)やF-5[$(GlcN)_2$-GlcNAc]のような低重合度のモノN-アセチルキトサンオリゴ糖の生成率は上昇するが，4糖以上の高重合度モノN-アセチルキトサンオリゴ糖の収率は著しく低下することが分かった。これらの結果は，基質のアセチル基分布の違いをよく反映している。このように，高重合度のモノN-アセチルキトサンオリゴ糖を調製するには，均一系でキトサンをN-アセチル化することにより調製したN-アセチル化キトサンが望ましい。

4.5 おわりに

以上に述べたように，部分N-アセチルキトサンをキチナーゼとβ-N-アセチルグルコサミニダーゼで分解することにより，重合度2～11のモノN-アセチルキトサンオリゴ糖を収率よく単離・調製することができる。これら一連の構造を持つモノN-アセチルキトサンオリゴ糖は還元末端のみがN-アセチル化されているため，キトサナーゼの酵素反応解析の基質として有用である。

さらに，本方法により調製されるモノN-アセチルキトサンオリゴ糖は，化学的にN-アセチル化することによりN-アセチルキトオリゴ糖に変換することができる。したがって，これまでその溶解度の低さのために調製が困難であった高重合度のキチンオリゴ糖，例えば$(GlcNAc)_{6\sim11}$などは，モノN-アセチルキトサンオリゴ糖を単離後，N-アセチル化することにより調製が可能となる。また，モノN-アセチルキトサンオリゴ糖を脱アセチル化することにより，$(GlcN)_{6\sim11}$のような高重合度のキトサンオリゴ糖も容易に調製できる。これまで重合度6程度のキトサンオリゴ糖やキチンオリゴ糖については，種々の生理機能をもつことが報告されているが，重合度7以上のキトオリゴ糖の生理機能については，単離が困難であったため検討されていない。また，モノN-アセチルキトサンオリゴ糖を始めとする部分的にN-アセチル化されたキトオリゴ糖の

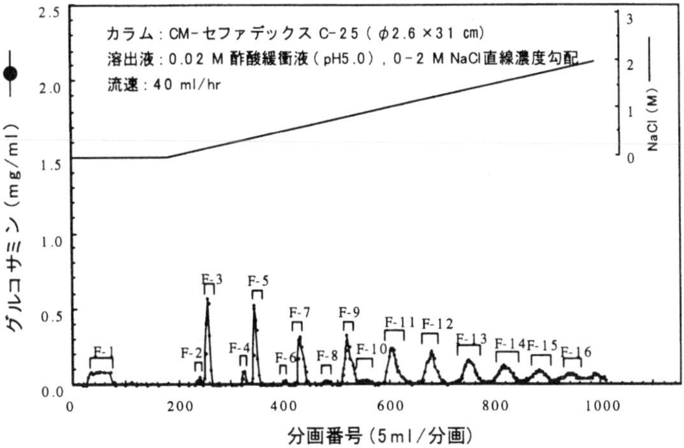

図7　25%*N*-アセチル化キトサン分解生成物のCM-セファデックスによる分離

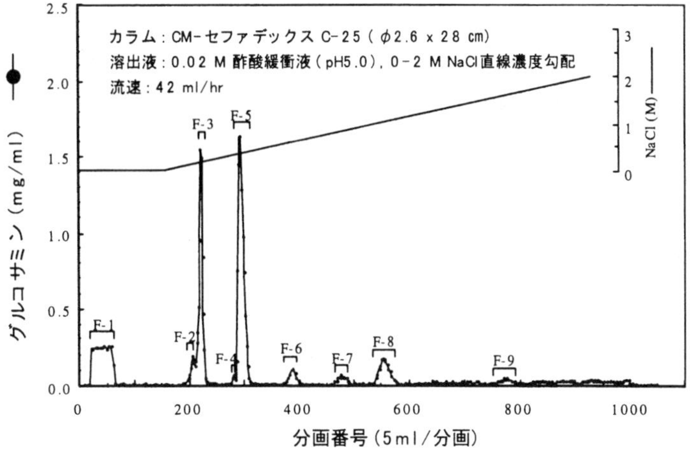

図8　75%脱アセチル化キトサン分解生成物のCM-セファデックスによる分離

機能性についても，ほとんど知られていない。したがって，これら高重合度キトオリゴ糖の生理機能について我々は探索していく必要があろう。今後，酵素分解によって調製されるこれら高重合度キトオリゴ糖の新しい生理機能の解明とキトオリゴ糖の応用研究への新たな展開が期待される。

文　　献

1) F. Shahid *et al., Trends in Food Sci. & Tecnol.*, **10**, 37 (1999)
2) 川口光朗, 応用糖質科学, **45**, 415 (1998)
3) 渡邉剛志, キチン, キトサン　ハンドブック, 技報堂出版 p. 67 (1995)
4) 碓氷泰市, キチン, キトサン実験マニュアル, 技報堂出版 p. 83 (1991)
5) M. Izume *et al., Agric. Biol. Chem.*, **51**, 1189 (1987)
6) 坂井和雄ほか, 澱粉科学, **37**, 79 (1990)
7) S. Aiba, *Carbohydr. Res.*, **265**, 323 (1994)
8) 光富　勝, 化学と生物, **38**, 287 (2000)
9) 光富　勝ほか, キチン・キトサン研究, **8**, 162 (2002)
10) M. Mitsutomi *et al*,, Chitin Enzymology Vol. 2, Atec-Edizioni, p.273 (1996)
11) D. Koga *et al.*, Chitin and Chitinases, Birkhauser Verlag, Switzerland, p.107 (1999)
12) B. Henrissat, *Biochem J.*, **280**, 309 (1991)
13) A. Bairoch *et al., Biochem J.*, **293**, 781 (1991)
14) A. Bairoch *et al., Biochem J.*, **316**, 695 (1996)
15) M. Ueda *et al., Biosci. Biotechnol. Biochem.*, **56**, 460 (1992)
16) A. Ohtakara *et al., Agric. Biol. Chem.*, **45**, 239 (1981)
17) 栗田恵輔ほか, キチン, キトサン　ハンドブック, 技報堂出版 p.228 (1995)
18) S. Aiba, *Int. J. Biol. Macromol.*, **11**, 249 (1989)
19) S. Aiba, *Int. J. Biol. Macromol.*, **13**, 40 (1991)
20) 相羽誠一, 高分子加工, **46**, 328 (1997)

第5章　化学修飾分野

1　キチンのTEMPO酸化による6-オキシキチン（キトウロン酸）の調製

加藤友美子[*1]，磯貝　明[*2]

1.1　はじめに

キチンは，N-アセチルグルコサミンを構成単糖とした多糖類でセルロースとよく似た構造を持つ。セルロース同様，キチンやそれを脱アセチル化して得られるキトサンにおいても，本来の特徴を生かしながら，天然のキチン・キトサンにはない新しい性質・機能を付与する目的で様々な化学的改質が行われている。

最近では，キチンは生分解性高分子や生体材料として注目され，現在ではその利用について多くの研究がなされ，創傷治癒促進効果，抗菌性など数々の知見が得られている。このような材料を特に医療，医薬，化粧品，食品の分野で利用する場合，取扱の利便性，各種薬品との相溶性，均一性，加工性などの観点から，広範囲なpH領域に於いて水溶性であること，官能基の分布や量が制御可能で材料設計が容易であることが望まれる。

ここでは，キチンの6位一級水酸基のみの高選択的酸化反応により得られる水溶性酸化キチンである6-オキシキチン（キトウロン酸）の調製とその物性について述べる。

1.2　TEMPO酸化について

セルロースやデンプン，キチン等の多糖類はその構成単糖の中に，2つ或いは3つの水酸基を有する。この水酸基のうち，6位の一級水酸基のみを選択的に酸化し，カルボキシル基まで変換する手法が報告されている。この反応は，水溶性の2,2,6,6-テトラメチル-1-ピペリジニルオキシラジカル（TEMPO）を触媒に，臭化ナトリウムと次亜塩素酸ナトリウムを共酸化剤に用いて，pH10～11程度の弱アルカリ性の水を溶媒として行われる。図1のようにTEMPOは系内で酸化還元を繰り返し，実際に消費されるのは次亜塩素酸ナトリウムと水酸化ナトリウムのみであり，理論的には一級水酸基1モルに対し次亜塩素酸ナトリウム2モルとアルカリ1モルが消費される（図2）。TEMPOによる酸化の選択性はTEMPOの嵩高い構造に由来していると考えられている。得られた酸化多糖類は，ウロン酸（ナトリウム塩）構造を持ち，元の構造を殆ど変えずに，高い

＊1　Yumiko Kato　凸版印刷㈱　総合研究所　材料技術研究所　研究員
＊2　Akira Isogai　東京大学大学院　農学生命科学研究科　生物材料科学専攻　教授

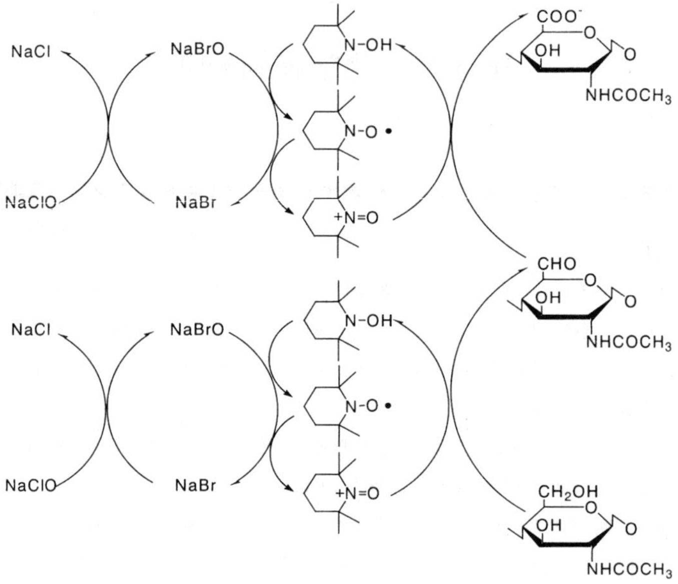

図1　キチンのTEMPO-NaBr-NaClO 酸化

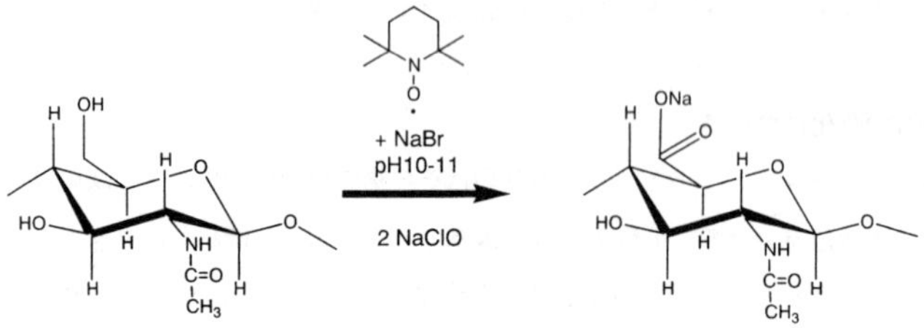

図2　キチンのTEMPO触媒酸化

水溶性を付与することができる。

多糖類のTEMPO酸化は1995年Nooyら[1]により水溶性のデンプンに適用され，一級水酸基の選択的な酸化が確認された。同様の方法を天然のセルロースに適用すると，時間の経過とともに緩やかな試薬の消費があり，セルロース表面にわずかなカルボキシル基を導入することはできても，完全に水溶性の生成物を得ることはできない[2]。一方，天然セルロースとは結晶構造が異なり，より結晶性の低い再生セルロースやマーセル化セルロースをこの方法により酸化すると，反応が進むにつれて固体のセルロース繊維や粉末が溶解していく。ほぼ定量的にグルコース残基1モルに対し1モルのアルカリが消費されたところで，系内が透明になり，水溶性のポリウロン酸であるセロウロン酸が得られる[3]。このTEMPO酸化に対する原料セルロース間の相違は，結晶構造，結晶化度等の要因による試薬のアクセシビリティーが反応性に大きく影響していると考えられている。

また，このTEMPO酸化反応ではかなりの量のアルデヒドまたはそのヘミアセタール構造が中間物質として存在することが分かっている[4,5]。これに加え，天然セルロースをTEMPO酸化しても，完全には水に溶解しない事を利用し，TEMPO酸化により酸化したパルプ繊維から紙を抄き，湿潤紙力を向上した紙が得られるというパルプの改質方法も検討されている[6]。このパルプの酸化による湿潤紙力向上は，セルロース繊維表面に導入された中間体のアルデヒド基の影響と考えられる。

更に，TEMPO酸化反応中に多糖類の分子は，少なからず低分子化することが知られており，この課題に対する検討が行われている。

1.3　酸化原料と結晶性

キチンをTEMPO酸化すると6位の一級水酸基のみが選択的に酸化され，水溶性の高分子である6-オキシキチン(キトウロン酸)が得られる。しかし，キチンのTEMPO酸化においても酸化原料の結晶性は大きな問題となる。α，βキチン共に天然のままのキチンを酸化しても水溶性のキトウロン酸が得られる[3,7]。しかし，試薬の浪費と副反応が大きく，反応は定量的に進まず，水溶性部分の収率も低い（図3）。これに対し，結晶性の低い再生キチンをTEMPO酸化すると，反応は定量的に進み，完全に水溶性のキトウロン酸が高収率で得られる。再生処理にはいくつかの手法が考えられる。5％LiCl-DMAc溶液やアルカリを用いた再生処理の他にも，キトサンをN-アセチル化することにより再生キチンを得ることが出来る。5％LiCl-DMAc溶液やアルカリを用いた再生処理により得

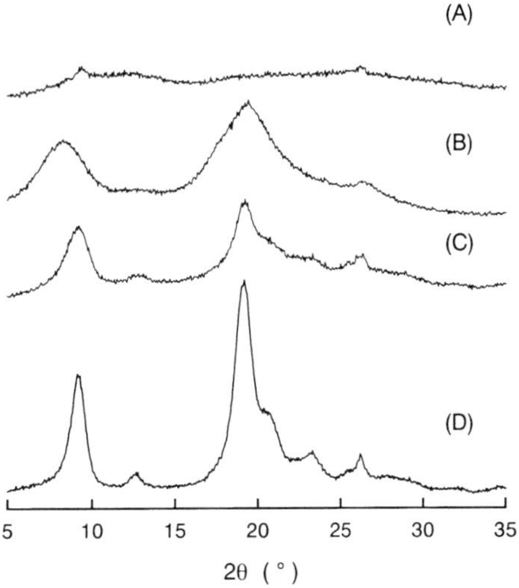

図3　原料キチンと酸化生成物のX線回折スペクトル
(A)：キトウロン酸，(B)：93％ N-アセチル化キトサン
(C)：アルカリ再生キチン，(D)：市販キチン

られる再生キチンのTEMPO酸化が報告されている[7]。ここではアルカリを用いた再生処理により得られる再生キチン[8]の例を示す。

まず，キチンを10g量り採り，45%水酸化ナトリウム水溶液150gに浸漬し，室温以下で2～3時間攪拌した。より均一にアルカリを浸透させるために脱気しながら攪拌した。これに，粉砕した氷を850g，周りを氷水などで冷やし，攪拌しながら添加した。これによりキチンはほぼ溶解し，フレーク状のキチンは透明な水飴上の粘性体になる。塩酸で中和し，新たにフレーク状のゲル状キチンを再生させた。この再生キチンを十分に水洗したものをTEMPO酸化の試料とした。

キチンはアルカリ水溶液中で脱アセチル化するため，この処理により得られる再生キチンのN-アセチル基量が低いことが懸念される。しかし，処理工程中，常に周りを氷冷し，速やかに処理することで，N-アセチル基の脱離は数%に抑えることができた。

一方，キトサンのN-アセチル化によるキチンの再生も非常に有効な手段である。キトサンの選択的N-アセチル化はキトサンの酢酸／メタノール混合溶液中で無水酢酸を反応させることなどによって達成できる[9]。このN-アセチル化キトサンの未乾燥試料や凍結乾燥などにより再結晶化するのを防いだ試料を酸化処理した。

1.4 キチンのTEMPO酸化

キチンのTEMPO酸化は図4の様に行われる。まず，原料である結晶性の低いキチンを水に懸濁させる。ここに予め溶解させておいたTEMPOとNaBrの水溶液を添加し，系内のpHを10.75に，温度は5℃以下に保つ。pHの上昇に注意を払いながら，次亜塩素酸ナトリウムを滴下して反応を開始する。反応中は0.5M-NaOHを添加してpH10.75に維持する。中和により発熱を伴うが，周りを氷冷するなどして低温に保つ。反応が進むにつれてキチンが溶解し，系内は透明になる。N-アセチル基量の高いキチンにおいては反応は定量的に進み，アルカリの添加量が理論値になったところでエタノールを添加して反応を終了させる。多量のエタノールで生成物を沈殿，単離し，水／アセトンなどにより洗浄を繰り返し，アセトンで脱水後，減圧乾燥すると，白色の粉末生成物が得られる。

キチンのTEMPO酸化では，酸化前の原料に含まれるN-アセチル基とアミノ基の量が反応に大きく影響する。N-アセチル基量が80%以上のキチンの反応は定量的に進み，選択的にC6位の一級水酸基が酸化された白色粉末のポリウロン酸（キトウロン酸）が得られる。一方，アミノ基量の多いキトサンの反応は定量的かつ選択的に進まず，着色した分子量の低い生成物が得られ，生成物の水溶性は悪く，安定性も悪い（表1）。しかし，キトウロン酸の脱アセチル化などにより，安定なキトサンのウロン酸が調製できれば両性高分子としての利用が期待できる。

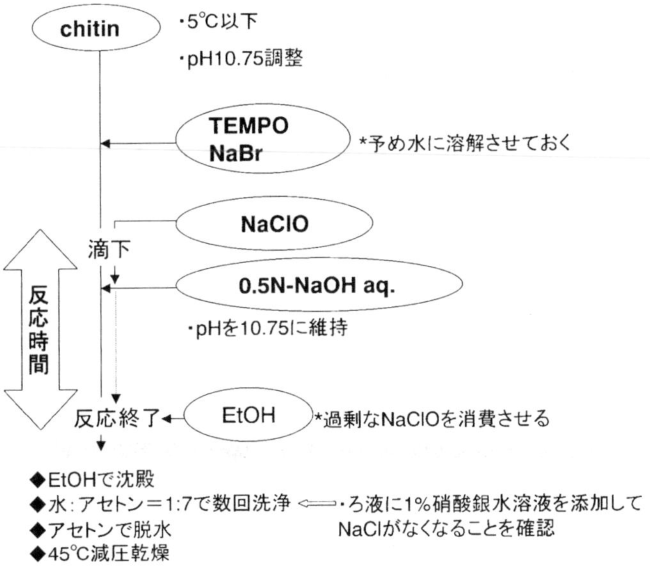

図４　キチンのTEMPO酸化手順

表１　アルカリ再生キチン，N-アセチル化キトサンのTEMPO酸化により得られた生成物

	水溶性	Mw	Mn	Mw/Mn
アルカリ再生キチン	○	7.6×10^4	2.9×10^4	2.6
93%N-アセチル化キトサン	○	7.1×10^4	3.0×10^4	2.4
77%N-アセチル化キトサン	×	3.2×10^6	6.7×10^3	472

1.5　6-オキシキチン（キトウロン酸）の構造

キトウロン酸の構造は一級水酸基のみが完全に酸化され，カルボキシル基(ナトリウム塩)になったポリN-アセチル-β-D-グルコサミノウロン酸の構造を持っている。重水に溶解させたNMRスペクトルでは，C６位の一級水酸基を示すピークがカルボキシル基を示すピークに変わっている。更に，キトウロン酸にはアミノ基の付いたC２位のプロトンに対応するピークが見られない。従って，殆ど均一な構造を持っていると言ってよい（図５）。しかし，キトウロン酸の特徴的な物性からは，分子鎖中にアミノ基が僅かに残っているであろうことも示唆されている。

得られる生成物の分子量は数万〜十数万程度であり，ある程度高分子量のものは得られているが，原料キチンと比較すると，酸化により多少分子量が低下している。また，キトウロン酸のX線回折パターンから，アモルファス構造をしていることが分かった。

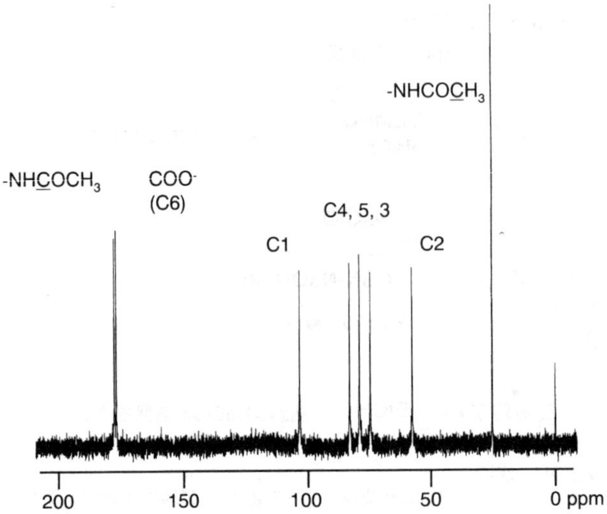

図5　キトウロン酸の^{13}C-NMR スペクトル

1.6　6-オキシキチン（キトウロン酸）の物性

キトウロン酸のナトリウム塩は幅広いpH領域で水に溶解する。中性からアルカリ性水溶液ではもちろん，酸性水溶液中でも溶解できる。特にナトリウム塩では，中性からアルカリ性で30 wt%濃度でも透明な水溶液が得られる。また，その分子量を考慮しても，キトウロン酸の水溶液は粘性が低い。図6にはキトウロン酸の水溶液濃度と粘度の関係を示した。特に高濃度においての粘度は他の高分子と比較しても低く，特徴的な性質を示している。セルロースやデンプンのTEMPO酸化物も同様であるが，キトウロン酸は嵩高い余計な官能基の付いていないウロン酸が直鎖状に連なる棒状の分子構造を持っており，カルボン酸塩が均一に分布している。この均一な化学構造が，分子の水溶性を高め，濃厚溶液とした時も溶液の粘度を低く保っている事が予測された。

キチンを酸化し，水溶化させたキトウロン酸は水溶性コーティング剤としての利用が可能となる。キトウロン酸は均一な構造を有するポリマーであり，数多くの水酸基などの極性基を有するためにガスバリア性を発揮できる。表2には，キトウロン酸の酸素透過度を示した。N-アセチル基を持つためか，似た構造をもつセロウウロン酸やアミロウウロン酸（デンプンのTEMPO酸化物）と比較すると酸素透過度が大きいものの，選択的透過膜としての可能性も期待できる(表2)。

図7にはキトウロン酸を含めた多糖類の好気性条件下での生分解性を示した。セルロースの

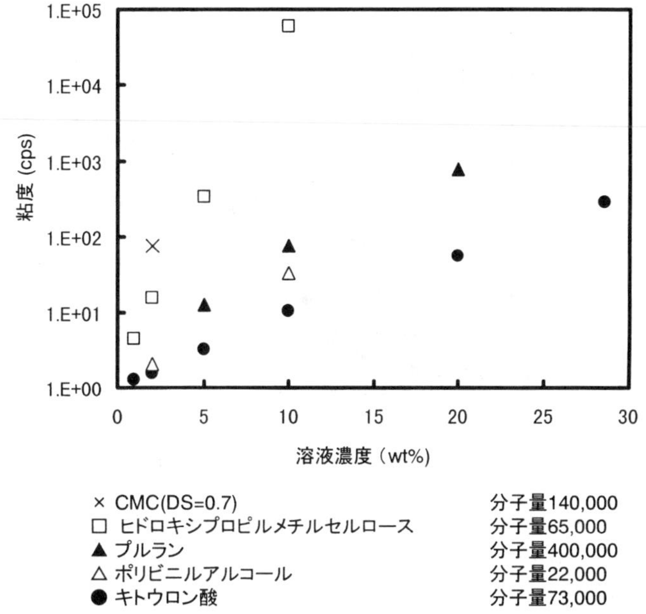

図 6　キトウロン酸とその他の水溶性高分子における濃度と粘度の関係

表 2　セロウロン酸，アミロウロン酸，キトウロン酸の酸素透過度PETフィルム上に膜厚 1 μm となるように膜を成形。MOCON法（ASTM 3985）にて30℃，70%RHの酸素透過度を測定。

	酸素透過度 $10^{-5}cm^3/(m^2\ d\ Pa)$
キトウロン酸	81
キトウロン酸ナトリウム塩	94
セロウロン酸	1.2
セロウロン酸ナトリウム塩	2.4
アミロウロン酸	1.5
アミロウロン酸ナトリウム塩	1.2
カルボキシメチルセルロース	98
ヒドロキシエチルセルロース	14
PET フィルム（ブランク）	150

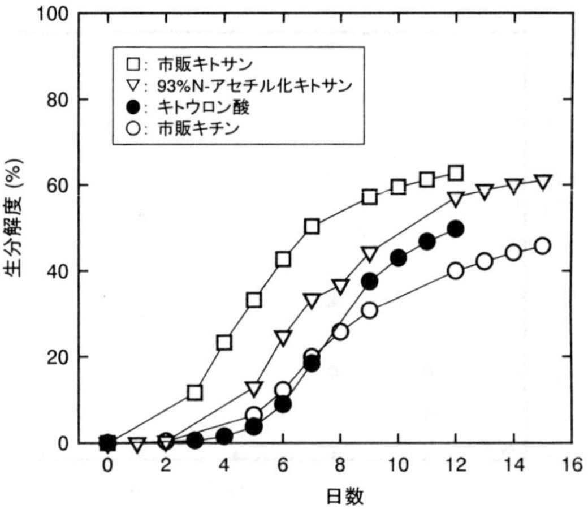

図7　キチン，キトサン，キトウロン酸の生分解性

TEMPO酸化物であるセロウロン酸についての生分解性は他の手法でも報告されている[10]が，キトウロン酸はキチンやセロウロン酸と同等の生分解性を示すことが分かった。生分解性を利用した応用が期待される。

1.7　ポリイオンコンプレックス

TEMPO酸化により得られたウロン酸はカルボキシル基を有するため，アニオン性高分子としての利用が期待できる。例として，ポリイオンコンプレックス形成のアニオン性高分子としての利用が挙げられる[11]。

特に，同じ多糖類でカチオン性を有するキトサンとのポリイオンコンプレックスは環境や生体にやさしい複合材料として期待できる。また，キトウロン酸は幅広いpH領域で水溶性であり，溶液の粘度も低いため，均一なポリイオンコンプレックスゲルが生成し易い。更に，N-アセチル基量が50%付近のキトサンを用いると，水溶性高分子同士のポリイオンコンプレックスとなり，より均一性の高いゲルが生成する。このポリイオンコンプレックスは中性領域でのみ水に不溶化し，酸性，アルカリ性の水溶液には完全に溶解する。

キトサン／ポリウロン酸のポリイオンコンプレックスではアルギン酸などを用いたものが報告されているが，同様にアミロウロン酸，セロウロン酸でも調製できる。

1.8　おわりに

キチンのTEMPO酸化により調製される6-オキシキチン（キトウロン酸）の研究はまだ始まったばかりである。キトウロン酸の持つ高い水溶性と生分解性，更に，今後明らかにされるであろう新たな機能を利用した用途，又その応用が様々な分野に広がっていくことを期待している。

文　　献

1) Nooy, A. E. J., Besemer, A. C. & Bekkum, H. (1995). *Carbohydr. Res.*, **269**, 89-98
2) Chang, P. S. & Robyt, J. F. (1996). *J. Carbohydr. Chem.*, **15**, 819-830
3) Isogai, A. & Kato, Y. (1998) *Cellulose*, **5**, 153-164
4) Nooy, A. E. J. & Besemer, A. C. (1995). Selective oxidation of primary alcohols mediated by nitroxyl radical in aqueous solution, kinetics and mechanism. *Terahedron*, **51**(29), 8023-8032
5) Kato, Y., Matsuo, R. & Isogai, A. (2003). *Carbohydr. Polym.*, **51**, 69-75
6) Kitaoka, T. Isogai, A. and Onabe, F. (1999). *Nordic Pulp Paper Res. J.*, **14**(4), 274-279
7) Muzzarelli, R. A. A. *et. al.*, (1999) *Carbohydr. Polym.*, **39**, 361-367
8) Sannan, T., Kurita, K. & Iwakura, Y. (1975)., *Macromol. Chem.*, **176**, 1191-1195
9) Hirano, S., Ohe, Y. & Ono, H. (1976). *Carbohydr. Res.*, **47**, 315-320
10) Kato, Y. *et. al.*, (2002). *Cellulose*, **9**, 75-81
11) Muzzarelli, R. A. A. *et. al.*, (2002) *Carbohydr. Polym.*, **48**, 15-21

2 糖側鎖をもつキチン・キトサン誘導体

栗田恵輔*

2.1 はじめに

キチン，キトサンは直鎖型の多糖であるが，天然には枝分かれ型の多糖も存在する。糖側鎖をもつことによって分子間力が弱くなるため，溶解性が向上するほか，特異な生物活性が認められることがある。キノコ類に含まれる枝分かれグルカンはその例であり，シイタケ[1]，スエヒロタケ[2]，キクラゲ[3]などから単離されている。構造的にはいずれもβ-1,3グルカンを主鎖としてβ-1,6型のグルコース側鎖をもつが，側鎖糖の置換割合はキノコにより異なり，それぞれ，主鎖5ユニットあたり側鎖2ユニット，主鎖3ユニットあたり側鎖1ユニット(スキーム1)，主鎖3ユニットあたり側鎖2ユニットの割合であるとされている。これらの枝分かれグルカンは，その側鎖糖の存在のために水溶性であり，免疫賦活作用，抗腫瘍活性などの生物活性が注目されている。

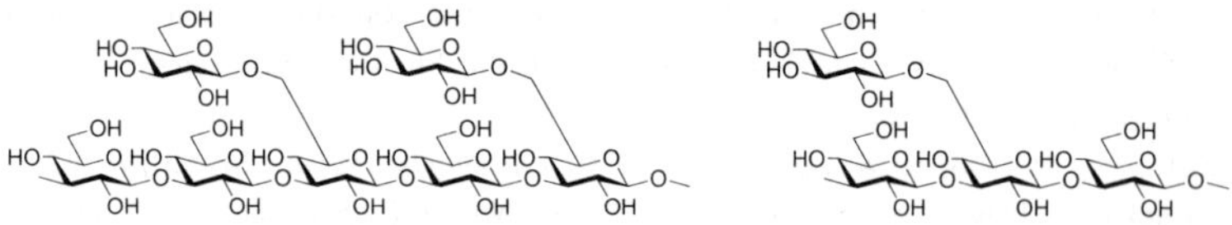

スキーム 1

レンチナンおよびシゾフィランはシイタケ，スエヒロタケから得られる枝分かれグルカンであるが，その構造，性質について調べられている。例えば，シゾフィランは水ばかりでなく，ジメチルスルホキシドにも溶ける。このグルカンは水溶液中では3本の鎖がからみあったトリプルヘリックス構造をとっているが，ジメチルスルホキシド中では一本鎖として存在する[4]。このような枝分かれグルカンがしめす生物活性は，主鎖と側鎖の分子構造，側鎖糖の置換位置と置換度，水溶性などのほかに，溶液中での高次構造にも関係するとの議論もあるが，まだ不明な点が多い。

キチン，キトサンはβ-1,4型の直鎖多糖であるが，特定の位置に糖側鎖を導入することができれば，アミノ基をもつ非天然の枝分かれ多糖が実現できることになり，低い溶解性を改善できるばかりでなく，特異な生物活性の発現も期待できる。しかし，キチン，キトサンは通常の溶媒には溶解しないうえ，多官能性で，しかも反応性が低いなどの点が障害となり，制御された化学修飾はむずかしい[5,6]。特に，特定の位置に置換反応をおこなうのは困難であることが多い。しかし，キトサンのアミノ基は他の水酸基よりも高い反応性をしめすため，反応条件によっては優先的に

* Keisuke Kurita 成蹊大学 工学部 応用化学科 教授

反応させることも可能である。水酸基に選択的に置換するには適切な保護基を使用し，反応させる官能基を限定する必要がある。

2.2　枝分かれ型キチン・キトサン誘導体

2.2.1　フタロイル化キトサンを用いるグリコシル化反応

キノコ類に含まれる天然の枝分かれグルカンは大変興味深い物性，生物活性をしめすが，その性質と分子構造の関連は充分には解明されておらず，また，多量に利用することもできない。そのため，分子構造的に明確な枝分かれ型の多糖を合成する手法を開発することは重要な課題である。特に，キチンおよびキトサンを主鎖とする非天然の枝分かれ多糖はアミノ基をもつため，さらに高次な機能を発現することも期待できる。

キノコ類の枝分かれグルカンをモデルとしてキチン，キトサンの６位に糖側鎖を導入するには，有機溶媒への可溶化，および，保護基の活用による反応位置の限定化が必要である。そのためにはキトサンのアミノ基をフタロイル基で保護することが有効である。キトサンのフタロイル化は，アミノ基を保護するばかりでなく，一般の有機溶媒に可溶にする効果がある。また，最終的に脱保護することにより，遊離アミノ基を再生することも容易である[7]。

フタロイル化反応はジメチルホルムアミド（ＤＭＦ）中，キトサンに過剰のフタル酸無水物を加え，120℃に加熱しておこなう（スキーム２）。この条件下ではアミノ基は完全にフタロイル化されるが，一部の水酸基も反応する。ここで生じる*O*-フタロイル基はトリフェニルメチル基によって完全に置換できるほか，エステル交換で除去することも可能である[8]。このように，ＤＭＦ中でフタロイル化反応をおこなうと部分的に*O*-フタロイル化もおこる。しかし，反応時間を長くするとその程度は低下することから，*N*-フタロイル化によって生成する水の影響が示唆された。そこで，ＤＭＦに水を５％加えた溶媒を用いたところ，完全な位置選択性が達成され，アミノ基のみをフタロイル化した誘導体(1)を一段階の反応で調製することができた[9]。これにより，各種の誘導体の調製がより容易になった。

このあと，スキーム３にしめす反応経路により，６位のみに遊離の水酸基をもつ誘導体(2)が生成する。これは極性有機溶媒に可溶であるが，６位をトリメチルシリル化するとさらに溶解性の高い誘導体(3)が得られる。これら一連の反応において，それぞれの置換度は1.0であり，定量的な置換反応を実現している。

この３を受容体，マンノースのオルトエステル体を供与体とし，触媒としてトリメチルシリルトリフルオロメタンスルホネートを加えてジクロロメタン中でグリコシル化反応をおこなうと，位置選択的に側鎖がα型で導入される（スキーム３）[10]。反応は均一溶液中，室温で進む。置換度は主としてオルトエステルの量によって制御され，0.6程度まで上昇する。次に，ヒドラジン処

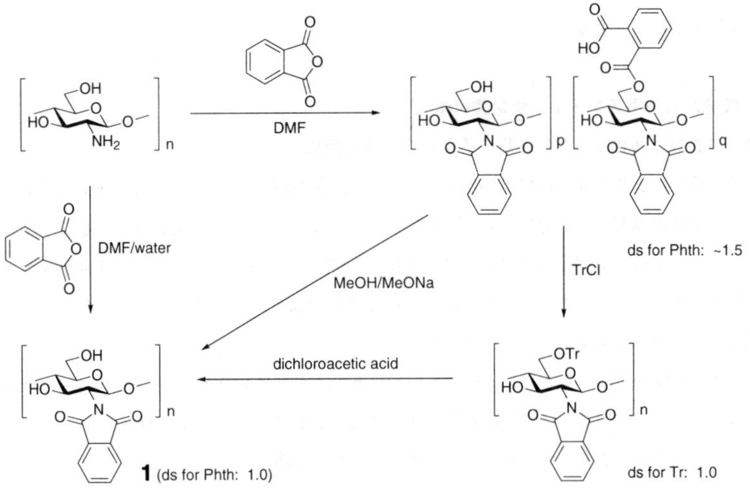
DMF
DMF/water
MeOH/MeONa
TrCl
dichloroacetic acid
ds for Phth: ~1.5
1 (ds for Phth: 1.0)
ds for Tr: 1.0

スキーム　2

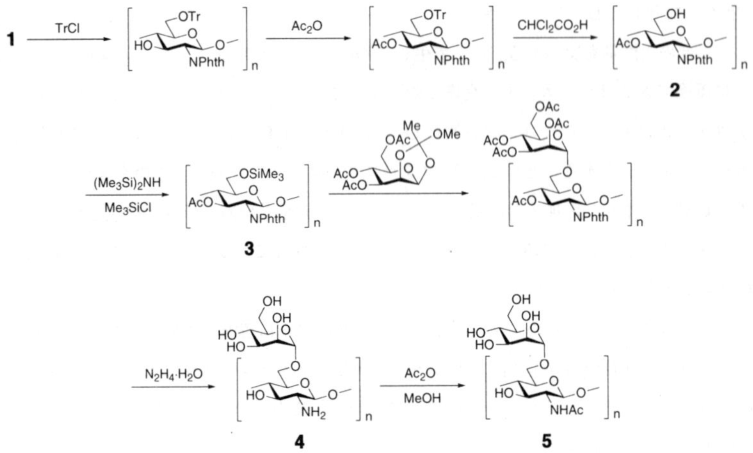
TrCl
Ac₂O
CHCl₂CO₂H
2
(Me₃Si)₂NH
Me₃SiCl
3
N₂H₄·H₂O
4
Ac₂O
MeOH
5

スキーム　3

理によりすべての保護基を除くと，キトサン誘導体(4)に変換され，さらにメタノール中で無水酢酸を作用させるとN-アセチル化され，キチン誘導体(5)になる。

ガラクトースのオルトエステル体を用いると，β型で導入できる[11]。また，二糖であるマルトースの導入も可能である[12]。どちらの反応もマンノースの場合と同様に進み，枝分かれ型のキトサン(6，8)およびキチン誘導体(7，9)が生成する（スキーム4）。

主鎖，側鎖ともに同一の糖ユニットからなる，いわゆる分岐型のキチン・キトサンを合成するためには糖供与体としてグルコサミン由来のオキサゾリンを用いる必要がある。グリコシル化反応はジクロロエタン中，カンファースルホン酸を触媒として用いて，80℃でおこなうが，受容体としては2または3のどちらも用いることができる。パーアセチル化グルコサミン側鎖はβ型で導入され，分岐キトサン(10)，分岐キチン(11)を与える（スキーム5）[13]。

グリコシル化反応で得られた誘導体のうち，保護基をもつものはいずれも低沸点溶媒にもよく溶ける。また，保護基を除去したキトサンおよびキチン誘導体は中性の水に溶けるうえ，有機溶媒にも膨潤し，糖側鎖を導入することにより溶媒への親和性が大きく改善されることが明らかになった。

これらのことから，生成物には高い吸湿・保湿性が期待されたため，ガラクトース，N-アセチルグルコサミン，マルトースをもつキチン(置換度0.4-0.5)を相対湿度93%の環境下に置いた

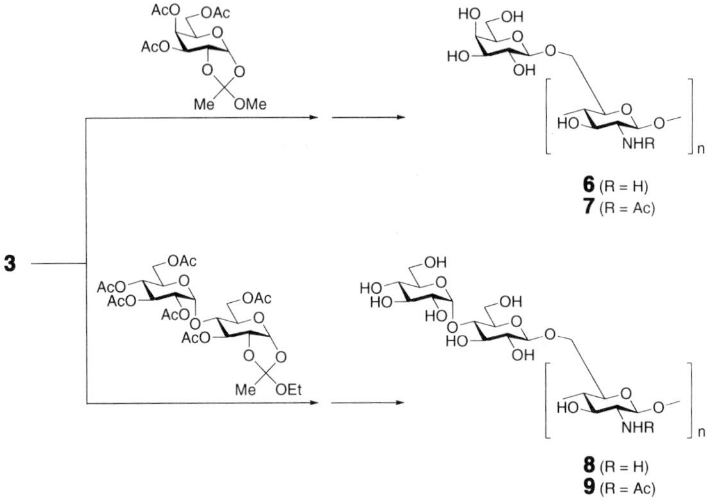

スキーム　4

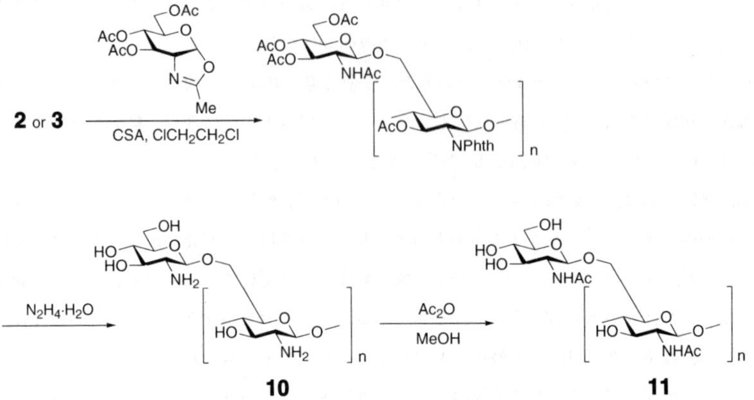

スキーム　5

ところ，32-40%の重量増加をしめした。次に相対湿度を32%にしたところ，もとの乾燥重量の約20%に相当する水分を含んだ状態でほぼ一定になった。これらの値はキチンの18%および7%に比べてかなり大きい。また，側鎖糖の構造による影響はあまり顕著ではないが，*N*-アセチルグルコサミンの場合が最も高く，マルトース，ガラクトースがこれに続いた。すなわち，二糖であるマルトースは単糖のガラクトースよりも親水性を向上させるが，アミノ糖のほうがすぐれている可能性がある。

分子量をＧＰＣで調べたところ，もとのキトサンの数平均分子量が61000であるのに対し，得られたマンノース側鎖をもつキトサン誘導体4の分子量は26000程度であった。この合成には多段階の修飾反応を用いているが，一連の反応は穏やかな条件下でおこなっているため，あまり主鎖の分解は進んでいないと考えられる。また，多分散度はもとのキトサンが3.4であるのに対し，生成物では1.5-1.8であり，分子量分布が狭くなっている。同様なことはグルコサミン，マルトース側鎖をもつ誘導体においても認められた。

キチン，キトサンは生分解性の高分子材料としても興味深い。そこで生分解性におよぼす糖側鎖の影響をリゾチームに対する受容性で評価したところ，ガラクトース，*N*-アセチルグルコサミン，マルトースをもつキチン誘導体はいずれもキチンよりも早く分解した。これは主として枝分かれ型のキチンが水溶性であり，均一溶液中で反応が進んだためと思われる。これらのうち，ガラクトースおよび*N*-アセチルグルコサミン側鎖をもつキチンの分解性を，同程度の置換度の誘導体を用いて比べたが，ほとんど差がなかった。しかし，マルトース側鎖をもつキチンの分解性はかなり低く，側鎖が二糖になると立体障害が大きくなることが判明した。また，置換度の影響を*N*-アセチルグルコサミン側鎖で調べたところ，置換度が上がるにしたがって分解速度は低くなることが確かめられた。これも立体障害のためであろう。

キトサンがもつ抗菌性はさまざまな分野で注目されているが，糖側鎖をもったキトサン誘導体の活性をキトサンと比較した。その結果を表1にまとめるが，これらのうちではマルトースをもつキトサン8の活性が最も低く，次がマンノースをもつキトサン4であり，どちらもキトサンよりも低い。しかし，グルコサミンをもつキトサン10はもとのキトサンよりも高い活性をしめした。これらのことから，抗菌性の大きさは，側鎖の構造によって制御でき，特に遊離アミノ基の存在が大きな役割を果たしていることがわかる。また，マルトースのようにかさ高い側鎖は立体的な障害が大きくなるために活性の低下につながる。これらの枝分かれ型キトサンは中性の水に容易に溶けるため，水溶性の抗菌剤として興味がもたれる。

表1　枝分かれ型キトサンの抗菌活性[a)]

	コロニー生成に対する阻止率			
	4	**8**	**10**	Chitosan
B. subtilis	26 ± 5.4	20 ± 5.0	96 ± 1.0	62 ± 5.0
S. aureus	17 ± 1.7	nd	93 ± 1.5	81 ± 4.7
P. aeruginosa	93 ± 7.9	16 ± 0.7	84 ± 6.8	83 ± 5.5

a) 置換度，0.40-0.45；濃度，5 ppm；溶媒，乳酸緩衝液 (pH 5.8)

2.2.2　シリル化キチンを用いるグリコシル化反応

上記のフタロイル化キトサンを利用する糖側鎖の導入法によれば，完全な位置選択性が保証されるため，枝分かれ型キチン・キトサンの合成経路としてすぐれている。しかし，反応ステップ数が多いことが欠点としてあげられる。そこで，合成法を簡略化する目的で，キチンに直接グリコシル化することを試みたが，満足すべき結果は得られなかった。ほとんど反応が進まないのはキチンの溶解性と反応性の悪さによるためであり，これを改善することをめざしてキチンをまずトリメチルシリル化することとした。

キチンのトリメチルシリル化反応はピリジン中で進み，適切な条件下では完全置換体が得られる(スキーム6)。この誘導体はピリジンに可溶であり，しかもシリル化された水酸基は反応性をしめすため，各種の化学修飾反応の前駆体として高い可能性をもつ。シリル化キチンとグルコサミンのオキサゾリン誘導体との反応はカンファースルホン酸を触媒としてジクロロエタン中でおこない，側鎖を導入した(スキーム6)[14)]。他の場合と同様に脱保護，*N*-アセチル化をおこなうと分岐型のキトサンおよびキチンが合成できる。この方法においてはキチンから3段階の反応で分岐型キトサンを与えるが，上記のフタロイル化キトサンを利用する合成法では7または8段階の反応が必要である。したがって，シリル化キチンは枝分かれ型多糖を合成するための前駆体として適している。

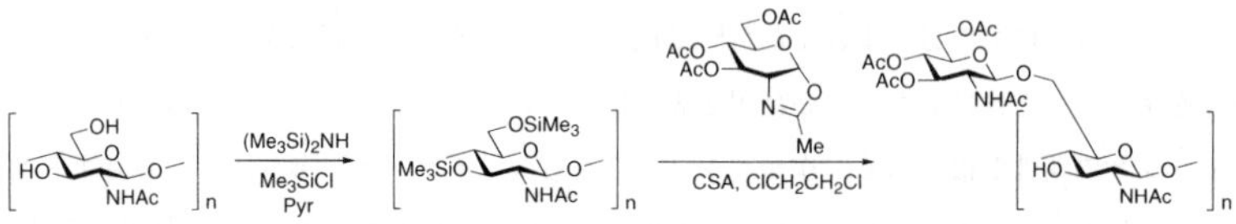

スキーム　6

2.3　アミノ基に糖側鎖をもつ誘導体

2.3.1　*N*-アルキル化反応

キトサンのアミノ基を利用して糖側鎖を入れることができる。この場合，側鎖糖はグリコシド結合で主鎖の多糖に導入されるわけではないので，生成する誘導体は天然に存在する枝分かれ型の多糖とは構造的に異なる。そのため，枝分かれ型の多糖とはいえないが，興味深い分子構造である。

アミノ基を選択的に修飾する場合に，還元アルキル化反応は便利な方法である。これはアミノ基にアルデヒドあるいはケトンを反応させてシッフ塩基としたのちに還元して*N*-アルキル化するものであり，比較的容易な反応である。この反応に還元糖を用いるとキトサンに糖側鎖をもたせることができる。糖を側鎖として導入した最初の例である。

グルコースによる還元アルキル化の反応をスキーム7にしめす。キトサンの酢酸水溶液にグルコースと還元剤として水素化ホウ素シアノナトリウムを加えると，グルコースの還元部位で反応し，*N*-アルキル化される[15,16]。1,6型の二糖であるメリビオースでも同様に反応する[17]。

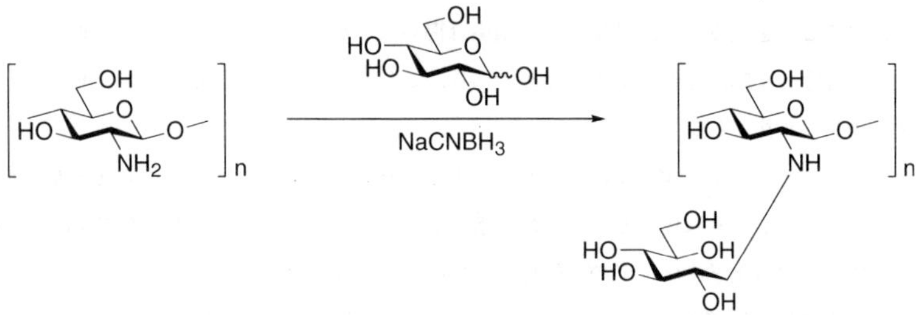

スキーム　7

この反応にはガラクトース，ラクトース，セロビオースなど，多くの還元糖を使うことができる。生成する誘導体は水または希酢酸に溶ける。水溶液はせんだん速度が低いときは通常のニュートン流動をするが，高くなると非ニュートン流動になるという興味深い流動特性をしめす[18]。また，ラクトースからの誘導体の水溶液の誘電緩和が調べられたが，側鎖糖の影響で大きな誘電分散現象が観測されている[19]。ガラクトースの６位にイミノ二酢酸ユニットをあらかじめ導入しておき，キトサンを還元アルキル化するとキレート部位をもたせることができる。生成物は銅イオンを吸着し，イオン交換能にすぐれている[20]。

この方法では糖の還元末端を反応に用いるために開環されるが，アグリコン部分にアルデヒドをもたせておくと開環せずに導入できる（スキーム８）。C_{10}鎖を介してグルコースまたはガラクトースを導入したキトサン誘導体の酢酸水溶液は50℃にするとゲルを生成するが，室温まで下げると溶液にもどる[21]。アリルグリコシドをオゾン分解して得られるホルミルメチルグリコシドを用いても同様に還元アルキル化が進み，より短いC_2鎖をスペーサーとして糖を導入できる。この方法でグルコース，ラクトース，*N*-アセチルグルコサミンなどを置換度0.3以上で導入した誘導体は水に溶ける。水溶液の溶液粘度および擬似塑性は，置換度が低い場合の方が大きくなることが認められている[22]。

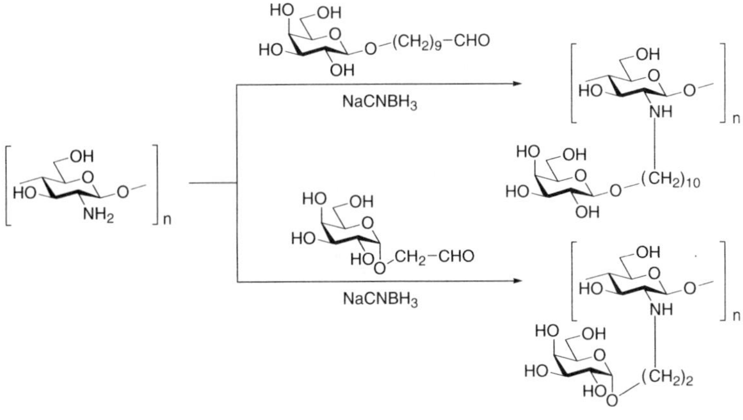

スキーム　８

スペーサーを介してβ-グルコシド基を導入したのちに橋かけしたキトサン誘導体は，β-グルコシダーゼと特異的に相互作用するため，アフィニティークロマトグラフィーに使える可能性がある[23]。

シクロデキストリンは包接能をしめすことから，キトサンに導入してその機能を活用することは興味深い。α-シクロデキストリンをアリル化したのちにオゾン分解してアルデヒド基をもたせ，キトサンを還元アルキル化するとシクロデキストリンを担持した誘導体が得られる（スキーム９）[24]。置換度は0.6近くまで上げることができる。この誘導体は水溶液中でフェノキシドを取り込むことができる。

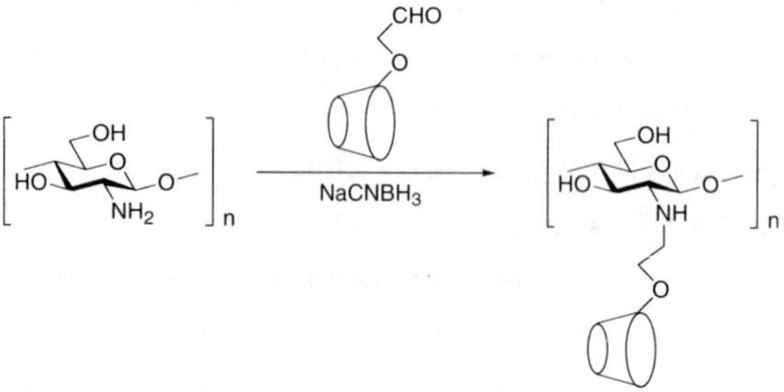

スキーム 9

アミノ基をもつβ-シクロデキストリンをウロン酸で修飾し，その還元部位を用いてもキトサンに導入できる。側鎖のシクロデキストリンの包接能はt-ブチル安息香酸およびカテキンを用いて調べられ，遊離のシクロデキストリンと同様な挙動を確認している[25]。また，アダマンタンをもつキトサンあるいは両末端にアダマンタンをもつポリエチレングリコールと，キトサンのシクロデキストリン誘導体との間ではホスト－ゲストの相互作用がおこり，超分子構造が生成する(スキーム10)[26]。

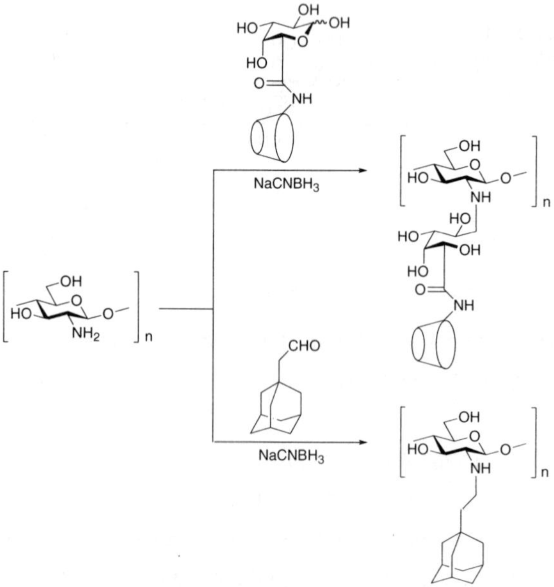

スキーム 10

生化学的な機能の点からシアル酸が注目されているが，シアル酸のホルミル誘導体を用いると全く同様の手法で導入できる(スキーム11)[27]。シアル酸の存在により，小麦胚芽レクチンとのあいだに相互作用が認められている。

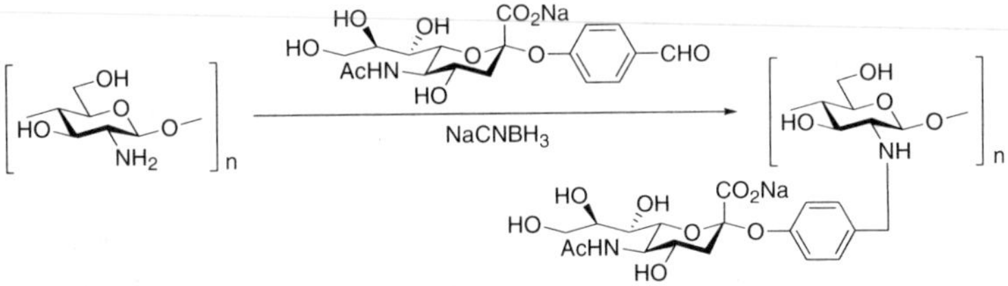

スキーム　11

2.3.2　*N*-アシル化反応

アルデヒドあるいはケトンを用いた還元アルキル化にくらべると報告例は少ない。低分子化したキトサンのアミノ基はカルボキシメチル化した*β*-シクロデキストリンでアシル化でき，生成物によるゲスト化合物の包接挙動が調べられている[28]。グルコン酸を用いても*N*-アシル化キトサン誘導体が得られるが，置換度は低い[29]。

2.4　おわりに

糖側鎖をキチン，キトサンに導入するのは比較的新しい試みである。グリコシル化反応を利用すると天然の枝分かれ多糖に類似の構造を実現できる。また，アミノ基の還元アルキル化反応を用いると多様な分子構造の設計が可能になる。どちらの方法も条件を適切に設定すれば制御された反応で誘導体を合成できる。合成法に関する研究は現在さらに進展中である。また，得られる枝分かれ誘導体は機能性多糖として高い可能性をもつが，分子構造と性質の関連の研究は今後の課題である。

文　　　献

1) G. Chihara, Y. Maeda, J. Hamuro, T. Sasaki, and F. Fukuoka, *Nature*, **222**, 687 (1969); G. Chihara, Y. Maeda, and J. Hamuro, *Int. J. Tissue React.*, **4**, 207 (1982)
2) M. Mitani, T. Ariga, T. Matsuo, T. Asano, and G. Saito, *Int. J. Immunopharmacol.*,

2, 174 (1980)
3) A. Misaki, M. Kakuta, T. Sasaki, M. Tanaka, and H. Miyaji, *Carbohydr. Res.*, **92**, 115 (1981)
4) T. Norisuye, T. Yanaki, and H. Fujita, *J. Polym. Sci.: Polym. Phys. Ed.*, **18**, 547 (1980)
5) R. A. A. Muzzarelli, "Chitin", Pergamon Press, Oxford (1977); G. A. F. Roberts, "Chitin Chemistry", Macmillan, London (1992)
6) K.Kurita, in "Desk Reference of Functional Polymers: Syntheses and Applications", R. Arshady Ed, pp 239-259, American Chemical Society, Washington, D. C.(1997); K. Kurita, *Prog. Polym. Sci.*, **26**, 1921 (2001)
7) S. Nishimura, O. Kohgo, K. Kurita, and H. Kuzuhara, *Macromolecules*, **24**, 4745 (1991)
8) K. Kurita, M. Uno, Y. Saito, and Y. Nishiyama, *Chitin Chitosan Res.*, **6**, 43 (2000)
9) K. Kurita, H. Ikeda, Y. Yoshida, M. Shimojoh, and M. Harata, *Biomacromolecules*, **3**, 1 (2002)
10) K. Kurita, K. Shimada, Y. Nishiyama, M. Shimojoh, and S. Nishimura, *Macromolecules*, **31**, 4764 (1998)
11) K. Kurita, H. Akao, M. Kobayashi, T. Mori, and Y. Nishiyama, *Polym. Bull.*, **39**, 543 (1997)
12) K. Kurita, H. Akao, J. Yang, and M. Shimojoh, *Biomacromolecules*, **4**, 1264 (2003)
13) K. Kurita, T. Kojima, Y. Nishiyama, and M. Shimojoh, *Macromolecules*, **33**, 4711 (2000)
14) K. Kurita, M. Hirakawa, and Y. Nishiyama, *Chem. Lett.*, 771 (1999)
15) L. D. Hall and M. Yalpani, *J. Chem. Soc., Chem. Commun.*, 1153 (1980); M. Yalpani and L. D. Hall, *Macromolecules*, **17**, 272 (1984)
16) M. Yalpani, *Polymer*, **34**, 1102 (1993)
17) H. Sashiwa, Y. Shigemasa, and R. Roy, *Bull. Chem. Soc. Jpn.*, **74**, 937 (2001)
18) M. Yalpani, L. D. Hall, M. A. Tung, and D. E. Brooks, *Nature*, **302**, 812 (1983)
19) F. Bondi, C. Cametti, and G. Paradossi, *Macromolecules*, **26**, 3363 (1993)
20) K. R. Holme and L. D. Hall, *Can. J. Chem,*, **69**, 585 (1991)
21) K. R. Holme and L. D. Hall, *Macromolecules*, **24**, 3828 (1991)
22) K. R. Holme and L. D. Hall, *Carbohydr. Res.*, **225**, 291 (1992); K. R. Holme, L. D. Hall, R. A. Speers, and M. A. Tung, *Carbohydr. Res.*, **225**, 307 (1992)
23) K. R. Holme, L. D. Hall, C. R. Armstrong, and S. G. Withers, *Carbohydr. Res.*, **174**, 285 (1988)
24) T. Tojima, H. Katsura, S.-M. Han, F. Tanida, N. Nishi, S. Tokura, and N. Sakairi, *J. Polym. Sci.: Part A: Polym. Chem.*, **36**, 1965 (1998)
25) R. Auzely-Velty and M. Rinaudo, *Macromolecules*, **34**, 3574 (2001)
26) R. Auzely-Velty and M. Rinaudo, *Macromolecules*, **35**, 7955 (2002)
27) H. Sashiwa, Y. Makimura, Y. Shigemasa, and R. Roy, *Chem. Commun.*, 909 (2000); H. Sashiwa, Y. Shigemasa, and R. Roy, *Macromolecules*, **33**, 6913 (2000); H. Sashiwa, Y. Shigemasa, and R. Roy, *Macromolecules*, **34**, 3905 (2001)

28) E. Furusaki, Y. Ueno, N. Sakairi, N. Nishi, and S. Tokura, *Carbohydr. Polym.*, **29**, 29 (1996)
29) J. H. Park, Y. W. Cho, H. Chung, I. C. Kwon, and S. Y. Jeong, *Biomacromolecules*, **4**, 1087 (2003)

3　キトサンとデンドリマーとのハイブリッド化

指輪仁之*

デンドリマーは枝分かれの様式が明確であり，構造が明確でしかも分子量分布を持たない単一の構造を有する球状高分子である。また，デンドリマーは分子一つでナノスケールの構造体を形成し，任意の官能基を部位特異的に導入することができる。これらの理由からデンドリマーは次世代の機能性材料として有望視されている[1~4]。一方，線状の合成高分子にデンドリマーを結合させた研究も見られる。Schluterらは各種のビニル系，芳香族系のモノマーにデンドリマーを結合させた化合物を重合することにより，ロッド状のコンホメーションを持つ機能性高分子を合成している[5,6]。また，ポリチオフェンを主鎖にもつデンドリマーとのハイブリッド化[7]や，高分子の末端にデンドリマーを担持させたハイブリッドなどの合成も知られている[8]。しかしながら，高分子として多糖を用いた例はこれまで試みられなかった。キトサンは一般に剛直な分子形態をもった棒状の高分子である。この棒状の多糖に球状のデンドリマーを結合させるとユニークなキトサン誘導体ができるのではないか？　また，キトサンに結合したデンドリマーの表面に機能性分子を結合することで従来とは違った誘導体ができないか？　そのような動機から我々は，キトサンとデンドリマーとのハイブリッド化を試みた[9~17]。

キトサンにデンドリマーを導入する方法は種々考えられるが，我々は図1に示すようにデンドリマー末端をアルデヒドにした後，化学修飾が確実な還元的*N*-アルキル化により，デンドリマーの中心からスペーサーを介して結合する方法（A：中心結合型）と，キトサンをいったん化学修飾してエステルを持つ誘導体に変換した後，デンドリマー表面のアミノ基によるエステルのアミノリシスにより，アミド結合を介してデンドリマー表面と結合する方法（B：表面結合型）とを考案した。ちょうどキトサン－デンドリマーハイブリッドという化合物を樹木に例えると，キトサンが幹（Trunk），スペーサーが太い枝（Main branch），デンドリマーが小枝（Sub-branch），機能性分子が花（Flower）のようにイメージできる。まず始めに太い枝，すなわちスペーサーにテトラエチレングリコール，小枝にポリアミドアミン（PAMAM）デンドリマー，花としてシアル酸をイメージしてハイブリッドの合成を行った。

Tomaliaらはアンモニアを核としてマイケル付加，アミド化を繰り返すことによりPAMAMデンドリマーの合成方法を確立している[18]。更にこの方法は，アンモニアに限らず適当な脂肪族アミンにも適応できる。キトサンへの結合が可能なデンドリマーを構築するために我々はこの方

*　Hitoshi Sashiwa　㈱産業技術総合研究所　関西センター　人間系特別研究体　グリーンバイオ研究グループ

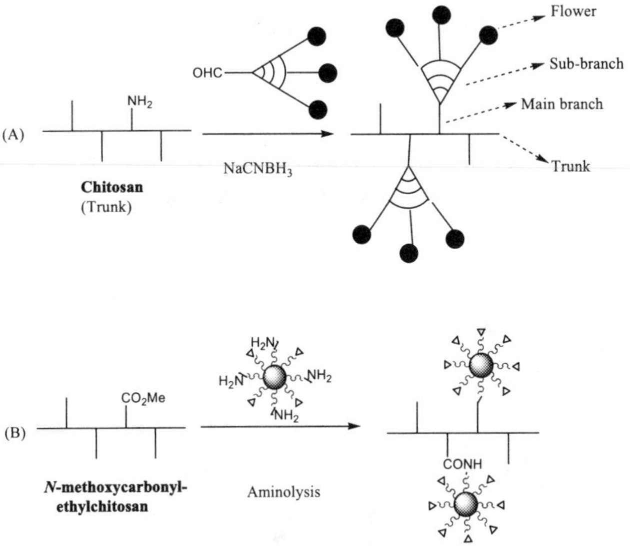

図１　キトサン及びキトサン誘導体へのデンドリマーの導入経路

法による合成戦略を立て，テトラエチレングリコールを出発物質として数段階の合成を経て末端にアルデヒドを有するデンドリマーを調製した。次に，花となるシアル酸をデンドリマーに導入する必要がある。デンドリマー末端がアミノ基であるため，シアル酸のアルデヒド誘導体[19]を用いると還元的*N*-アルキル化により簡便に導入できる。続いて得られたシアル酸デンドリマーを再び還元的*N*-アルキル化によりキトサンに導入し，ハイブリッドが完成する。図２にシアル酸を末端に有するキトサン－デンドリマーハイブリッドの合成例を示す。キトサンは数平均分子量(Mn)＝24,000，脱アセチル化度＝80％のものを用いた。各世代数(G＝1-3)のデンドリマーアセタールをトリフルオロ酢酸や塩酸などの酸により脱保護してアルデヒドにした後，還元的*N*-アルキル化によりキトサンに導入し，シアル酸を末端に有するハイブリッド(**1-3**)を得た。表１にシアル酸結合デンドリマーアルデヒドの分子量とキトサンへの反応性を示す。アルデヒドの反応性はその分子量に大きく依存し，分子量が2,000程度までは47％の反応性を示すが，分子量が約4,000～7,500になるとデンドリマーアルデヒドの立体障害のため反応性は25％まで減少した。これらのハイブリッドは酸性水溶液には溶解するが水不溶性であるため，生理活性等を調べるには適当でない。水溶性の誘導体にするためには，残存アミノ基へのサクシニル化が有効である。無水コハク酸を用いてハイブリッドをサクシニル化したところ，容易に水溶性のハイブリッドが得られた[9,10]。

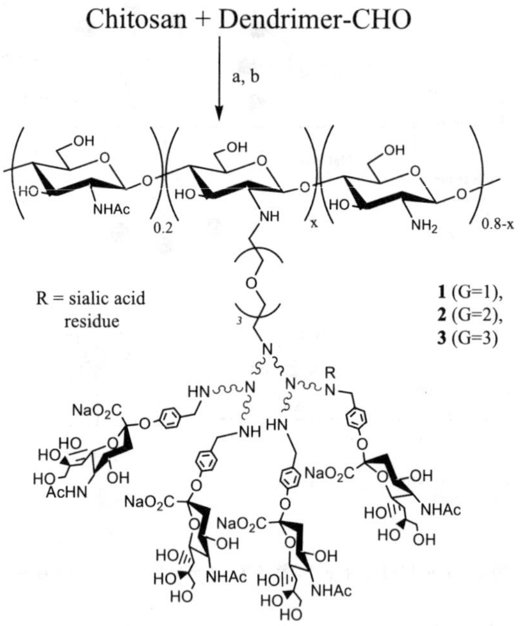

図2　シアル酸を末端に有するデンドリマーとキトサンとのハイブリッド化（G＝2の例）。
反応条件：a, $NaCNBH_3$, H_2O, AcOH, MeOH, rt, 1 day; b, 0.5 M NaOH, rt, 2h.

表1　シアル酸デンドリマーの分子量とキトサンへの反応性

Dendrimer-CHO		Molar ratio	Product	DS	Reactivity
G	MW	Equiv/NH_2			%
1	2157	0.2	**1**	0.08	47
2	3775	0.2	**2**	0.04	25
3	7587	0.1	**3**	0.02	25

しかしながらテトラエチレングリコールをスペーサーに用いた時の欠点は，デンドリマーの構築に至るまでに多段階の合成を要するため大量合成には不向きなことである。また，十分なスペーサーの長さが必要か否かも疑問である。我々は，市販のアミノアセトアルデヒドジメチルアセタールを出発物質とし，前述と同様にPAMAMデンドリマーアルデヒドを調製し，還元的*N*-アルキル化によるキトサンへの導入を試みた[11]。その結果，エチレン鎖のような短いスペーサーでもデンドリマーの導入は可能であった。またG＝4, 5のような世代数の大きなデンドリマーもキトサンに導入できた。この場合もキトサンへの反応性はデンドリマーの分子量に大きく依存し，分子

量3,100を境にキトサンへの反応性が約半分程度まで減少していた。

これまでの合成では，デンドリマーアセタールを酸処理してアルデヒドにした後，還元的*N*-アルキル化によりキトサンとの結合を行ってきた。しかし，キトサンの*N*-アルキル化は，酢酸水溶液とメタノールの混合溶媒といった酸性条件で行っているため，アセタールをそのままキトサンとの反応に用いることが可能かと考えられる。また，デンドリマーアセタールが酸性水溶液に可溶であれば，メタノール等の有機溶媒を用いることなく水系での合成が可能である。実際にエステルを末端に持つデンドリマーアセタールとキトサンとを用いて酢酸水溶液中で*N*-アルキル化を行うと，置換度が約0.15のハイブリッドが得られた（図３）[16]。また，末端に重合度が７のポリエチレングリコールをエステル結合で導入したデンドリマーとのハイブリッドも合成できた。更に，デンドリマー末端部のメチルエステルはアルカリ処理によりカルボキシル基への変換が可能であった。一般にキトサン自身はキトサナーゼなどの酵素で分解されるため，生分解性ポリマーとして分類されているが，キトサン誘導体（特に*N*-あるいは*O*-アルキル誘導体）については化学構造が変化しているのでこの範疇に入るかどうかは疑問である。またデンドリマーのような嵩高い物質が置換している場合は新たに生分解性を調べる必要がある。得られたハイブリッドの水溶性と活性汚泥による生分解性を表２に示す。世代数(G)１のハイブリッド及び末端がカルボキシル基のハイブリッドは水溶性であったが，その他のハイブリッドは一部水に可溶であった。一方，活性汚泥による生分解性はキトサンを酢酸水に溶解し，アルカリで再生させたアモルファスキトサンに比べてハイブリッドでは約1/3以下に減少していた。また，生分解性の減少度はデンドリマーの世代数が大きくなるほど顕著である傾向を示した。これは嵩高いデンドリマーの置換により酵素分解が阻害されたためと考えられる。

これまでのハイブリッド合成はデンドリマーの中心からスペーサーを介して結合する方法（図１のA）であったが，デンドリマーの表面にある官能基を利用してキトサンと結合させることができればキトサンへのデンドリマー修飾の方法がより広範になる(図１のB)。 前述のPAMAMデンドリマー合成では，メタノール中でメチルエステルを持つ化合物に二官能性であるエチレンジアミンを過剰量加えることにより架橋等の副反応を伴うことなくアミド結合が生成し，デンドリマーの合成が可能である。この原理を応用すると，多官能性のデンドリマーとキトサンとの結合も可能である。デンドリマーの表面官能基としてはアミノ基とメチルエステルのいずれかが候補となり，どちらを選択するかが問題となる。キトサンのアミノ基はpKaが6.5と低く，デンドリマー側のメチルエステルとの反応には不向きであり，実際に合成を行っても反応はほとんど進行しなかった。そこでキトサン側に化学修飾を施してメチルエステルを担持させ，アミノ基表面のデンドリマーを過剰量用いることによりハイブリッド化させる方法を考案した（図４）[13]。

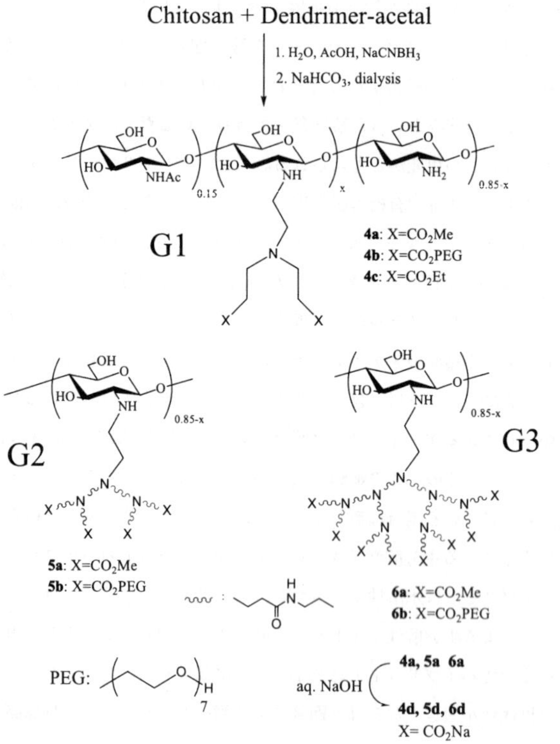

図3　末端アセタールを用いたキトサン－デンドリマーハイブリッドの合成

表2　アモルファスキトサン及びハイブリッドの活性汚泥による生分解性

Compd.	Terminal Structure	G	DS	Solubility in H_2O	Biodegradation (%) after 27 days
ｱﾓﾙﾌｧｽｷﾄｻﾝ		–	0	No	33.0
4a	$(CO_2Me)_2$	1	0.16	yes	12.8
4b	$(CO_2PEG)_2$	1	0.18	yes	11.2
4d	$(CO_2Na)_2$	1	0.16	yes	6.0
5a	$(CO_2Me)_4$	2	0.15	part[a]	7.2
5b	$(CO_2PEG)_4$	2	0.16	part	9.1
5d	$(CO_2Na)_4$	2	0.15	yes	4.6
6a	$(CO_2Me)_8$	3	0.13	part	9.0
6b	$(CO_2PEG)_8$	3	0.14	part	2.8
6d	$(CO_2Na)_8$	3	0.13	yes	4.8

生分解性は，BOD測定装置を用いた消費酸素量により測定。[a]part：一部水に可溶。

デンドリマー合成は1,4-ブタンジアミンをアミン核に用いてTomaliaらの方法[18]により行い，世代数1-5のデンドリマーを調製した。キトサン側の化学修飾はアクリル酸メチルを用いたマイケル付加反応により行い，*N*-メトキシカルボニルエチルキトサン(**7**)を合成した。メチルエステルの置換度が1.2のキトサン誘導体(**7**)とデンドリマーとを用い，メタノール中，不均一系で反応を行うことによりデンドリマー表面とキトサンが結合した表面結合型ハイブリッド(**8-12**)の合成に成功した。これらの結果を表３にまとめる。いずれのハイブリッドも68～86%の収率で得られた。また，置換度はデンドリマーの世代数が増えるに従って減少した。これは，デンドリマーの立体障害によるものと考えられる。更に，世代数の低いハイブリッドは中性水溶液にも可溶であった。いずれのハイブリッドも酸性水溶液には可溶であったことから分子間での架橋の可能性は低いと考えられる。しかし，多官能性のデンドリマーが一箇所のみでキトサン誘導体に結合しているかどうかは疑問である。そこで，合成したハイブリッドの化学構造の解析を^{1}H NMR，ニンヒドリン分析により行った結果，24～37%のアミノ基がアミド結合していることが確認された。これらの結果と上述の溶解性と考え合わせると，分子内で複数のアミド結合によりデンドリマーがキトサン誘導体と結合していると推定される。これらの表面結合型ハイブリッドにはデンドリマー部分に多数のアミノ基があるため，このアミノ基を利用した機能性官能基の導入が可能である。このハイブリッドに前述と同様シアル酸，サクシニル基を結合させたところ，水溶性のシアル酸結合ハイブリッドが得られた。このハイブリッドは，糖残基１個あたりのシアル酸の数が中心結合型ハイブリッドの場合に比べて著しく増大していることが特徴的である。

先に述べたように，キトサンは比較的棒状の高分子であり，デンドリマーは球状高分子である。この２つの高分子が結合するとどのようなコンホメーションをとるのであろうか？　このことを調べるため，図５に示すように市販のジアミノブタンデンドリマーと50%脱アセチル化キチン(DAC-50)から誘導したメチルエステル(**13**)とを表面結合型でハイブリッド化した誘導体を合成し，その分子量と分子の回転半径(Rg)をGPC及び小角X線散乱測定(SAXS)によって評価した(表４)[15]。その結果，分子量はおおむねデンドリマーが置換した分だけ増大しているのに対して，回転半径はキトサン－デンドリマーハイブリッドでは著しく増大していた。特にG＝3,4が置換したハイブリッド(**15, 16**)において顕著であった。この回転半径の増大から，ハイブリッド同士の凝集効果も予想されるが，デンドリマー部分は表面の一級アミン及び内部の三級アミンによりカチオン性が非常に密な構造であり，凝集には不利と思われる。そのためハイブリッド内でカチオン同士の電荷的な反発が起こり，その結果，主鎖のキトサン分子が更に伸長したものと考えられる。

最後に，前述のシアル酸を機能性素子としたキトサン－デンドリマーハイブリッドは従来の糖－アルデヒドとキトサンの還元的*N*-アルキル化で合成したシアル酸導入キトサン(A)とは異なり，

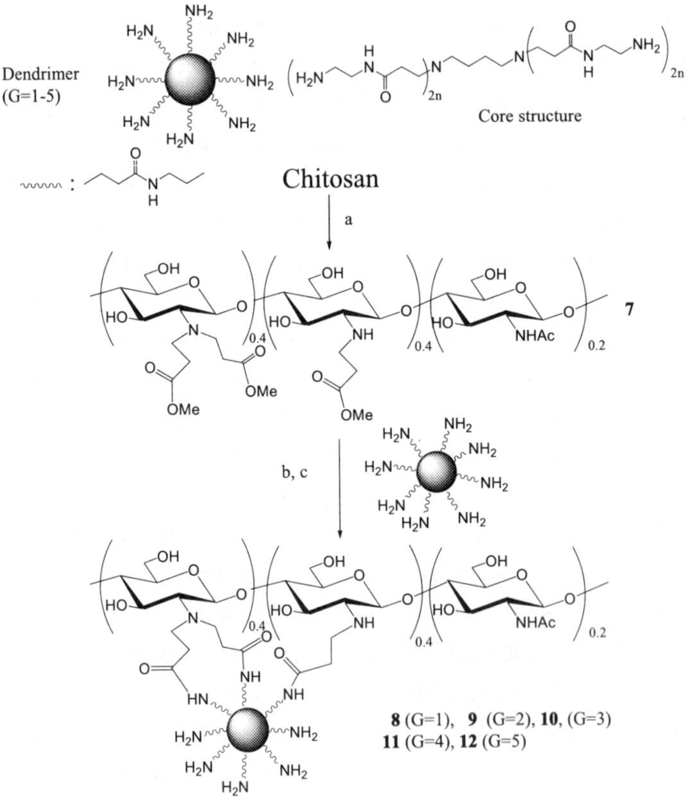

図4　*N*-メトキシカルボニルエチルキトサンとデンドリマーとの反応
反応条件：a, $H_2C=CH-CO_2Me$, AcOH, H_2O, MeOH, 45℃, 5 days x 3 times, Y.=90%; b, MeOH, rt, 3 days; c, 0.2 M NaOH, rt, 2 h.

表3　*N*-メトキシカルボニルエチルキトサンとデンドリマーとの反応[a]

Dendrimer		Product	Yield	DS	Solubility	
G	NH_2/CO_2Me		%		H_2O	0.2 M HCl
1	4	**8**	70	0.53	○	○
2	8	**9**	68	0.40	○	○
3	16	**10**	77	0.21	×	○
4	32	**11**	70	0.17	×	○
5	64	**12**	86	0.11	×	○

[a]Solvent: MeOH, rt, 3 days. 収率は原料(**7**)をもとにして算出。

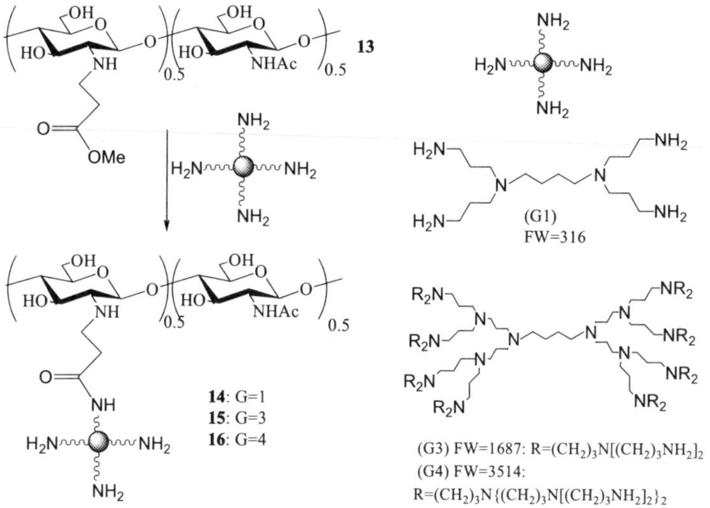

図 5　市販ジアミノブタン(DAB)デンドリマー(G=1, 3, 4)とキトサンとのハイブリッド化

表 4　ハイブリッドの分子量と回転半径 (Rg)

Compd.	G	MW[a]	Mn	Mw	Rg/Å
DAC-50	—	—	12000	33000	46.4
13	—	15114	14000	40000	44.3
14	1	16616	16000	31000	58.1
15	3	19404	17000	37000	98.9
16	4	23298	21000	50000	154.8

[a]MW：置換度より求めた分子量の計算値。

細胞認識部位であるシアル酸がキトサンの分子鎖においてデンドリマー結合部分に局在していることが特徴的である(図 6)。すなわち従来の誘導体(A)ではシアル酸が分子鎖に沿ってランダムに存在しているが，キトサン－デンドリマーハイブリッド(B)ではデンドリマー部分にのみシアル酸が結合しているため局在的に機能性素子が存在する。レクチンや細胞，ウイルスの糖鎖に対する認識は，その多価効果により適切な配置に認識素子が存在する方が有利である。しかしながらこのような機能性素子の局在化が，細胞認識などの生理活性に及ぼす効果についてはまだまだ未解明であり今後の研究が望まれる。

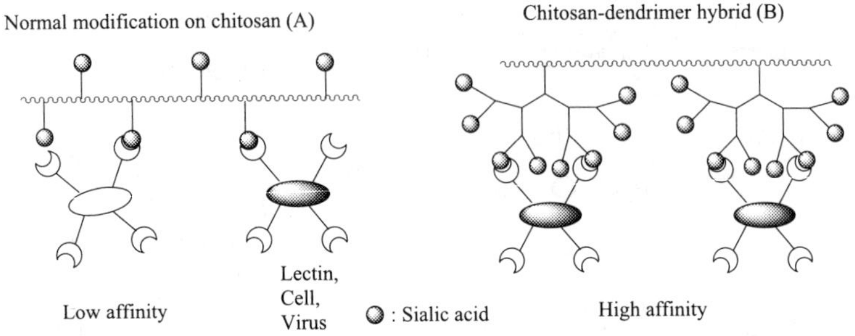

図6　従来の化学修飾の場合(A)とキトサン－デンドリマーハイブリッドの場合(B)における機能性素子の分布の相違

文　　献

1） D. A. Tomaria *et al., Angew. Chem., Int. Ed. Engl.*, **29**, 138 (1990)
2） A. W. Bosman *et al., Chem. Rev.*, **99**, 665 (1999)
3） J. M. J. Frechet, *Science*, **263**, 1710 (1994)
4） 江　東林ほか, 高分子, **47**, 812 (1998)
5） A. D. Schluter *et al., Angew. Chem., Int. Ed. Engl.*, **39**, 864 (2000)
6） S. Vetter *et al., J. Polym. Sci. Part A: Polym. Chem.*, **39**, 1940 (2001)
7） P. R. L. Malenfant *et al., Macromolecules*, **33**, 3634 (2000)
8） E. R. Zubarev *et al., J. Am. Chem. Soc.*, **124**, 5762 (2002)
9） H. Sashiwa *et al., Macromolecules*, **33**, 6913 (2000)
10） H. Sashiwa *et al., Carbohydr. Polym.*, **49**, 195 (2002)
11） H. Sashiwa *et al., Carbohydr. Polym.*, **47**, 191 (2002)
12） H. Sashiwa *et al., Macromolecules*, **34**, 3905 (2001)
13） H. Sashiwa *et al., Macromolecules*, **34**, 3211 (2001)
14） H. Sashiwa *et al., Carbohydr. Polym.*, **47**, 201 (2002)
15） H. Sashiwa *et al.*, キチン・キトサン研究, **9**, 45 (2003)
16） H. Sashiwa *et al., Biomacromolecules*, **4**, 1244 (2003)
17） 指輪仁之ほか, キチン・キトサン研究, **9**, 211 (2003)
18） D. A. Tomalia *et al., Polym. J.*, **17**, 117 (1985)
19） S. J. Meunier *et al., Can. J. Chem.*, **75**, 1472 (1997)

第6章　酵素分野

1　キトサナーゼの基質特異性と構造

安達　渉[*1]，中村　聡[*2]，竹中章郎[*3]

1.1　はじめに

糖代謝系は生命にとってもっとも重要な中心機構のひとつであり，そこには種々の糖に対して多種多様の酵素が関与している。一見同じような糖でも，少し異なるだけで，それを対象とするタンパク質の構造は大きく異なる。Henrissatら[1,2]は，アミノ酸配列の類似性から糖加水分解酵素を91種類のファミリーに分類しているが，*Bacillus* K17株由来のキトサナーゼ（以下ChoKと略記）は，彼らの分類に従うと，ファミリー8（以下これをGH-8と略記）に属するタンパク質である。このファミリーにはセルラーゼ，キシラナーゼ，リケナーゼなども含まれる。図1に示すように，キトサナーゼはキトサンのグルコサミン間のβ-1,4-結合[3]を加水分解する。セルラーゼはグルコース間のβ-1,4-結合[3]を，キシラナーゼはキシロース間のβ-1,4-結合[3]を加水分解す

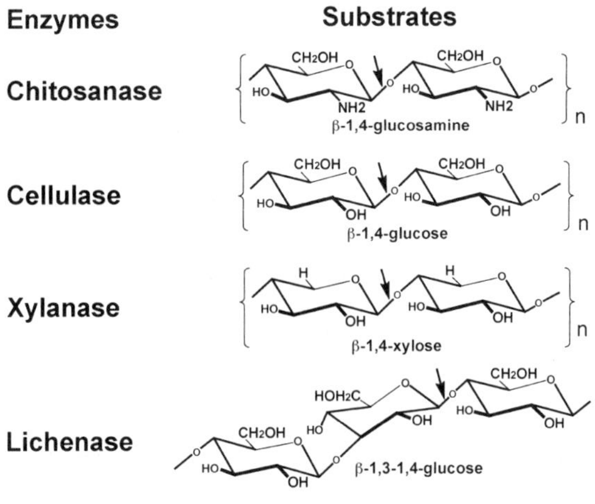

図1　ファミリーGH-8に属する4種類の酵素の基質特異性

＊1　Wataru Adachi　東京工業大学　大学院生命理工学研究科

＊2　Satoshi Nakamura　東京工業大学　大学院生命理工学研究科

＊3　Akio Takénaka　東京工業大学　大学院生命理工学研究科

る。リケナーゼはβ-1,3-1,4-グルコースのβ-1,4-結合[3]を加水分解する。このように同じファミリー内でも基質特異性が異なる。この事実は，共通の立体構造を基盤にした機能の多様化を示唆しており，構造の詳細を比較することは，特異性を規定している構造的要因と反応機構を解明する上で非常に重要であり，また，それらの知見は応用に向けてタンパク質機能を改変する分子設計の基盤となる。

一方，キトサナーゼ活性を有するタンパク質は，ファミリーGH-8だけとは限らず，GH-5，GH-46，GH-75，GH-80にも存在する。このようにファミリー間で分散しているために，機能と構造の関係を理解するのは容易ではない。また基質特異性にも若干の違いがあるために，それによって，図2に示すように，3種類のサブクラスが提案されている[4]。キトサナーゼという観点からは，3つのサブクラスはβ-1,4結合の両側（－1位と＋1位）がグルコサミンのときに，その結合を加水分解するという点で共通している。しかし，サブクラスⅠとサブクラスⅢでは，特異性に曖昧さ（または自由度）が見られる。切断部位前後の糖に着目すると，サブクラスⅠでは，－1位のグルコサミンのアミノ基がアセチル化されたN-アセチルグルコサミンでも加水分解するし，サブクラスⅢでは反対に＋1位の糖のアミノ基がアセチル化された場合でも加水分解する。このサブクラスⅠとサブクラスⅢのキトサナーゼはX線解析によってその3次元構造が報告されている[5,6]。どちらも同じファミリーGH-46に属するので，立体構造は似ている。ところが，ChoKはサブクラスⅡの高い特異性を示し，ファミリーも異なる。したがって，この酵素の3次元構造は異なると考えられ，X線解析によって基質特異性や反応機構を明らかにする必要がある。また，その構造をファミリーGH-8に属する他の酵素と比較することによって，構造進化の多様性を明らかにすることも可能になる。

ChoKの活性は，pHが4.5～7.5の狭い範囲に限られる。しかし，立体構造はpHが3～10の広い

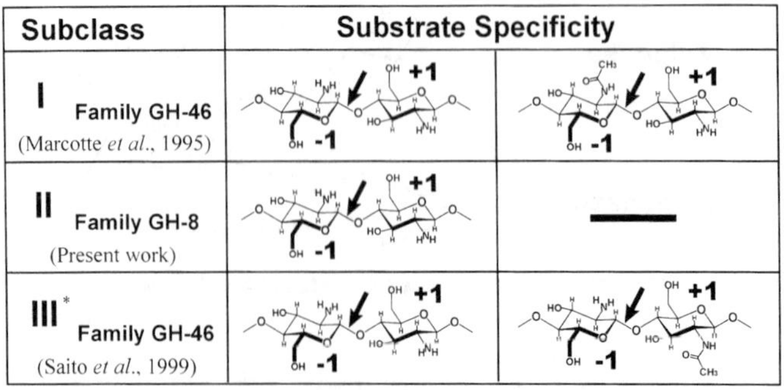

図2　キトサナーゼの基質特異性による分類とファミリー
＊ファミリーGH-8とGH-5にもサブクラスⅢの活性を示すキトサナーゼが報告されているが，立体構造はわかっていない。

範囲で安定であるという特徴をもつ[7,8]。X線結晶解析によって立体構造を研究する上で，非常に都合のよいタンパク質である。広いpH範囲で構造が安定であることは，結晶化条件の検索がやりやすくなるばかりでなく，pHをコントロールすることによって，基質特異性などを吟味できるので，構造研究には適したタンパク質であると言える。至適pH (6.5) の活性型と，酸性 (pH 3.7) の不活性化状態の構造を比較するために，この二つの条件下で結晶化させ，それぞれの立体構造を決定した[9~13]。

1.2　ChoKの立体構造

活性型と不活性型の結晶構造をそれぞれ1.5Åと2.0Åの高分解能のデータを用いて決定することができた (図3参照)。活性型の結晶内には2分子のタンパク質単体が独立して，それぞれ単独で存在するが，両分子の立体構造は非常によく似ている。Cα原子同士を重ねると，図4に示すように，対応する原子同士のr.m.s.d.（根平均二乗変位）は0.14Åと小さく，立体構造に有意な違いが無いことを示している。故に，以下の議論では一方の分子Aの構造を使うことにする。その立体構造を図5に示す。中心に6コのαヘリックスがバレル状に並び，その外側をさらに6コのαヘリックスが取り巻いている。つまり，基本構造は内側に6α，外側に6α，からなる二重のα_6/α_6バレル構造である。この図では，ヘリックスが外側で手前に立ち上がり，ループで折り返して，内側のヘリックスで奥へ戻っていく。繰り返しモチーフはヘリックス・ループ・ヘリックス(α/α)である。これを6回繰り返すことによって特徴あるバレル状の$(\alpha/\alpha)_6$構造を形成している。その結果，手前には合計6本のループが突き出し，そこにβ-シートや短い3_{10}ヘリックスが存在している。これを横から眺めた立体構造を図5 (b)に示す。バレルの底では短いループがヘリックス間を繋いでいる。上部のループ部分はクレフト状のくぼみを形成し，そこに活性部位があることを示唆している。

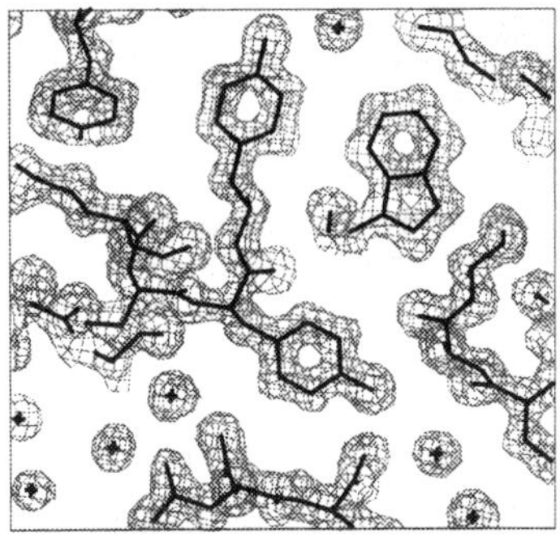

図3　活性型ChoKのX線結晶構造解析によるタンパク質内部の2 F_o-F_c電子密度地図

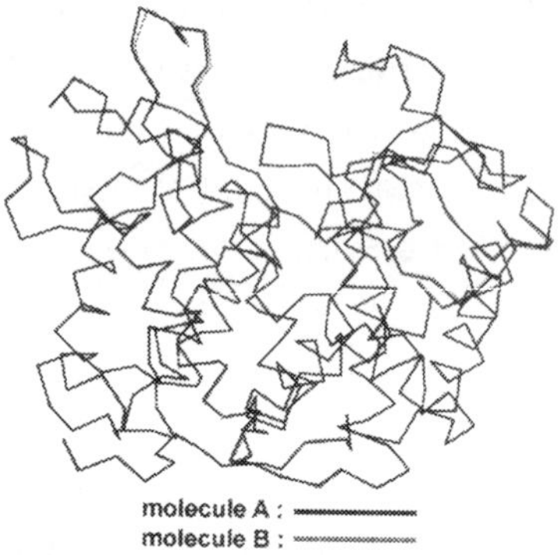

図4　結晶内で独立に存在する2種類の活性型ChoK分子の構造比較
対応するC_α原子同士の重ね図。

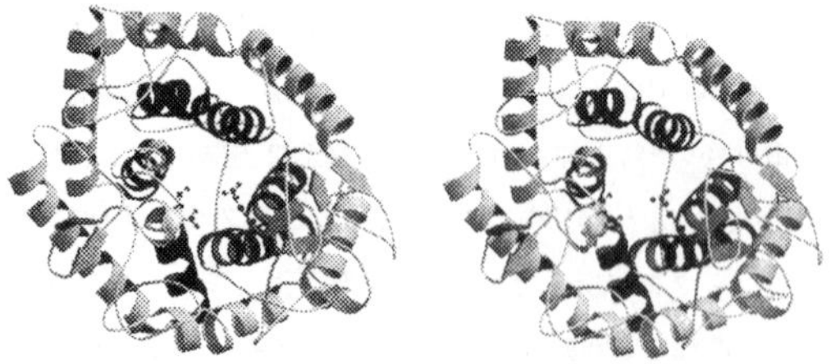

(*a*)

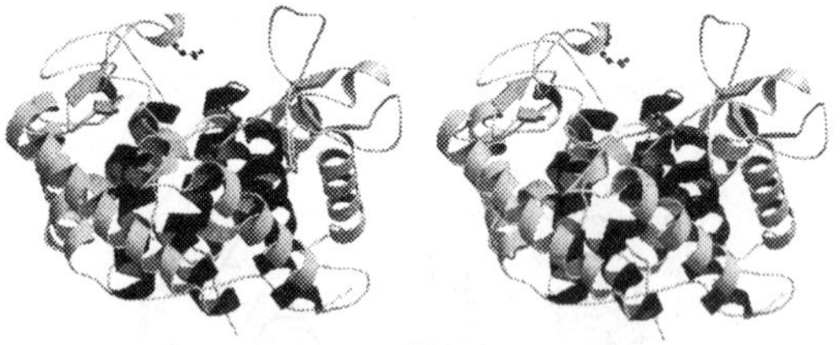

(*b*)

図5　活性型ChoK分子の立体構造を，(*a*) バレル上部から，(*b*) バレルを横から眺めたステレオ対図（巻末カラー写真参照）
活性残基のGlu122とGlu309以外をリボン図で示す。

1.3　活性部位構造

これを不活性型構造と比較すると，図6(*a*)に示すように，全体的によく一致していることが解る。しかし，詳しく見ると，図6(*b*)に示すように，側鎖のコンフォメーションが大きく異なる残基がある。それはクレフトの底部中央に存在するGlu122の側鎖である。活性型ではArg322

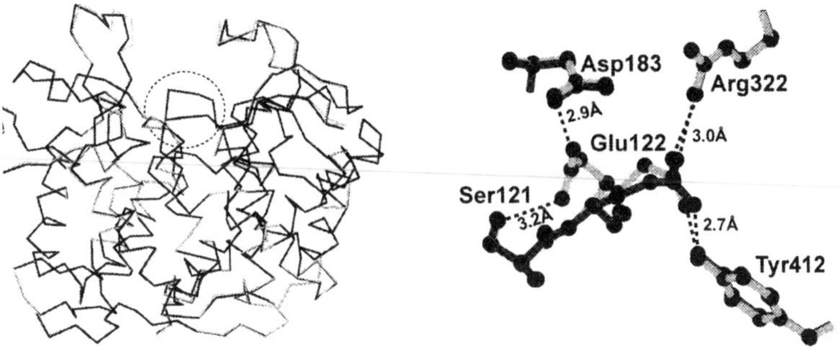

(*a*)　(*b*)

図6　活性状態と不活性状態の2種類のChoK分子の立体構造の比較
(a) 対応するC_α原子同士の重ね合わせ。
(b) 側鎖のコンフォメーションが大きく異なる活性残基のGlu122。

の方向に向き，その接触の幾何構造は弱い水素結合を形成していることを示している。しかし，不活性型では2つのコンフォメーションを採っていて，一つはArg322とTyr412，もう一つはAsp183およびSer121と水素結合を形成している。このように，クレフト中央の底部に位置していて，pH変化に応答する挙動は，この側鎖が触媒活性に関与する可能性が高いことを示している。

GH-8に属する酵素で，これまでにX線解析されているのは，*Clostridium thermocellum*由来のセルラーゼ（以下CelAと略記，図7(*b*)）[14,15]と最近も報告された*Pseudoalteromonas haloplanktis*由来のキシラナーゼ（Xyln，図7(*c*)）[16]である。ChoK（図7(*a*)）と同じように，CelAも基盤構造は$(\alpha/\alpha)_6$バレル型である。Xylnも同じである。ここでは，反応機構について詳しく研究されているCelAと立体構造を比較する。

2つの構造をファミリーGH-8として高度に保存されている部分のα炭素原子同士を重ね合わせると，図8に示すように，中央のバレル部分は比較的一致していることが判る。上部のβシー

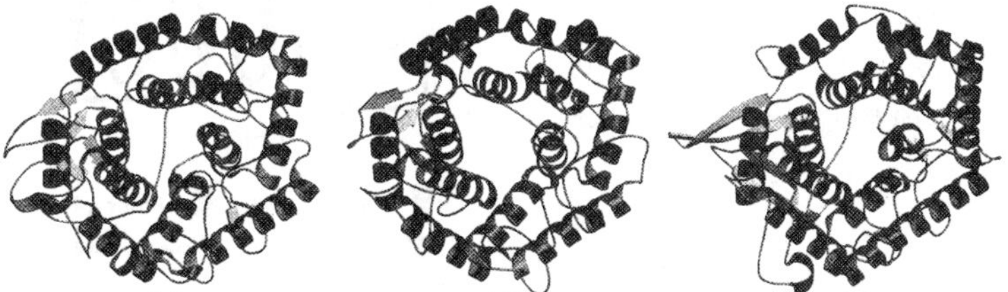
(*a*)　(*b*)　(*c*)

図7　ChoKの活性型構造(*a*)と似たフォールディングをもつCelA(*b*)およびXyln(*c*)の立体構造

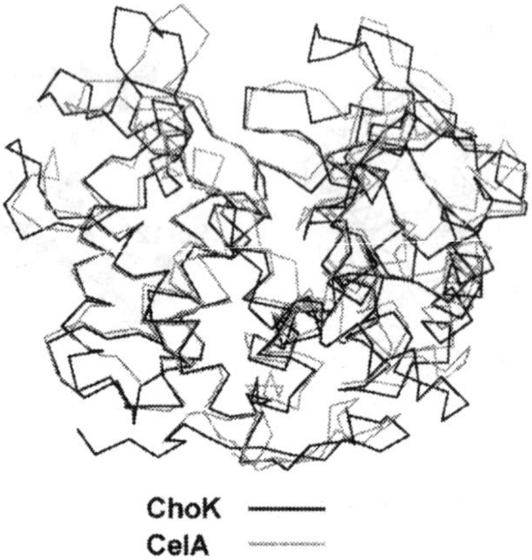

図8　活性型ChoKとCelAの立体構造に比較
保存性残基の対応するC_α原子同士の重ね図。

トとループ部分が大きく違っている。図7（aとb）に対応させて両タンパク質分子の2次構造のトポロジーを図9に示す。両分子間でループ部分に大きな相違がある（灰色部分）。特に，Glu309を含む長いループが挿入され，そこに2本のβシートが追加されている。CelAでは，Glu95とAsp278の2つの酸性残基が加水分解反応に直接関わっていることが知られているが，これらに相当する残基はChoKではGlu122とAsn319である。このGlu122はpH変化によって見出した残基であり，上記の予測が正しかったことを示している。問題はAsn319である。この残基の活性カルボキシル基がアミド化されている点である。

立体構造に基づいて2次構造を対応させて，図10にChoKとCelAの1次構造を示してある。小文字で表示してあるアミノ酸は一致していない部分である。特に白抜きの

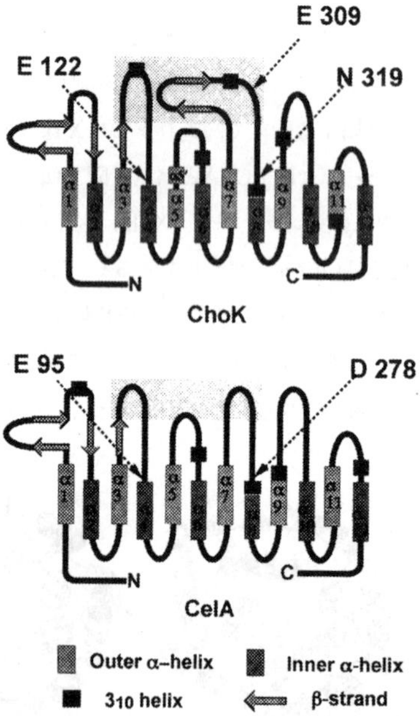

図9　活性型ChoKとCelAの立体構造の2次構造のトポロジー図
ChoKでは矩形で示す部分にアミノ酸の挿入が集中し，その部分構造が異なる。

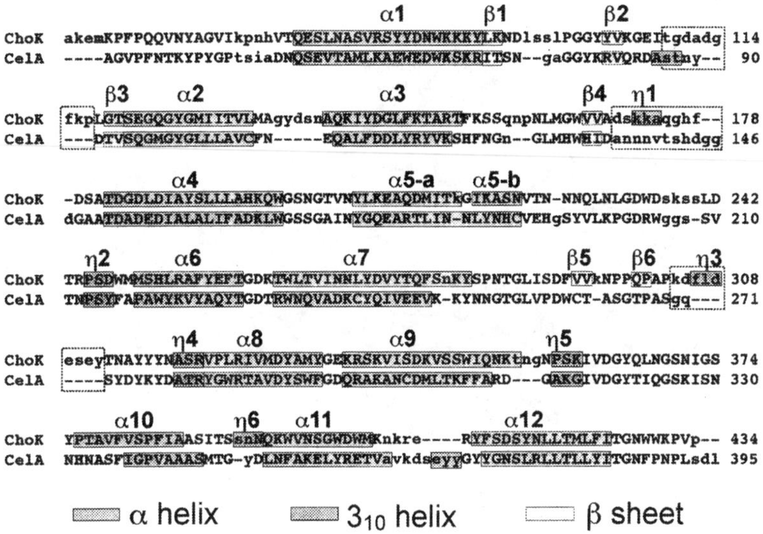

図10　立体構造に基づくChoKとCelAの１次構造の比較
小文字は構造が異なる部分を示す。それらは主に点線で囲った３箇所に集中しており，アミノ酸が挿入または削除されたループ部分である。

部分は大きく異なるループに相当する。ChoKの残基番号では109～117，170～178，304～312である。CelAと比較すると，109～117では５残基分，304～312では７残基分，アミノ酸の挿入が起こっている。

図11は糖が結合したCelAの活性部位構造とChoKのそれとの重ね合わせを示す。活性残基の配置が両分子間で保存されていることが判る。CelAでプロトンドナー残基と言われているGlu95はChoKではGlu122が対応している。CelAでプロトンアクセプター残基と言われているAsp278の位置を，ChoKではAsn319が占めている。この近傍には，ChoKではループの挿入に伴って導入されたGlu309が存在するので，この残基がプロトンアクセプターである可能性が高い。CelAで見出された活性水分子をChoKの対応する位置に置くと，Glu309のカルボキシル基は，これと水素結合が可能である。Glu309を含むこのループを支える幹部には２本のβシートがあるために，ループは動きが制限されていると考えられる。このカルボキシル基は同時に－２部位に結合したグルコサミンのアミノ基とも水素結合が可能であるので，認識にも関わっていると思われる。

1.4　基質特異性

図12にはCelAとChoKにおける基質結合の違いを模式的に示す。CelAではAsp152がセルロー

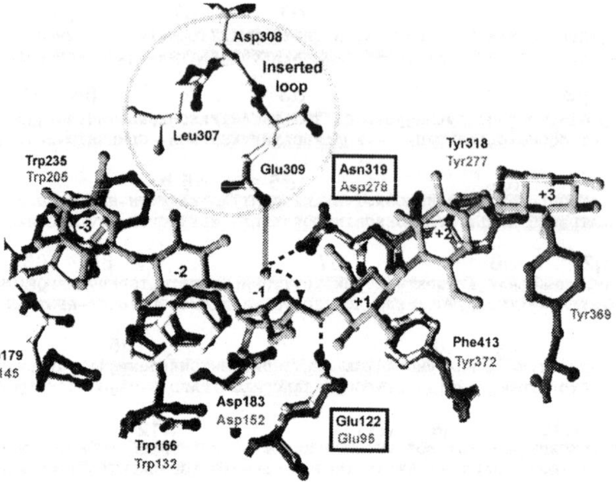

図11　活性型ChoKとCelAの立体構造の重ね合わせによる活性部位の構造（巻末カラー参照）
ChoKに挿入されたループ部分の残基を円で囲んである。黒文字はChoKの残基を，灰色文字はCelAの残基を示す。

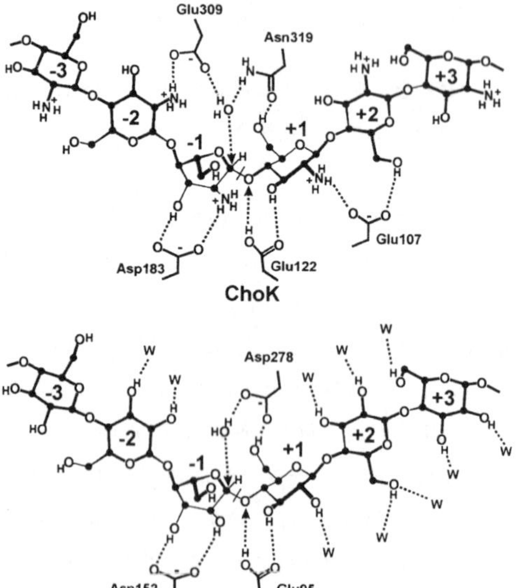

図12　ChoKとCelAのそれぞれの活性部位における基質の認識と反応に関与すると考えられるアミノ酸残基　Wは水分子を表す。

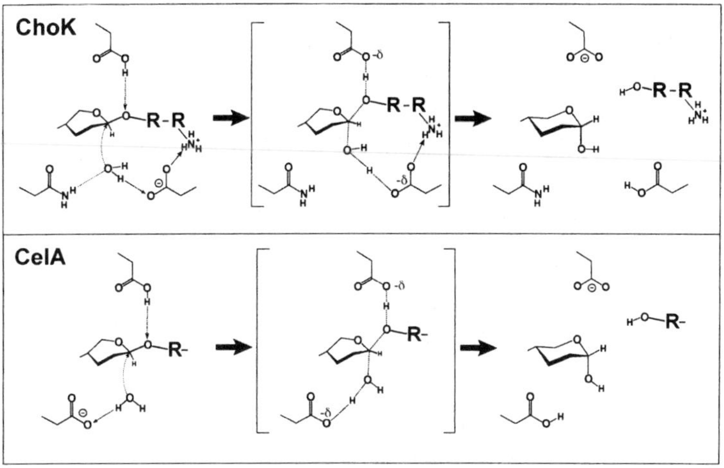

図13　ChoKとCelAの反応機構

スの水酸基を認識できるが，それ以外には多数の水分子が結合している。しかし，ChoKでは，Glu309に加えて，Asp183が－1位のグルコサミンのアミノ基を認識でき，さらにGlu107が＋1位のグルコサミンのアミノ基を認識できると推定できる。したがってChoKは3カ所のアミノ基と水素結合できるので，キトサンの認識では特異性が高い理由も説明できる。ChoKのこれらの残基の機能を確認するために，変異体E122Q（Glu122をGlnに置換，以下同様に略記），E309Q，N319D，D183Nを構築して活性を調べた結果，上記の考察は妥当であることが判った[8]。

予測される反応機構を図13に示す。CelAとXylnの反応機構[15,16]は，第1カルボキシル基(CelAのAsp278）が水素結合を介して水分子からプロトンを引き抜き，OH^-イオンが糖のC1原子を求核攻撃する。これに呼応して，解離していない第2カルボキシル基（CelAのGlu95）のプロトンがエーテル酸素に供与される。その結果，C1原子の反転を伴ってβ-1,4結合が切断され，－1番目の基質はβアノマーからαアノマーに変わるとされている。一方，ChoKの反応機構もこれと類似しているが，しかし，第1カルボキシル基は，挿入されたGlu309残基が担っている。このような違いは，これらの酵素が立体構造を維持したままで分子進化の過程で機能の多様化によって生じたことを示唆している。

1.5　ファミリーGH-8のサブファミリー

挿入残基のGlu309に着目して，ファミリーGH-8内のすべての酵素のアミノ酸配列の相同性を比較すると，プロトンアクセプターの位置とその近辺のアミノ酸配列の挿入の有無によって，

Subfamily	Proton acceptor	#	Enzymes and sources
8 a	-PASGQ-------GFDFYYDAIRY	283	cellulase C (*Clostridium cellulolyticum*)
	-PASGQ-------GYDFYYDAIRY	283	endo-1,4-glucanase B (*Clostridium josui*)
	-PASGQ-------SYDYKYDATRY	282	cellulase A (*Clostridium thermocellum*)
	SIAKGW-------PPRFSYDAIRV	204	endoglucanases (*Gluconacetobacter xylinus*)
	SIAKGW-------PPRFSYDAIRV	248	endoglucanases (*Acetobacter xylinus* BPR2001)
	SIASGW-------PPRFSYDAIRV	249	endoglucanases (*Acetobacter xylinus* ATCC23769)
	APATAW-------PSRFSYDAIRI	244	endo-1,4-glucanase (*Pectobacterium chrysanthemi* PY35)
	APATAW-------PSRFSYDAIRI	244	endo-1,4-glucanase Y (*Erwinia chrysanthemi* 3937)
	APATAW-------PPRFSYDAIRI	244	endoglucanase (*Erwinia rhapontici* NCPPB2989)
	LPAKEW-------PPRMSFDAIRI	244	endo-1,4-glucanase (*Cellulomonas uda*)
	QLKAEK-------TLISSYDAIRV	247	endo-1,4-glucanase (*E. coli* O157:H7 RIMD0509952)
	QLKAEK-------TLISSYDAIRV	247	putative enzyme (*E. coli* O157:H7 EDL933)
	QLKAEK-------TLISSYDAIRV	247	endo-1,4-glucanase (*E. coli* K12)
	QLKAEK-------TLISSYDAIRV	247	cellulase (*Salmonella typhimurium* ATCC14028)
	QLKAEK-------TLISSYDAIRV	248	endo-1,4-beta-glucanase (*Salmonella typhimurium* LT2)
	QLKAEK-------TLISSYDAIRV	247	carboxymethyl-cellulase (*Salmonella typhimurium* UR1)
	QLKAEK-------TLISSYDAIRV	248	probable endoglucanase (*Salmonella enterica* subsp.)
	QPDTIK-------PDVGSNDAILV	183	endoglucanase (*Yersinia pestis* KIM)
	NADPKR-------DDLGSYDAIRT	256	cellulase (*Xanthomonas axonopodis* pv. citri str.)
	VVDPFS-------DDLGSYDAIRT	297	cellulase (*Pseudomonas fluorescens* SBW25)
	--------------NFIDIDGMRF	231	endoglucanase (*Aquifex aeolicus* VF5)
	NGQANP-------GQWYEFDAWRV	306	endo-1,4-xylanase (*Pseudoalteromonas haloplanktis*)
	NDEKGY-------GHFFS-DSYRV	267	xylanase Y (*Bacillus halodurans* C-125)
	HSSTET-------DRNFSYDAWRT	319	xylanase Y (*Bacillus* sp.KK-1)
8 b	QPAPKDFLDESEYTNAYYYNASRV	323	chitosanase (*Bacillus* sp.No.7-M)
	QPAPKDFLDESEYTNAYYYNASRV	323	chitosanase (*Bacillus* sp.K17)
	QPAPKDFLEESEYTNAYYYNASRV	323	chitosanase (*Bacillus* sp.KCTC)
	QPAPKGFLNESEYTNVYYYNASRV	323	glycosyl hydrolase (*Bacillus anthracis*)
	QPAPKDFLDESKYTDSYYYNASRV	331	endo-1,4-glucanase (*Bacillus* sp.KSM-330)
	QPAPEWYLNEFQQTNAYYYNAARV	316	chitosanase-glucanase (*Bacillus* sp.D-2)
	QPAAAEFL-EGANDGKYYYNSSRT	297	endoglucanase/lichenase (*Bacillus circulans* N257)
	KPASADFL-EGANDGSYDYNSCRT	299	chitosanase/lichenase (*Bacillus circulans* WL-12)
8 c	QPASGFQ-PE------FGYNAVRI	366	endo-1,4-glucanase-like (*Agrobacterium tumefaciens*)
	QPASGFQ-PE------FGYNAVRI	255	endoglucanase (*Agrobacterium tumefaciens*)
	QPAQGFD-AE------FAYNAIRI	252	endoglucanase (*Rhizobium leguminosarum*)

図14　ファミリーGH-8に属するタンパク質の1次構造の比較
プロトン受容残基の挿入の有無によって分類された部分配列のみを示す。#記号は表示された残基の末端番号。

図14に示すように，さらに3つのサブファミリーに分類できることが判る。まず，CelAと同じように挿入がない酵素では，Asp278と同じ場所に共通してAspが保存されている。これら一群の酵素をサブファミリー8aと呼ぶことにする。一方，挿入がある酵素では，Glu309と同じ場所に共通してGluが導入されている。そして，8aのAspに相当するアミノ酸がすべてAsnに置換されている。これを8bと呼ぶことにする。残りは8cとして共通している。このサブファミリーでは，挿入がないが，8aのAspがすべてAsnに置換され，4残基上流の位置にGluが導入されている。その位置は8bのGluに相当するので，8cは8bから一部のアミノ酸残基の欠損によって生じたように見える。以上をまとめると，図15に示すように，サブファミリ 8aには，セルラーゼおよびキシラナーゼと，その他のエンドーグルカナーゼが含まれる。サブファミリー8bには，キトサナーゼと リケナーゼ，その他のエンドーグルカナーゼが含まれ，サブファミリー8cには，その他のエンドーグルカナーゼが含まれる。

Subfamily	Enzymes
8a	Cellulase Xylanase Endo-glucanase
8b	Chitosanase Lichenase Endo-glucanase*
8c	Endo-glucanase

図15　プロトン受容残基の挿入の有無によって分類されたタンパク質
＊一部のCellulaseも含まれる。

1.6　サブクラスによる立体構造の違いと基質特異性

はじめに記したサブクラスという観点から結果をみると，今回のＸ線解析によって，立体構造が不明のままになっていたサブクラスⅡのキトサナーゼの立体構造が明らかになった。これで３種類のサブクラス全部の構造が揃ったことになる（図16）。左がMarcotteら[5]が報告したサブクラスⅠの構造で，右がSaitoら[6]がＸ線解析したサブクラスⅢの構造である。両酵素はいずれも，αヘリックスを多用した構造であるが，上下２つのドメインからできていて，それぞれのαヘリックスのフォールディングに規則性が見られない。今回のサブクラスⅡの構造では，$(\alpha/\alpha)_6$からなる二重バレル型であり，規則的で単純なフォールディングによって構築されている。ファミリー

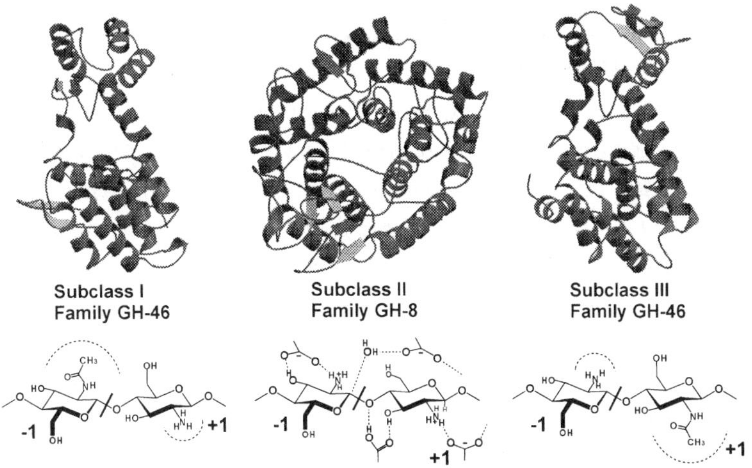

図16　キトサナーゼのサブクラス間での立体構造の比較（巻末カラー写真参照）
サブクラスⅠとサブクラスⅢのキトサナーゼの原子座標は，PDB-ID 1CHKとPDB-ID 1QGIから得た。

が異なり，タンパク質構造進化の観点からも構造祖先（遺伝子）が異なることを示している。

サブクラスⅠとサブクラスⅢの間では，キトサナーゼの基質認識の特異性が逆転している。すなわち，一方の部位ではグルコサミンのアミノ基だけを認識し，もう一方の部位ではアミノ基（グルコサミン）とアセチルアミノ基（N-アセチルグルコサミン）を受け入れる[6]。この両者を受け入れる空間の大きさが－１位と＋１位間で逆転することによって生じているとされている。これに対して，サブクラスⅡでは両方のアミノ基を厳密に識別している。サブクラスⅡ（すなわちファミリーGH-８）では，反応部位を支える基盤になっている二重のαヘリックスバレル構造が比較的大きく，より複雑な基質認識の仕組みを造ることができるために，厳密さを増すことができるのかも知れない。

以上をまとめると，サブクラスⅡのキトサナーゼは，$(\alpha/\alpha)_6$からなる二重バレル型構造を基盤にして，アミノ酸残基の置換や挿入による機能の多様化の過程で生じた酵素であると言える。一方，サブクラスⅠとサブクラスⅢのキトサナーゼの立体構造はリゾチームに似ている[17]。これらはリゾチーム型と呼ばれる共通の立体構造祖先から多様化したと考えれられる。したがって，キトサナーゼに見出される特異性の違いは，それぞれのタンパク質がキトサンを加水分解するという同じ目的に向けて，異なる立体構造祖先から収斂進化した結果であると解釈できる。つぎに，ファミリーGH-８の立体構造を中心にして，このような立体構造と特異性の相関を一望してみることにする。

1.7 キトサナーゼの立体構造から見たオリゴ糖関連タンパク質の世界 機能構造の多様化と収斂進化

図17(*a,b,c*)は，上述したChoK，CelA，Xylnの$(\alpha/\alpha)_6$バレル型構造を示す。これらは同じファミリーGH-８に属するので，基盤となる構造は似ている。当然のことであるが，活性部位を造るループ部分が異なっている。しかし，その当然の部分こそが後述するように酵素の顔として最も重要であるにもかかわらず，全く未知のままになっている。$(\alpha/\alpha)_6$バレル型構造を基盤にした酵素は他のファミリーにも見出されている。ファミリーGH-48には，CelF（図17(*d*)）とCelS（図17(*e*)）の例がある。ただしこの場合には，ループから延びた多数のβ-ストランドやα-ヘリックスが突き出して活性部位を構築している。ファミリーGH-９のCelD（図17(*f*)），CelM（図17(g)）やエンド／エキソ-1,4-グルカナーゼE4(図17(*h*))も同じように$(\alpha/\alpha)_6$バレル型構造の上に活性部位を構築している。このファミリーGH-９に属するエンド-1,4-グルカナーゼ（図17(*i*)）には，活性部位の上部にβ-シートでできた大きなドメインが付加されている。ファミリーGH-15のグルコアミラーゼ（図17(*j*)）も基盤構造は$(\alpha/\alpha)_6$バレル型である。バクテリア由来のグルコアミラーゼ（図17(*k*)）では，活性部位の横にβ-シートでできた巨大なドメインが付加され

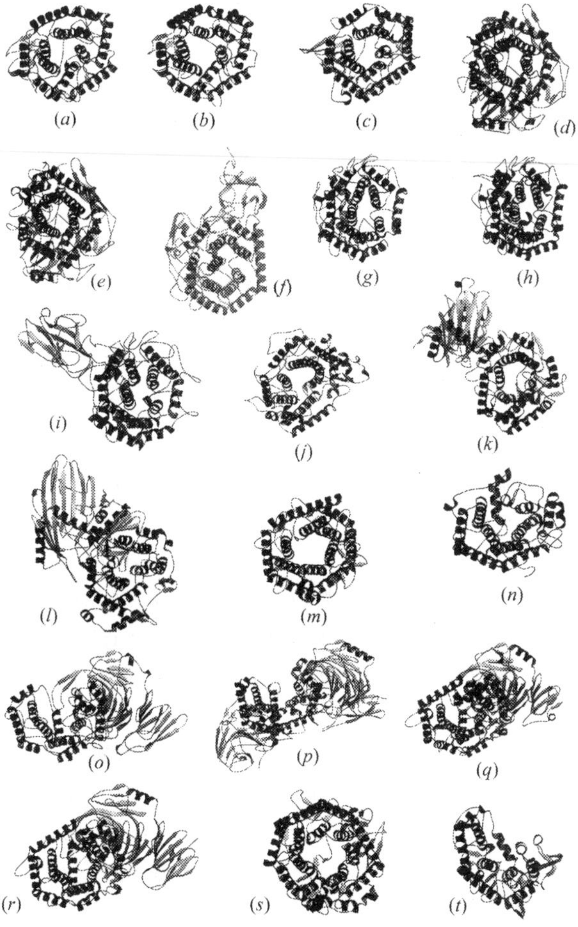

図17　(α/α)ₙバレル構造を基盤とするタンパク質の例（巻末カラー写真参照）
各タンパク質のPDB-IDを括弧内に記す。
(*a*) GH-8, ChoK chitosanase the present work (1V5D), (*b*) GH-8, CelA cellulase (1KWF), (*c*) GH-8, Xyln endo-1,4-xylanase (1H12), (*d*) GH-48, CelF Cellulase (1F9D), (*e*) GH-48, CelS cellulase (1L1Y), (*f*) GH-9, CelD cellulase (1CLC), (*g*) GH-9, CelM cellulase (1IA6), (*h*) GH-9, endo/exo-β-1,4-glucanase E4 (1KS8), (*i*) GH-9, endo-1,4-glucanase (1TF4), (*j*) GH-15, glucoamilase (1AYX), (*k*) GH-15, Bacterial glucoamilase (1LF6), (*l*) GH-65, maltose phosphorylase (1H54), (*m*) *N*-acyl-D-glucosamine epimerase (1FP3), (*n*) PL-5, alginate lyase A1-Ⅲ (1QAZ), (*o*) PL-8, chondroitinase AC (1CB8), (*p*) PL-8, chondroitinase ABC I (1HN0), (*q*) PL-8, hyaluronate lyase (1LXK), (*r*) PL-8, xanthan lyase (1J0M), (*s*) GH-47, Class I α-1,2-mannosidase (1DL2), (*t*) PL-10, polygalacturonic acid lyase (1GXM).

ている。ファミリーGH-65のマルトースホスホリラーゼ（図17(*l*)）でも，$(\alpha/\alpha)_6$バレル構造の横にβ-シートよるドメインが付加されている。*N*-アセチル-D-グルコサミン 2-エピメラーゼ（図17(*m*)）も基盤構造は$(\alpha/\alpha)_6$バレル型である。多糖リアーゼファミリー（PL）に目を向けるともっと興味深い構造が見つかる。ファミリーPL-5に属するアルギン酸リアーゼA1-Ⅲ（図17(*n*)）では，$(\alpha/\alpha)_6$バレル型の基盤構造を造る外側のα-ヘリックスがひとつ解けてループ状に延びており，α_6/α_5バレル型に変形している。ファミリーPL-8のコンドロイチナーゼAC（図17(*o*)）とコンドロイチナーゼABC I（図17(*p*)）では，繰り返しモチーフであるヘリックス・ループ・ヘリックスが1コ完全に欠落して，$(\alpha/\alpha)_5$バレル型の基盤構造となっている。どちらも活性部位の横にはβ-シートでできた巨大なドメインが付加されている。特に後者にはそのようなドメインが2コも付加されている。同じPL-8に属するヒアルロン酸リアーゼ（図17(*q*)）とキサンタンリアーゼ（図17(*r*)）も$(\alpha/\alpha)_5$バレル型の基盤構造である。しかし，この場合は欠落部分の空間が閉じられて，よりコンパクトなバレルに変化している。もっと興味深い例は，ファミリーGH-47の クラスI α-1,2-マンノシダーゼ（図17(*s*)）である。この場合はヘリックス・ループ・ヘリックスの繰り返しモチーフがさらにひとつ追加されて，より大きな$(\alpha/\alpha)_7$バレル型となっている。一方，ファミリーPL-10のポリガラクトロン酸リアーゼ（図17(*t*)）では，繰り返しモチーフが3コ欠落している。半バレルの$(\alpha/\alpha)_3$構造のままで，その上部に活性部位を構築している。

以上の例から，$(\alpha/\alpha)_6$の二重バレル型構造を基盤にしたタンパク質は，活性部位の造り方によってさらに機能が多様化していることがわかる。特に活性部位の構築と言う観点からは，単にループだけのものや，β-ストランドやα-ヘリックスを加えたもの，さらにβ-シートでできた大きなドメインを1コあるいは2コ加えたもの，極端な例では，基盤構造自体を加工したり，さらに基本モチーフ（ヘリックス・ループ・ヘリックス）の追加や削除などあらゆる方法によって構造改革し，多様化していると結論することができる。見方を変えれば，これらは共通の構造祖先から大きく繁栄したと考えられるので，$(\alpha/\alpha)_n$バレル型立体構造王国（図18(a)）を形成していると見なすことができる[註)]。

1.8 リゾチーム型立体構造王国

サブクラスIとサブクラスIIのキトサナーゼは同じファミリーGH-46に属するので，両酵素の立体構造は互いに似ている。これらの構造（図16参照）は，ファミリーGH-24に属するリゾチーム（図18(*b*)）に似ているとされている。このタイプの構造をもつタンパク質も複数のファミリー

註）Murzinら[18]は，X線構造のフォールディングをその様式によって分類し，スーパーファミリーとフォールドというクラスを設けている。著者らは，これにHenrissatら[1,2]が提案するファミリーとクランによる分類を組み合わせて，構造王国という概念で体系化した。

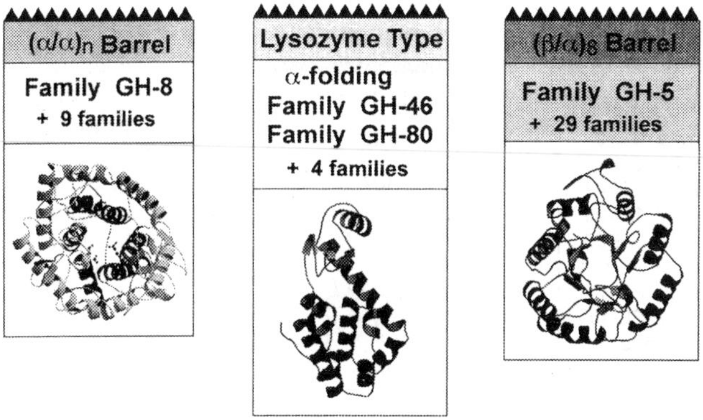

(*a*)　(*b*)　(*c*)

図18　立体構造王国を構成するファミリー群
(*a*) (α/α)nバレル型王国，(*b*) リゾチーム型王国，(*c*) $(\beta/\alpha)_8$バレル型王国
それぞれの代表的な構造例として，ファミリーGH-8 キトサナーゼ（PDB-ID 1V5D)，ファミリーGH-24リゾチーム（PDB-ID 2LZM)，ファミリーGH-5エンドグルカナーゼ(PDB-ID 7A3H) の立体構造を示す。

GH-19，GH-22，GH-23，GH-24，GH-24，GH-80に分散している。やはり共通の構造祖先から繁栄したと考えられるので，リゾチーム型立体構造王国を形成していると見なすことができる。

1.9　$(\beta/\alpha)_8$バレル型立体構造王国

キトサナーゼ活性をもつタンパク質がファミリーGH-5にも見出されている。このキトサナーゼの立体構造は明らかではないが，同じくファミリーに属する*Bacillus agaradherans*由来のエンドグルカナーゼCel5Aの立体構造と似ていると考えられる。この酵素は，図18(*c*) に示すように，$(\beta/\alpha)_8$バレル型と呼ばれる構造をとっている。$(\beta/\alpha)_8$バレル型（TIMバレル型）といえば，多数のタンパク質がこの立体構造を基盤にしている。このファミリーGH-5以外に28種類のファミリー（GH-1，GH-2，GH-3，GH-6，GH-10，GH-13，GH-14，GH-17，GH-18，GH-20，GH-25，GH-26，GH-27，GH-30，GH-35，GH-36，GH-39，GH-42，GH-51，GH-53，GH-56，GH-59，GH-67，GH-70，GH-72，GH-77，GH-79，GH-86）が$(\beta/\alpha)_8$バレル型を採用している。したがって，同様にこれらは$(\beta/\alpha)_8$バレル型構造を共通の祖先として繁栄したものと考えられ，$(\beta/\alpha)_8$バレル型立体構造王国と見なすことができる。

1.10　キトサナーゼ活性を有するタンパク質の構造基盤王国

以上をまとめたのが図19である。立体構造が異なるキトサナーゼが存在することは，単純には

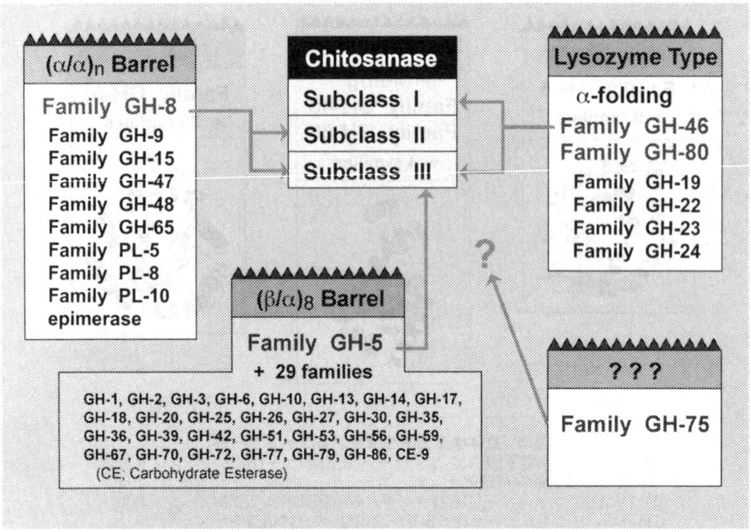

図19　キトサナーゼ活性を有するタンパク質の構造基盤王国

収斂進化の結果と見なすことができるが，一方，それぞれの立体構造は大きな構造王国に属している。この状況は以下のように解釈することができる。それぞれの立体構造王国内で基盤構造を改造（遺伝子レベル）することによって種々の活性を有するタンパク質へと多様化し，複数の王国内でキトサナーゼ活性を有するタンパク質を独立に創製することができる。その結果，用いた基盤構造と目的に依存して特異性に若干の差異が生じる。生物は進化の過程で生息環境に合ったものを利用し，淘汰することによって，どのタイプのキトサナーゼを使うかが固定されたと考えられる。ファミリーGH-75にもキトサナーゼ活性をもつタンパク質が見つかっているが，その立体構造はまだ不明である。さらに，これら以外のファミリーにもキトサナーゼ活性をもつタンパク質が見つかる可能性がある。また，キトサナーゼ活性を有するタンパク質には，β-バレル構造や，α/β-オープン構造がまだ見出されていないので，図19にこれらは含まれていない。

1.11　おわりに

上記の例からも明らかなように，酵素に授けられた固有の特異性は構造基盤の上に構築された活性部位の構造であることがわかる。主鎖のフォールディングを比較しタイプ分けすることは，知識を整理し概念化するには必要であるが，フォールディングをいくら並べても，それだけでは酵素活性をもつ機能性のタンパク質を創製することはできない。機能の多様性が示すように，基盤構造の上に特異な活性を有する部位構造がどのように構築されているかを解析することが必要となる。タンパク質内部の側鎖との相互作用では，0.1Å以下のミクロな世界の精度が必要であるので，X線解析では超高分解能の実験が要求される。コンピュータによる予測でこのような確度を補償することはできない。それぞれの酵素にとって最も重要な活性部位の幾何学的構造と動的構造を追究して特異性を規定している立体的要因を見つける必要がある。すでに，いくつかのタンパク質で超高分解能の解析例が報告されている。水素原子の位置が特定でき，さらに電子密度分布から反応性を議論できるところまで来ている。近い将来には，HOMO/LUMOの軌道電子密度やさらに分子軌道までも実験的に解析できるようになると期待される。今回のキトサナーゼでは幸いにも$(\alpha/\alpha)_6$バレル型というしっかりとした構造基盤の上に活性部位が構築されている。より高い確度に基づいて応用するためには，同一ファミリーの他の酵素の立体構造も含めて，分解能の高い解析から特異性と活性部位構造を比較することにより，改変に効果的なアミノ酸残基を特定することが可能になると思われる。

最後に，本研究は東京工業大学大学院生命理工学研究科において行われた，清水真次，角南智子，鈴木麻美絵，深沢徹也，崎濱由梨，八波利恵との共同研究であり，ここに謝意を表する。

文　　献

1） B. Henrissat, *Biochem. J.*, **280**, 309-316（1991）
2） P.M.Coutinho, *et al.*, URL: http://afmb.cnrs-mrs.fr/~cazy/CAZY/index.html,（1999）
3） E. Webb, "Enzyme Nomenclature 1992: Recommendations of the nomenclature committee of the International Union of Biochemistry and Molecular Biology" Academic Press, San Diego, CA.（1992）
4） T. Fukamizo, *et al., Biochim. Biophys. Acta*, **1205**, 183-188（1994）
5） E. M. Marcotte, *et al., Nat, Struct, Biol.*, **3**, 155-162（1996）
6） J. Saito, *et al., J. Biol. Chem.*, **274**, 30818-30825（1999）
7） R. Yatsunami, *et al., Nucleic Acids Res.*, Suppl. **2**, 227-228.（2002）
8） Y. Sakihama, *et al.*, Mie-BioForum-2003（Nemunosato）Abstract 218（2003）
9） W. Adachi, *et al.*, International Crystallography Meeting AsCA'2003/Crystal-23（Broom）Abstract 172（2003）
10） 安達　渉ほか，CrSJ-2003 Meeting（熊本）要旨集 90（2003）
11） W. Adachi, *et al.*, 9th International Chitin-Chitosan Conference（Montreal）Abstract 35（2003）
12） 清水真次ほか，第17回キチン・キトサン・シンポジウム（秋田）要旨集 11（2003）

13) W. Adachi, *et al.*, Mie-BioForum-2003 (Nemunosato) Abstract 139 (2003)
14) P. M. Alzari, *et al., Structure*, **4**, 265-275 (1996)
15) D. M. A. Guerin, *et al., J. Mol. Biol.*, **316**, 1061-1069 (2002)
16) F. Van Petegem, *et al., J. Biol. Chem.*, **278**, 7531-7539 (2003)
17) A. F. Monzingo, *et al., Nat. Struct. Biol.*, **3**, 133-40 (1996)
18) A. G. Murzin, *et al., J. Mol. Biol.*, **247**, 536-540 (1995)

2　微生物のファミリー19キチナーゼ

渡邉剛志*

2.1　ファミリー18キチナーゼとファミリー19キチナーゼ

糖質加水分解酵素は，活性ドメインのアミノ酸配列の類似性に基づいて，2004年1月現在91のファミリーに分類されている（http://afmb.cnrs-mrs.fr/CAZY/）[1,2]。そして，これまでに見いだされているキチナーゼのすべてが，たった2つのファミリー，ファミリー18と19とに分類される。これら2つのファミリーに属するキチナーゼには，立体構造や酵素化学的な性質，さらに生物界における分布にいたるまで，様々なちがいがある。図1に，ファミリー18と19のキチナーゼの例として，ゴムの木由来のキチナーゼであるヘバミン（PDB ID: 1HVQ）[3]と，大麦のクラスⅡキチナーゼ（PDB ID: 1CNS, 2BAA）[4]を示した。この図からわかるように，ファミリー18に属するキチナーゼの活性ドメインの基本構造は $(\beta/\alpha)_8$-TIMバレルであり，一方，ファミリー19キチナーゼの活性ドメインはαヘリックスに富んだ構造である。ここで示した2つのキチナーゼはともに活性ドメインのみからなるキチナーゼであるが，ファミリー18，19ともに，活性ドメインにキチン吸着ドメイン等の他の機能ドメインが連結した複数のドメインからなるキチナーゼの方がむしろ一般的である。ファミリー18キチナーゼの活性ドメインとくらべて，ファミリー19キチナーゼの活性ドメインの方がかなり小さいという点も重要な特徴である。

2つのファミリーのキチナーゼは触媒反応機構も異なっており，ファミリー18キチナーゼはリテイニング酵素で，基質補助触媒（Substrate assisted catalysis）によって*N*-アセチルグルコサミン間のβ-1,4結合を切断すると考えられている。基質補助触媒は，切断部位の非還元末端側

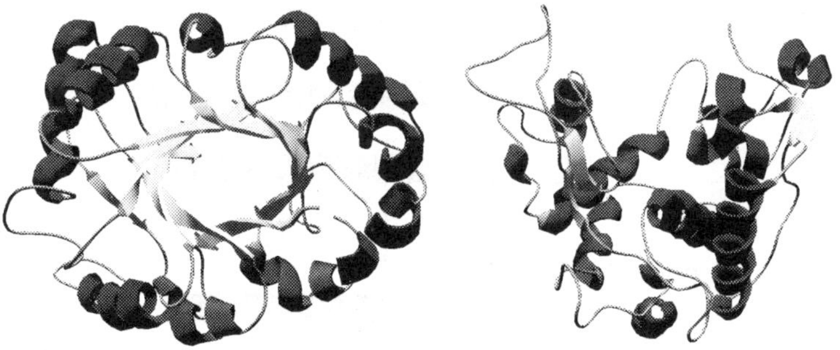

図1　ファミリー18キチナーゼ（左）とファミリー19キチナーゼ（右）の立体構造
左：ヘバミン（PDB ID: 1HVQ），右：大麦のクラスⅡキチナーゼ（PDB ID: 1CNS, 2BAA）。
板状の矢印がβ-ストランドを，らせん状の部分がα-ヘリックスをあらわしている。

* Takeshi Watanabe　新潟大学　農学部　応用生物化学科　教授

の*N*-アセチルグルコサミンのアセチル基が触媒反応を補助する反応機構で，オキサゾリニウムイオン中間体を経て反応が進行する[5]。一方ファミリー19キチナーゼはインバーティング酵素であり，一般酸塩基触媒によってβ-1,4結合を切断する[6]。このように触媒反応機構が異なるが故に2つのファミリーのキチナーゼは，阻害剤アロサミジン類に対する感受性にも明瞭な違いが見られる。アロサミジン類は基質補助触媒反応機構の遷移状態アナログであり，そのためファミリー18キチナーゼは阻害されるが，反応機構が異なるファミリー19キチナーゼは阻害されない。また，ファミリー18と19のキチナーゼは切断する結合の特異性も異なっている[7]。

2.2 微生物のファミリー19キチナーゼ

当初，ファミリー19キチナーゼは高等植物にのみ認められていたため，高等植物に特有のキチナーゼであると考えられていた。しかし，1996年に放線菌*Streptomyces griseus* HUT6037のキチナーゼCがファミリー19キチナーゼであることが報告され，高等植物以外にもファミリー19キチナーゼを持つものがあることがはじめて明らかとなった[8]。その後，次々に微生物由来のファミリー19キチナーゼが見いだされ，ファミリー18キチナーゼに比べるとずっとすくないが，予想以上に多くの微生物がファミリー19キチナーゼを持っていることがわかってきた[9~16]。

高等植物のキチナーゼはクラスⅠからクラスⅤに分類されているが，この中でクラスⅠ，Ⅱ，Ⅳがファミリー19に属するキチナーゼである。図2に示すように，クラスⅡキチナーゼは活性ドメインのみからなり，クラスⅠ，Ⅳのキチナーゼはクラス Ⅱキチナーゼに類似した活性ドメイ

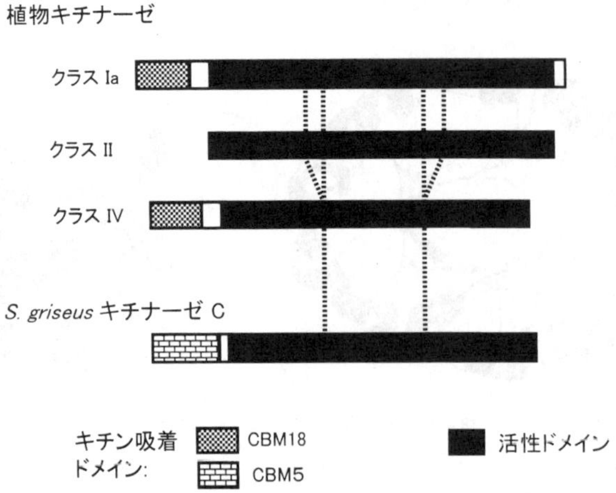

図2　植物ファミリー19キチナーゼと*Streptomyces griseus* HUT6037キチナーゼCのドメイン構造の比較
点線の部分が欠失部位をあらわす。

ンのN末端側に，システインに富むキチン吸着ドメインが連結している。一方，*Streptomyces griseus* HUT6037のキチナーゼCも，クラスⅠ，Ⅳのキチナーゼと同じように，活性ドメインのN末端側にキチン吸着ドメインが連結したドメイン構造である。しかし，活性ドメインが植物のクラスⅠ，Ⅳのキチナーゼのそれと類似しているのに対し，キチン吸着ドメインは植物キチナーゼのものとまったく異なっている。糖質への吸着（結合）ドメイン（糖質結合モジュールCBM）は2004年1月現在34のファミリーに分類されている(http://afmb.cnrs-mrs.fr/CAZY/)。植物のクラスⅠ，Ⅳのキチナーゼのキチン吸着ドメインは糖質結合モジュールのファミリーCBM18に属するが，キチナーゼCのそれはファミリーCBM5に属し，このファミリーには細菌のファミリー18キチナーゼのキチン吸着ドメインやセルラーゼのセルロース結合ドメインのいくつかが含まれている。すでに述べたように，キチナーゼCの活性ドメインは，同じファミリー19に属する植物のクラスⅠ，Ⅳのキチナーゼのそれとよく似ているが，特にクラスⅣキチナーゼとよく似ている。クラスⅣキチナーゼの活性ドメインのアミノ酸配列をクラスⅠキチナーゼの活性ドメインと比べた場合，クラスⅣキチナーゼにはいくつかの特徴的な欠失がある（逆に言うと，クラスⅠキチナーゼには，クラスⅣキチナーゼにないいくつかの挿入がある)。図3を見てわかるように，キチナーゼCにもクラスⅣキチナーゼとほぼ対応する位置に同様な欠失が見られ，この特徴的な欠失によってクラスⅣキチナーゼはクラスⅠキチナーゼと区別されることから，キチナーゼCはクラスⅣタイプの活性ドメインを持つと言うことが出来る。

最近，野中らによってキチナーゼCのX線結晶構造解析が行われ，活性ドメインとキチン吸着ドメインの両方の立体構造が解明された（未発表データ)。キチナーゼCの活性ドメインの立体

```
                              1         10        20        30        40        50        60
 1)  Rice      Class I        QTSHETTGGWPTAPDGPFSWGYCFKQEQNPPSD--YCQPS-PEWPCAPGRK-YYGRGPIQ
 2)  Potato          I        QTSHETTGGWASAPDGPYAWGYCFLRERGNPGD--YCPPS-SQWPCAPGRK-YFGRGPIQ
 3)  Tobbaco         I        QTSHETTGGWATAPDGPYAWGYCWLREQGSPGD--YCTPS-GQWPCAPGRK-YFGRGPIQ
 4)  Barley         II        QTSHETTGGWATAPDGAFAWGYCFKQERGASSD--YCTPS-AQWPCAPGKR-YYGRGPIQ
 5)  Beet           IV        HTSHETG-------------RFCYREEINGASR-DYCDENNRQYPCRPGQG-YFGRGPLQ
 6)  Rape           IV        HFTHETG-------------HFCYIEEINGASR-DYCDENNRQYPCAPGKG-YFGRGPIQ
 7)  Maize          IV        HVTHETG-------------HFCYISEIN-KSN-AYCDASNRQWPCAAGQK-YYGRGPLQ
 8)  S. griseus ChiC          NVSHETG-------------GLFYIKEVNEANYPHYCDTT-QSYGCPAGQAAYYGRGPIQ
 9)  S. coelicolor ChiF       NVSHETG-------------GLVYIVEQNTANYPHYCDWN-QPYGCPAGQAAYYGRGPIQ
10)  S. lividans 66 f2       NASHETG-------------GLVHIVEQNTANYPHYCDWN-QPYGCPAGQAAYYGRGPIQ

             70        80        90        100       110       120       130
 1)  LSFNFNYGPAGRAIGVDLLSNPDLVATDATVSFKTALWFWMTPQGNKP-SSHDVITGRWAPSPADAAAGRAPGYGVITNI
 2)  ISHNYNYGPCGRAIGVDLLNNPDLVATDPVISFKTALWFWMTPQSPKP-SCHDVIIGRWNPSSADRAANRLPGFGVITNI
 3)  ISHNYNYGPCGRAIGVDLLNNPDLVATDPVISFKSALWFWMTPQSPKP-SCHDVIIGRWQPSAGDRAANRLPGFGVITNI
 4)  LSHNYNYGPAGRAIGVDLLANPDLVATDATVGFKTAIWFWMTAQPPKP-SSHAVIAGQWSPSGADRAAGRVPGFGVITNI
 5)  LSWNYNYGPAGQSIGFDGLGDPGIVARDPVISFRASLWFWMNNC-------HSRIISGQ-------------GFGSTIRA
 6)  LSWNYNYGACGQSLNLNLLGQPELVSSNPTVAFRTGLWFWMN---------SVRPVLNQ-------------GFGATIRA
 7)  ISWNYNYGPAGRDIGFNGLADPNRVAQDAVIAFKTALWFWMN---------NVHGVMPQ-------------GFGATIRA
 8)  LSWNFNYKAAGDALGINLLANPYLVEQDPAVAWKTGLWYWNSQNGPGTMTPHNAIVNNA-------------GFGETIRS
 9)  LSWNFNYKAAGDALGIDLLGNPWLVQNDAAVAWKTGLWYWNTQSGPGTMTPHNAMVNGA-------------GFGQTIRS
10)  LSWNFNYKAAGDALGIDLLNNPDLVQNDSAVAWKAGLWYWNTQTGPGTMTPHDAMVNGA-------------GFGETIRS
```

図3　植物クラスⅠ，Ⅱ，Ⅳキチナーゼと放線菌ファミリー19キチナーゼのアミノ酸配列の比較
1～7が植物キチナーゼ，8～10が放線菌キチナーゼ。点線の部分が欠失部位。

構造は，活性ドメインだけからなる植物ファミリー19キチナーゼである大麦やタチナタ豆のクラスⅡキチナーゼと非常によく似ていた。

2.3 微生物ファミリー19キチナーゼの分布

Streptomyces griseus HUT6037のキチナーゼCが見いだされて以来，*Streptomyces coelicolar*[9,10]，*Streptomyces thermoviolaceus* OPC-520[11]，*Burkholderia gladioli* CHB101[12]，*Aeromo-nas* sp. No.10S-24[13]，などにファミリー19キチナーゼが見いだされた。また，多数の*Streptomyces*属の放線菌を用いて網羅的にファミリー19キチナーゼ遺伝子の分布を調べる実験が行われ，ファミリー19キチナーゼの遺伝子は*Streptomyces*属の放線菌に普遍的に存在することが明らかにされた[14]。キチナーゼ阻害剤であるアロサミジンの生産菌である*Streptomyces* sp. AJ9463の，アロサミジン非感受性のキチナーゼがファミリー19キチナーゼであることも最近報告された[15]。さらに，*Streptomyces*属が含まれるアクチノバクテリア綱におけるファミリー19キチナーゼ遺伝子の分布が調べられ，ファミリー19キチナーゼの遺伝子が，アクチノバクテリアに分散して広く分布していることが示された[16]。また，ゲノムプロジェクトの進展によって，*Haemophilus influenzae*や *Pseudomonas aeruginosa, Salmonella typhimurium* など，キチナーゼ遺伝子そのものの存在すら予想されていなかった細菌にも，ファミリー19キチナーゼ遺伝子あるいはファミリー19キチナーゼ遺伝子と考えられる遺伝子が見いだされており，ファミリー19キチナーゼ遺伝子はこれまで予想されていたよりもはるかに広く微生物に分布していることがわかってきた。しかし，それでもファミリー18キチナーゼに比べると少数派である（分布がより限られている）ことにはかわりはない。注目すべきことに，線虫*Caenorhabditis elegans*にもいくつものファミリー19キチナーゼ遺伝子があることがゲノムプロジェクトによってわかってきた。これは，高等植物と微生物以外にもファミリー19キチナーゼがあることを示す貴重な例として注目される。

図4は微生物のものを含むファミリー19キチナーゼのアミノ酸配列に基づく系統関係をあらわしている。この図を見てわかるように，主としてゲノムプロジェクトで見いだされたプロテオバクテリアや線虫のファミリー19キチナーゼは，植物やアクチノバクテリアのものとかなり離れた系統関係にあることがわかる。これに対し，アクチノバクテリアはプロテオバクテリアと同じ原核生物でありながら，そのファミリー19キチナーゼは植物のファミリー19キチナーゼに近く，特にクラスⅣのキチナーゼとは非常に近い関係にある。*Streptomyces griseus* HUT6037のキチナーゼCの活性ドメインが植物のクラスⅣキチナーゼと同様の欠失を有することはすでに述べた。この系統樹はギャップの影響を避けるため，ギャップを除去したアミノ酸配列のアラインメントに基づいている。従って，クラスⅣキチナーゼとアクチノバクテリアのファミリー19キチナーゼは，対応する欠失の有無だけでなくアミノ酸配列そのものがよく似ており，進化的に非常に近いとい

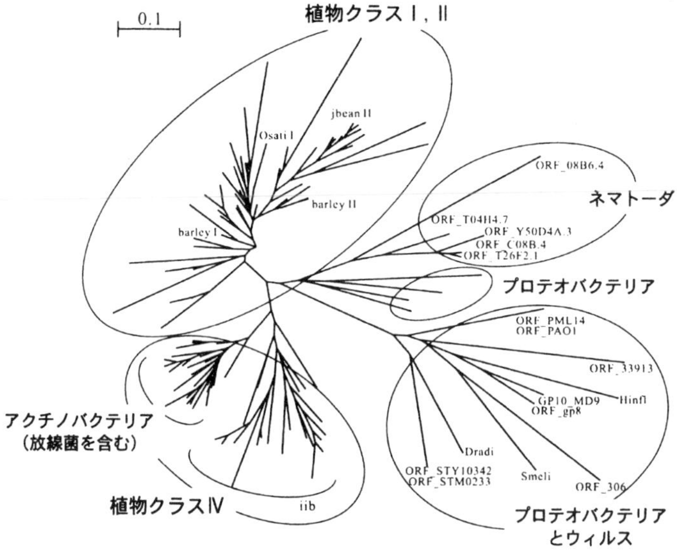

図4　ファミリー19キチナーゼの系統関係
Streptomyces griseus HUT6037のキチナーゼＣなどの放線由来のファミリー19キチナーゼはアクチノバクテリアに含まれる。

うことが出来る。このことから，アクチノバクテリアのファミリー19キチナーゼが高等植物から水平伝播によって獲得された可能性を考えることができるが，まだ決定的な議論ができる段階に達していない。

2.4　微生物ファミリー19キチナーゼの抗真菌活性とその利用

1988年，大麦やトウモロコシ由来のキチナーゼの抗真菌活性が W. A. Roberts らによって報告された[17]。同時に行われた実験で，細菌由来のキチナーゼがまったく抗真菌活性を示さなかったことから，細菌のキチナーゼは抗真菌活性を持たないものと一般的に考えられるようになった。しかし，この実験で用いられた細菌キチナーゼはすべてファミリー18に属するものか，あるいはファミリー18キチナーゼを主成分とするものであると考えられる。キチナーゼＣは細菌ではじめて見いだされたファミリー19キチナーゼであり，これまでの細菌キチナーゼとは性質が大きく異なることが予想される。そこで，その抗真菌活性をしらべたところ，キチナーゼＣは被検菌*Trichoderma reesei*の生育を明瞭に阻害し，顕著な抗真菌活性を有していることが明らかとなった[14]。その抗真菌活性は，対象として用いられたある種のイネクラスＩキチナーゼより明らかに高いものであった。もちろんこのことが，キチナーゼＣの抗真菌活性がすべての植物キチナーゼに勝ることを意味するものではないが，注目すべき結果である。

キチナーゼCの抗真菌活性発現には，キチン吸着ドメインが重要な役割を果たしており，キチン吸着ドメインを除いて活性ドメインだけにしてしまうとその抗真菌活性は10分の1程度，あるいはそれ以下にまで低下してしまう[18]。微生物ファミリー19キチナーゼの抗真菌活性はキチナーゼCの他に，最近*Nocardiopsis prasina* OPC-131のキチナーゼB[19]や*Streptomyces coelicolor* Chi19F（旧ChiF）でも報告された。図5は*Streptomyces coelicolor*が生産するファミリー18と19のキチナーゼの抗真菌活性を比較したものである。なお，*Streptomyces griseus*キチナーゼとの混乱をさけるために，ここではB. Henrissatによって提案されているキチナーゼの命名法[20]に準じた新たな*Streptomyces coelicolor*キチナーゼの名称を用いた。

高等植物のキチナーゼは病原性真菌類に対する防御に働いていると考えられており，これまでにも細菌や植物のキチナーゼ遺伝子を導入して，植物の耐病性を向上させることが多くの研究者によって試みられてきた[21~23]。しかし，これまで行われたほとんどの例では，導入するキチナーゼ遺伝子が抗真菌活性の強さを考慮して選択されていない。一方，キチナーゼCは顕著な抗真菌活性を示すだけでなく，アレルゲンとなる可能性が指摘されている植物キチナーゼのキチン吸着ドメインと異なるキチン吸着ドメインを有しているという利点がある。そこで，このキチナーゼCの遺伝子をプロモーター活性を増強したCaMV35Sプロモーターの下流に連結し，イネ（日本

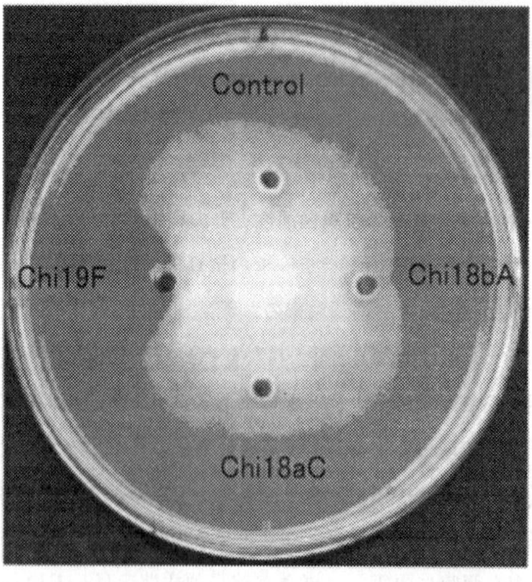

図5　放線菌ファミリー19キチナーゼの抗真菌活性
放線菌*Streptomyces coelicolar*のChi19F（ファミリー19），Chi18bA，Chi18aC（ファミリー18）それぞれ1 nmolを用いて，被検菌*Trichoderma reesei*に対する生育阻害活性を調べた。

晴れ）に導入する実験が行われた[24]。その結果，キチナーゼCを発現している形質転換イネは，いもち病に対する抵抗性が顕著に上昇し，キチナーゼC蛋白質の発現量と抵抗性がほぼ対応していた。このことから，微生物のファミリー19キチナーゼ，あるいはその遺伝子が耐病性向上の有効なツールとなり得ることが明らかとなった。

文　　献

1） Henrissat, B. : *Biochem J.*, **280**, 309 (1991)
2） Henrissat, B., A. Bairoch: *Biochem. J.*, **316**, 695 (1996)
3） Terwisscha van Scheltinga, A. C., M. Hennig, B. W. Dijkstra: *J. Mol. Biol.*, **262**, 243 (1996)
4） Hart, P.J., H. D. Pfluger, A. F. Monzingo, T. Hollis, J. D. Robertus: *J. Mol. Biol.*, **248**, 402 (1995)
5） Tews, I., A. C. Terwisscha van Scheltinga, A. Perrakis, K. S. Wilson, and B. W. Didijkstra: *J. Am. Chem. Soc.*, **119**, 7954 (1997)
6） Brameld, K. A , W. A. Goddard Ⅲ: *Proc. Natl. Acad. Sci. USA*, **95**, 4276 (1998)
7） Koga, D., M. Mitsutomi, M. Kono, M. Matsumiya: Chitin and chitinases: eds. P. Jolles, R. A. A. Muzzarelli, p.111, Birkhauser (1999)
8） Ohno, T., S. Armand, T. Hata, N. Nikaidou, B. Henrissat, M. Mitsutomi, T. Watanabe: *J. Bacteriol.*, **178**, 5065 (1996)
9） Saito, A., T. Fujii, T. Yoneyama, M. Redenbach, T. Ohno, T. Watanabe, K. Miyashita: *Biosci. Biotechnol. Biochem.*, **63**, 710 (1999)
10） Saito, A., T. Fujii, K. Miyashita : *Antonie Van Leeuwenhoek.*, **84**, 7 (2003)
11） Tsujibo, H., T. Okamoto, N. Hatano, K. Miyamoto, T. Watanabe, M. Mitsutomi, Y. Inamori : *Biosci. Biotechnol. Biochem.*, **64**, 2445 (2000)
12） Shimosaka, M., Y. Fukumori, T. Narita, X.-Y. Zhang, R. Kodaira, M. Nogawa, M. Okazaki: *J. Biosci. Bioeng.*, **91**, 103 (2001)
13） Ueda, M., M. Kojima, T. Yoshikawa, N. Mitsuda, K. Araki, T. Kawaguchi, K. Miyatake, M. Arai, T. Fukamizo : *Eur. J. Biochem.*, **270**, 2513 (2003)
14） Watanabe, T., R. Kanai, T. Kawase, T. Tanabe, M. Mitsutomi, S. Sakuda, K. Miyashita : *Microbiology*, **145**, 3353 (1999)
15） Matsuura, H., S. Okamoto, S. Anamnart, Q. Wang, Z. Y. Zhou, T. Nihira, Y. Yamada, T. Kuzuyama, H. Seto, J. Nakayama, A. Suzuki, H. Nagasawa, S. Sakuda: *Biosci. Biotechnol. Biochem.*, **67**, 2002 (2003)
16） Kawase, T., A. Saito, T. Sato, R. Kanai, T. Fujii, N. Nikaidou, K. Miyashita, T. Watanabe: *Appl. Environ. Microbiol.*, (2004) in press.

17) Roberts, W. K., C. P. Selitrennikoff: *J. Gen. Microbiol.*, **134**, 169 (1988)
18) Itoh, Y., T. Kawase, N. Nikaidou, H. Fukada, M. Mitsutomi, T. Watanabe, Y. Itoh: *Biosci. Biotechnol. Biochem.*, **66**, 1084 (2002)
19) Tsujibo, H., T. Kubota, M. Yamamoto, K. Miyamoto, Y. Inamori: *Appl. Environ. Microbiol.*, **69**, 894 (2003)
20) Henrissat, B. : Chitin and chitinases, eds P. Jolles, R. A. A. Muzzarelli, p.137, Birkhauser (1999)
21) Chet, I., J. Inbar : *Appl. Biochem. Biotechno.*, **48**, 37 (1994)
22) 西澤洋子，鈴木匡，日比忠明: 化学と生物, **37**, 295 (1999)
23) Herrera-Estrella, A., I. Chet: Chitin and chitinases, eds. P. Jolles, R. A. A. Muzzarelli, p.171, Birkhauser (1999)
24) Itoh, Y., K. Takahashi , H. Takizawa, N. Nikaidou, H. Tanaka, H. Nishihashi, T. Watanabe, Y. Nishizawa: *Biosci. Biotechnol. Biochem.*, **67**, 847 (2003)

3　N-アセチルグルコサミン 2-エピメラーゼ（レニン結合タンパク質）

高橋砂織*

3.1　はじめに

レニン結合タンパク質（Renin Binding Protein, RnBP）は，高分子型（High Molecular Weight, HMW）レニンと呼ばれていたレニンの一分子種を精製することにより，ブタ腎臓から新たに見出されたタンパク質である。RnBPは，レニンと結合してその活性を強く阻害すること，ダイマーで存在し，SH基の酸化還元状態の相違で，モノマーとダイマーとの相互変換をすることなどが明らかとなっている。また，ヒトレニンcDNAとヒトRnBP cDNAとを導入した形質転換細胞による解析から，RnBPが活性型レニンの分泌制御に関与することなども知られている。最近の研究により，RnBPが*N*-アセチルグルコサミン(GlcNAc)と*N*-アセチルマンノサミン(ManNAc)との相互変換を触媒するGlcNAc 2-エピメラーゼ（EP）であることが判明し，本タンパク質の研究は新たな段階を迎えている。

3.2　レニン・アンギオテンシン系による血圧調節機構

血圧は様々な機構により巧みに調節を受けている。その中で，最も研究の進んでいるのがレニン・アンギオテンシン系による血圧調節機構である（図1）。レニンはこの系で，律速酵素として重要な役割を担っている。レニンは，非常に特異性の高いアスパルティックプロテアーゼで，血中のレニン基質であるアンギオテンシノーゲン（Anog）に作用してN末端から10残基のアンギオテンシンⅠを遊離する。動物種によりAnogの切断部位アミノ酸配列に多少の相違はあるものの，現在まで知られる限りレニンの基質となり得るタンパク質はAnogだけである。レニンにより遊離されたAIは，不活性ペプチドで，アンギオテンシン変換酵素（ACE，ジペプチジルカルボキシペプチダーゼ）によりC末端2残基が切除され，アンギオテンシンⅡ(AⅡ)となり生理機能を発揮する。AⅡは直接血管内皮細胞に作用してカルシウムの細胞内流入を介して血管壁を収縮させ血圧を上昇させる。また，AⅡは，副腎に作用して，アルドステロンの分泌を促進し，結果として腎臓でのナトリウムの再吸収が促進され，体液量の増加を伴い血圧が上昇する。これらAIIの作用は複数の受容体を介していることが詳しく解析されている。

一方，腎臓にはレニンの内在性阻害タンパク質であるRnBPの存在することが知られており，その諸性質が明らかとなっている[1~4]。ブタ腎臓RnBPはダイマーで存在し，SH基の酸化試薬やアルキル化試薬処理でモノマーに解離すること，レニンと結合してその活性を強く阻害すること（*Ki* 約0.2nM）などが示されている。また，ヒト腎臓由来RnBPの精製[5]，発現解析[6]や各種動物

＊　Saori Takahashi　秋田県総合食品研究所　主席研究員　生物機能部門（部門長）

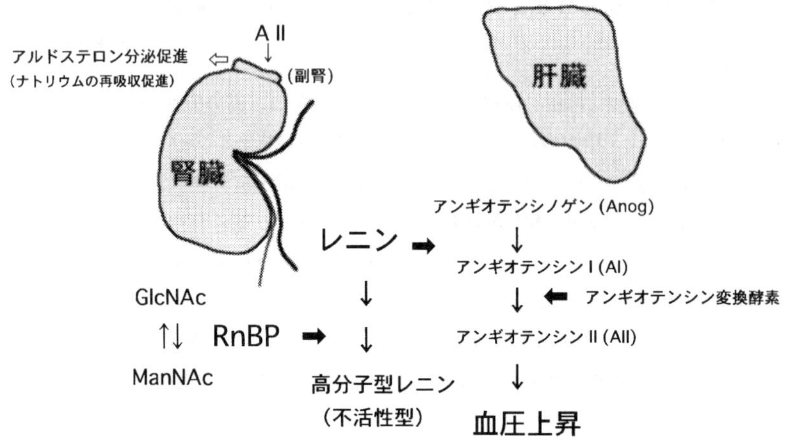

図1　レニン・アンギオテンシン系による血圧調節機構

由来RnBPのcDNAクローニング[7,8]，ゲノム遺伝子構造解析やマウス脳下垂体由来AtT-20細胞を用いた解析などが精力的に進められた[9~14]。最近になり，RnBPがGlcNAc 2-EP活性を持つことが判明し，本タンパク質は多機能性を示すことが明らかとなった[15~17]。

3.3 RnBPのクローニングと構造特性

最初にブタ腎臓RnBPのcDNAクローニングが行われた[7]。ブタ腎臓RnBPは，402残基のアミノ酸で構成されており，①N末端に分泌シグナルとなる疎水領域を持たないこと，②分子の中央部分に比較的疎水性の高い領域が存在すること，③その疎水領域のC末端側下流域にロイシンジッパー構造が存在することなどの特徴が示されている。また，アフリカツメガエルの卵母細胞で発現したRnBPはレニンと複合体を形成し，その活性を阻害することが示されている[7]。その後，ヒトやラットのRnBP cDNAも取得され，上記の特徴ある構造が種を超えて保存されていることが明らかとなっている。3種類のRnBPの一次構造比較を図2に示した。ブタRnBPとヒトRnBP間では87%，ブタRnBPとラットRnBP間では83%またヒトRnBPとラットRnBP間では86%の相同性が認められた。また，前述の構造特性以外に，10個の保存システイン残基の存在が示されている。RnBPのシステイン残基に関しては，その酸化還元状態がモノマーとダイマーの相互変換に重要であることは前述の通りであるが，後にRnBPがGlcNAc 2-EPあることが明らかとなり，これら保存10残基のシステインのうちの1つが活性発現に必須であることが明らかとなっている。

```
                   ######### ## ####### # ### ##### #######@### # ### ##############@####  ###    #
Human:      1      MEKERETLQAWKERVGQELDRVVAFWMEHSHDQEHGGFFTCLGREGRVYDDLKYVWLQGRQVWMYCRLYRTFERFRHAQL
Rat:        1      MEKERETLQVWKQRVGQELDSVIAFWMEHSHDQEHGGFFTCLGRDGQVYDHLKYVWLQGRQVWMYCRLYRTFERFRRVEL
Porcine:    1      MEKERETLQAWKERVGQELDRVMAFWLEHSHDREHGGFFTCLGRDGRVYDDLKYVWLQGRQVWMYCRLYRKLERFHRPEL

                   ############  ###### ##@##### ######### ####@##########  # #  ## ######### ### #
Human:     81      LDAAKAGGEFLLRYARVAPPGKKCAFVLTRDGRPVKVQRTIFSECFYTMAMNELWRATGEVRYQTEAVEMMDQIVHWVQE
Rat:       81      LDAAKAGGEFLLSYARVAPPGKKCAFVLTQDGRPVKVQRTIFSECFYTMAMNELWKVTGEMHYQREAVEMMDQIIHWVRE
Porcine:   81      LDAAKAGGEFLLRHARVAPPEKKCAFVLTRDGRPVKVQRSIFSECFYTMAMNELWRVTAEARYQSEAVEMMDQIVHWVRE

                   #  ####### #  # ########## ####### ###    ## ## #@# ########### ####### # ## #@#
Human:    161      DASGLGRPQLQGAPAAEPMAVPMMLLNLVEQLGEADEELAGKYAELGDWCARRILQHVQRDGQAVLENVSEGGKELPGCL
Rat:      161      DPAGLGRPQLSGTLATEPMAVPMMLLNLVEQLGEEDEEMTDKYAELGDWCAHRILQHVQRDGQVVLENVSEDGKELPGCL
Porcine:  161      DPSGLGRPQLPGAVASESMAVPMMLLCLVEQLGEEDEELAGRYAQLGHWCARRILQHVQRDGQAVLENVSEDGEELSGCL

                   ## ##### ########    # ## #  # ## ###### ####   ##########  @###### #######  ##
Human:    241      GRQQNPGHTLEAGWFLLRHCIRKGDPELRAHVIDKFLLLPFHSGWDPDHGGLFYFQDADNFCPTQLEWAMKLWWPHSEAM
Rat:      241      GRHQNPGHTLEAGWFLLQYALRKGDPKLQRHIIDKFLLLPFHSGWDPEHGGLFYFQDADDLCPTQLEWNMKLWWPHTEAM
Porcine:  241      GRHQNPGHALEAGWFLLRHSSRSGDAKLRAHVIDTFLLLPFRSGWDADYGGLFYFQDADGLCPTQLEWAMKLWWPHRQAM

                   #######  #### ## ########## ##############  ###### ########@#####@###@#  # ### #
Human:    321      IAFLMGYSDSGDPVLLRLFYQVAEYTFRQFRDPEYGEWFGYLSREGKVALSIKGGPFKGCFHVPRCLAMCEEMLGALLSR
Rat:      321      IAFLMGYRDSGDPALLNLFYQVAEYTFHQFRDPEYGEWFGYLNQEGKVALTIKGGPFKGCFHVPRCLAMCEQILGALLQR
Porcine:  321      IAFLMGYSESGDPALLRLFYQVAEYTFRQFRDPEYGEWFGYLNREGKVALTIKGGPFKGCFHVPRCLAMCEEMLSALLSR

Human:    401      PAPAPSPAPTPACRGAE      417
Rat:      401      LGPAPLGSLPAVPTREGSK    419
Porcine:  401      LA                     402
```

図2　ヒト(Human)型，ラット(Rat)型及びブタ(Porcine)型酵素の構造比較
#は，3者間で相同性を持つアミノ酸残基を示した。また，@は，保存されている10個のシステイン残基を示した。

RnBPのcDNAクローニングに引き続き，ヒトやラットRnBPのゲノム遺伝子構造も明らかとなっている[12,13]。ヒトRnBPゲノム遺伝子の全長は約10kbで11個のエクソンで構成されていた。本遺伝子の特徴として，①エクソン1が5´側の非翻訳領域をコードしていること，②翻訳領域はエクソン2から11で，エクソン11は3´非翻訳領域を含むこと，③疎水領域とロイシンジッパー構造ドメインが最長のエクソンであるエクソン6に含まれていること，④TATAやCCAATボックスは存在せず，ハウスキーピング様遺伝子であることなどが明らかとなっている。マウスL929細胞とヒトウィルムス腫瘍細胞を用いたプロモーターの解析も行われており，RnBP遺伝子が細胞特異的に発現していることや，−35塩基から＋225塩基の領域にプロモーター活性のあることなどが示されている[12]。一方，ラットRnBPゲノム遺伝子構造も解析されている[13]。ラットの遺伝子も，ヒトのRnBP遺伝子と同様に11個のエクソンで構成されておりその翻訳領域エクソンであるエクソン2からエクソン10はそれぞれの塩基数がヒトのそれと全く同一であった。その他，遺伝子の全長，TATAやCCAATの有無などもヒト遺伝子とほぼ同様であり，RnBP遺伝子は種を超えてその構造が保存されているものと考えられた。

3.4　RnBPはGlcNAc 2-EP活性を持つ

最近，MaruらによりブタGlcNAc 2-EPのcDNAクローニングが行われた[15]。デー

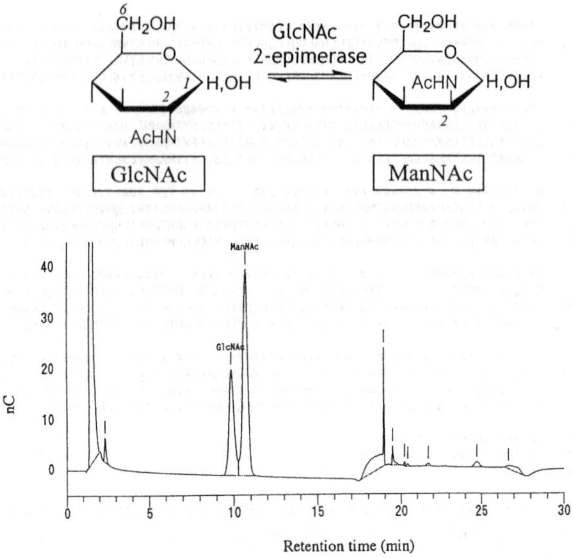

図3　GlcNAc 2-EPの反応機構(上段)とDIONEX HPLCシステムによる*N*-アセチルグルコサミン(GlcNAc)と*N*-アセチルマンノサミン(ManNAc)の分離(下段)
GlcNAc 2-EPは，*N*-アセチルグルコサミン(GlcNAc)と*N*-アセチルマンノサミン(ManNAc)との相互変換を触媒する酵素である。

タベース検索の結果，既に我々が登録していたブタRnBPとアミノ酸レベルで99.0%また塩基レベルで99.6%の相同性が認められた[7,15]。大腸菌で発現した組換え型ヒトRnBPも同様にGlcNAc 2-EP活性を持つことが明らかにされ，これまでレニン活性阻害と活性型レニンの分泌制御に関与すると考えられていたRnBPに新たな機能のあることが見い出された[16,17]。ところでGlcNAc 2-EPは，GlcNAcとManNAcの相互変換を触媒する酵素であるが，本酵素は1970年代以降殆ど研究が行われておらず[18,19]，その活性測定には困難をきたした。様々な模索を経て，Dionex社製の糖分析装置を用いることにより，GlcNAcとManNAcが容易に分離出来ることを見い出した(図3)。その結果，飛躍的に研究が進み，GlcNAc 2-EPの特性が明らかとなった[16,17]。組換え型ヒトGlcNAc 2-EP(RnBP)は，ブタレニンを濃度依存的に阻害した。また，組換え型ヒトGlcNAc 2-EP (RnBP) は，腎臓から精製したRnBPと同様にダイマーで存在しており，レニンとの反応でヘテロダイマー，いわゆる高分子型レニンを形成した。ManNAcを基質とした場合の比活性は約36Units/mgタンパク質であった。本酵素は，GlcNAcやManNAcに特異的に作用してその相互変換を触媒したが，GalNAc，マンノサミン，グルコサミン，マンノースやグルコースなどには作用しなかった。興味あることに，ヒト組換え型GlcNAc 2-EP活性の発現にはATPやADP

などのヌクレオチドの添加が必須であった。ヌクレオチドがGlcNAc 2-EP活性に及ぼす影響については後述する。

3.5　GlcNAc 2-エピメラーゼ活性発現に重要な領域

RnBPのモノマーとダイマーとの相互変換には，分子内SH基の酸化還元状態が重要である。DTNBとDTTとを用いた酸化還元試験によると，RnBP分子中のSH基が酸化状態だとRnBPはモノマーに解離し，再還元でダイマーに会合することが示されている[4)]。それでは，GlcNAc 2-EPの場合の活性部位はどこであろうか。まず，各種酵素阻害剤による活性阻害パターンを検討した[20,21)]。その結果，ヒト型GlcNAc 2-EP活性はDTNBやNEMで強く阻害され，また，比較的高濃度のモノヨード酢酸でも阻害が認められた。一方，エステラーゼ阻害剤であるDFPやATPase阻害剤であるNaFなどの影響は認められなかった。これらの結果から，疎水環境下にあるシステイン残基が活性発現に重要であると考えられた。そこで各種動物酵素間で保存されている10個のシステイン残基に注目し，ヒト型酵素についてシステインをセリンに変換した10種類の部位特異的変異体を作成し，大腸菌での発現系を用いて解析した[21)]。抗ヒトRnBP抗体を用いたウェスターンブロッティングにより，全ての変異体は大腸菌菌体内にその発現が確認された。ELISAによる発現タンパク質の定量を行うとともに，ManNAcを基質としてDionex HPLC法でGlcNAc 2-エピメラーゼ活性を測定し，各変異体の相対比活性を求めた(図4)。その結果，C41S，C66S，C125S，C210S，C239S，C302S，C386S及びC390S変異体は野性型酵素とほぼ同一の比活性を示したが，C104変異体では野性型酵素の約25%の活性しか持たなかった。また，C380S変異体はウェスターンブロッティングでその発現が確認されたものの，全く活性を示さなかった。したがって，ヒト由来GlcNAc 2-EPにおいては，380番目のシステイン残基が活性発現に必須であることが判明した。また，104番目のシステイン残基は酵素の安定化や基質結合に関与することが考えられたが，詳細は不明である。後のX線結晶構造解析から，ブタのGlcNAc 2-EPの場合，380番目のシステイン残基近傍のヒスチジン残基の重要性が議論されている[22)]。GlcNAc 2-EPの反応機構が現在までのところ明らかになっておらず，それを含めて今後の研究が望まれる。一方，フリーのシステイン残基が酵素の不安定化の要因である可能性が否定できないことから，安定化酵素の作出を目指して，複数のシステイン残基をセリン残基に変換した各種変異体の解析が行われている[23, 24)]。前述のシステイン残基変異体をもとに，104番目と380番目を除く他のシステイン残基の2残基から6残基置換体を作成し，同様に大腸菌での発現系を用いて解析した。その結果，GlcNAc 2-EPの分子中央部分に存在する125，210，239及び302残基のシステインを全てセリンに置換した変異体においても活性が認められたものの，N末端やC末端側に存在する41残基目や390残基目のシステイン残基を含む複数残基のシステイン変異体は殆ど活性を持たないことが示された。

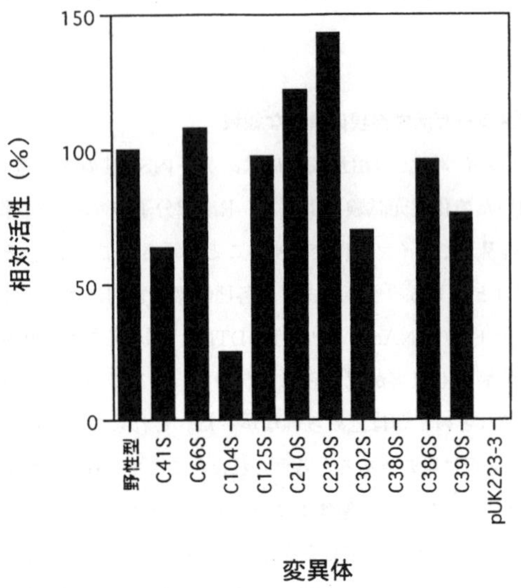

図4　10種類のシステイン残基変異体の相対活性

野性型酵素の発現ベクターを用いた場合の活性を100%として各種変異体の相対活性を示した。pUK223-3は，挿入遺伝子を持たない基本ベクターを用いた場合であり，全く活性を示さなかった。変異体の表示例：C41Sは，41番目のシステインをセリンに変換した変異体を示す。

したがって，分子の中央部分に位置するシステイン残基は活性発現に大きな影響を与えていないこと，また，末端に存在するシステイン残基が酵素の安定化や活性保持に重要であることなどが明らかとなった。

3.6　レニンはGlcNAc 2-EP活性を阻害する

RnBPは当初，内在性のレニン阻害タンパク質として精製されている。また，前述のように，組換え型の各種GlcNAc 2-EPが，レニン活性を阻害することが示されている。では逆に，レニンはGlcNAc 2-EP活性にどのような影響を与えているのであろうか。それらの問題を解決するために，ブタ腎臓からレニンを精製し，それを用いて検討した。その結果，精製レニンが濃度依存的に各種動物由来のGlcNAc 2-EPと複合体（いわゆるHMWレニン）を形成し，その活性を強く阻害することが示された。すなわち，HMWレニンは，レニン活性及びGlcNA 2-EP活性の両活性を持たない不活性ヘテロダイマーであることが証明された[25,26]。また，研究の過程で，Nアシル酸化酵素とペルオキシダーゼとの共役反応系を用いた新規GlcNAc 2-EP活性測定法が開発され，研究の迅速化が計られている。

3.7　GlcNAc 2-EP活性に及ぼすヌクレオチドの影響

組換え型ラットやブタGlcNAc 2-EPも精製され，それらの比較生化学的研究も行われている[27, 28]。諸性質を表1にまとめた。3種類のGlcNAc 2-EPはそれぞれダイマーで存在しており，レニン活性を阻害した。また，ManNAcを基質とした場合には，ラット型酵素が最もK_m値が小さく，ヒト型とブタ型酵素とはほぼ同じ値を示した。しかしながら，k_{cat}/K_m値は3者ともに

表1　ヒト，ブタ及びラットGlcNAc 2-EPの性質[9, 27]

	ヒト型	ブタ型	ラット型
アミノ酸残基	417	402	419
分子量			
アミノ酸配列	47,746	46,510	48,939
SDS-PAGE	45,000	42,000	45,000
未変性ゲルろ過	90,000	80,000	95,000
反応速度定数（基質：ManNAc）			
K_m(M)	1.32×10^{-2}	1.37×10^{-2}	7.6×10^{-3}
k_{cat} (s^{-1})	19.7	19.5	10.6
k_{cat}/K_m ($s^{-1}\cdot M^{-1}$)	1.49×10^3	1.42×10^3	1.39×10^3
ヌクレオチドに対する親和性（App.K_m values）			
ATP（μM）	68.0	40.0	5.0
dATP(μM)	220	80.0	14.0
ddATP(μM)	198	98.0	16.0

表2　GlcNAc 2-EP活性に及ぼすヌクレオチドの影響[27]

ヌクレオチド*1	ヒト型	ラット型	ブタ型
ATP	100	100	100
dATP	115	146	120
ddATP	118	183	135
ADP	20.7	122	58.2
AMP	n.d.	31.2	12.5
GTP	11.0	60.5	16.4
CTP	n.d.	18.3	5.8
TTP	n.d.	38.9	13.4
UTP	n.d.	41.9	10.5
dGTP	n.d.	23.3	8.3
dCTP	n.d.	17.3	n.d.
dTTP	n.d.	39.2	13.0
none	n.d.	n.d.	n.d.

*1，ヌクレオチドの最終濃度は2 mMとした。また，ATP存在下での活性を100%として相対活性を示した。n.d.，活性を検出せず。

違いは認められなかった。一方，表2にGlcNAc 2-EP活性に及ぼす各種ヌクレオチドの影響を示した。ヒト型酵素は，ヌクレオチド非存在下では全く活性を示さず，ATP，dATP，ddATP，ADPやGTPが存在すると活性を発現した。一方，ラット型やブタ型酵素では，用いた殆ど全てのヌクレオチド添加でGlcNAc 2-EP活性を示した。濃度依存性を調べた結果，ATP，dATPやddATPなどを持いた場合，ラット型酵素が最も親和性が高く，次がブタ型酵素，最後がヒト型酵素の順番であった(表1)。それでは，これら活性発現に関与するヌクレオチドはGlcNAc 2-EPにどのように作用しているのであろうか。ATP以外にdATP，ddATPやADPなどの添加効果が認められることから，これらヌクレオチドが直接酵素反応に関与している可能性は考えられない。そこで，酵素の安定化などに関与するものと考え，サーモリシンをモデル酵素としてヌクレオチド存在下及び非存在下でのGlcNAc 2-EPの分解パターンを比較した(図5)。その結果，活性発現が認められるヌクレオチド存在下では，GlcNAc 2-EPは非常に安定で，サーモリシンによる分解が全く認められなかった。これに対して，ヌクレオチド非存在下ではサーモリシンにより速やかな限定分解が認められた。一方，この分解に関しては，基質であるGlcNAcやManNAcの添加効果は認められなかった。以上の結果は，ヌクレオチドが各種動物由来GlcNAc 2-EPの安定化や活性ドメイン形成に重要な役割を持つことを示している。

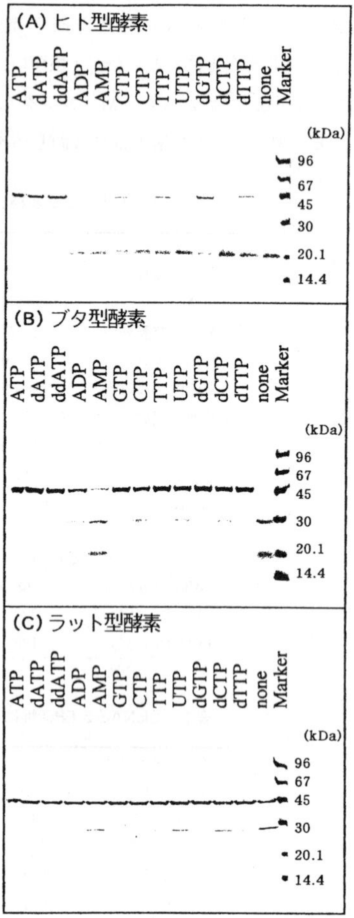

図5　各種酵素類のヌクレオチドによる安定化
ヌクレオチド存在下もしくは非存在下で，各種動物由来酵素とサーモリシンとを反応後，ＳＤＳ電気泳動にて解析した。それぞれの酵素は，ヌクレオチドが存在するとサーモリシンによる加水分解が抑制された。

3.8 おわりに

1980年代の始めにレニンとの複合体として精製され，レニンの内在性阻害タンパク質として研究が進められてきたRnBPが，最近，GlcNAc 2-EPであることが判明し，新たな研究が進展しつつある。RnBP遺伝子のノックアウトマウスの解析では，本酵素が糖代謝系に関与することが示唆されている[29]。また，培養細胞系や心疾患におけるRnBP/GlcNAc 2-EPの解析も行われつつある[30,31]。本来の生理機能がレニン阻害タンパクなのかそれともGlcNAc 2-EPなのかに関してはまだ議論が続くことと思われるが，本タンパク質が多機能性を示すことに異論はなく，今後，多方面からの研究が望まれる。

文　　献

1) K. Murakami *et al. Biomed. Res.* **1**, 329 (1980)
2) S. Takahashi *et al. J. Biochem.* **93**, 265 (1983)
3) S. Takahashi *et al. J. Biochem.* **93**, 1583 (1983)
4) S. Takahashi *et al. Biochem. Int.* **16**, 1053 (1988)
5) S. Takahashi *et al. J. Biochem.* **97**, 671 (1985)
6) K. Fukui *et al. Biochem. Biophys. Res. Commun.* **164**, 265 (1989)
7) H. Inoue *et al. J. Biol. Chem.* **265**, 6559 (1990)
8) H. Inoue *et al. J. Biochem.* **110**, 493 (1991)
9) H. Inoue *et al. J. Biol. Chem.* **266**, 11896 (1991)
10) S. Takahashi *et al. Kidney Int.* **46**, 1525 (1994)
11) M. Tada *et al J. Biochem.* **112**, 175 (1992)
12) S. Takahashi *et al. J. Biol. Chem.* **267**, 13007 (1992)
13) S. Takahashi *Biosci. Biotechnol. Biochem.* **61**, 1323 (1997)
14) H. Inoue *et al. J. Biochem.* **111**, 407 (1992)
15) I. Maru *et al. J. Biol. Chem.* **271**, 16294 (1996)
16) S. Takahashi *et al.* "Advances in Chitin Science Vol. 3" p178, RITA Advertising, Taipei (1998)
17) S. Takahashi *et al. J. Biochem.* **125**, 348 (1999)
18) A. Datta *Biochemistry* **9**, 3363 (1970)
19) A. Datta *Methods. Enzymol.* **41**, 407 (1975)
20) S. Takahashi *et al.* "Advances in Chitin Vol. 4" p631 University of Potsdam, Potsdam, Germany(2000)
21) S. Takahashi *et al. J. Biochem.* **126**, 639 (1999)
22) M. Ito *et al. J. Mol. Biol.* **303**, 733 (2000)

23) S. Takahashi *et al. J. Biochem.* **129**, 529 (2001)
24) S. Takahashi *et al.* "Chitin Enzymology 2001" p565, Atec Edizioni, Italy (2001)
25) S. Takahashi *et al.* "Chitin And Chitosan, Chitin and Chitosan in Life Science" p194, Kodansha Scientific Ltd. Tokyo (2001)
26) S. Takahashi *et al J. Biochem.* **128**, 951 (2000)
27) S. Takahashi *et al. J. Biochem.* **130**, 815 (2001)
28) S. Takahashi *et al.* "Advances in Chitin Science Vol. 5" p129, NTUT Trondheim, Norway (2002)
29) C. Schmitz *et al. J. Biol. Chem.* **275**, 15357 (2000)
30) T. Bohlmeyer *et al J. Cardiac Failure* **9**, 59 (2003)
31) S. J. Luchansky *et al. J. Biol. Chem.* **278**, 8035 (2003)

4　アロサミジンとキチナーゼ

作田庄平*

キチンは昆虫の皮膚，真菌の細胞壁，エビの殻などに存在し，それら生物の成育にとって不可欠な生体成分として機能している。キチンを分解する酵素であるキチナーゼは，昆虫等のキチンを有する生物だけでなく，キチンを生体成分として持たない植物，哺乳類，細菌等によっても生産される。従って，キチナーゼは個々の生物において異なった生理的役割を担っている。例えば，昆虫では脱皮時の皮膚の分解に，真菌では菌糸の成長に，植物，哺乳類では病原菌に対する生体防御として，また土壌細菌では昆虫や真菌由来のキチンを炭素源として利用するためにといった役割が考えられる。キチンは哺乳類には存在しないことより選択的な昆虫成育制御物質や抗真菌剤を考える上で理想的なターゲットの一つである。従って，キチナーゼ分子の各種生物間での相違点や個々の生物での機能に関する基礎研究は大変重要である。酵素の基礎研究において阻害物質の果たす役割は大きく，キチナーゼの場合はアロサミジンがそれを担ってきた。ここではキチナーゼ阻害物質アロサミジンとアロサミジンに関連したキチナーゼ研究のこれまでの展開を概説する。

4.1　アロサミジンの単離と化学

キチンの代謝は主に2つの鍵酵素によって行われる。即ち，合成酵素であるキチンシンターゼにより生合成され，分解酵素であるキチナーゼによって分解される。筆者がキチナーゼ阻害物質の研究を開始した1980年代はじめ，キチンシンターゼに関しては，ポリオキシン，ニッコウマイシンが阻害物質として知られていた。それらは，抗真菌剤，殺虫剤として有用であり，キチンシンターゼの真菌や昆虫の成育における重要性は示されていた。しかし，一方のキチナーゼに関してはそれら生物における役割は明白でなく，またキチナーゼの一次構造，酵素学的性質等に関する知見も解析初期の段階にあり，阻害物質も全く知られていなかった。そこでまず，昆虫の脱皮過程でのキチナーゼの役割を知り，キチナーゼ阻害物質が昆虫特有の脱皮現象を特異的に攪乱する昆虫成育制御物質となり得るかどうかを探る目的で，昆虫のキチナーゼの阻害物質の探索が行われた。

カイコより調製した粗キチナーゼを用いた酵素反応系により放線菌の二次代謝産物を対象に阻害物質が検索された。その結果，一放線菌の菌体含水メタノール抽出液中に阻害活性が見出され，活性炭，陽イオン交換樹脂を用いて活性物質が単離された[1]。得られた活性物質はユニークな擬

*　Shohei Sakuda　東京大学　大学院農学生命科学研究科　助教授

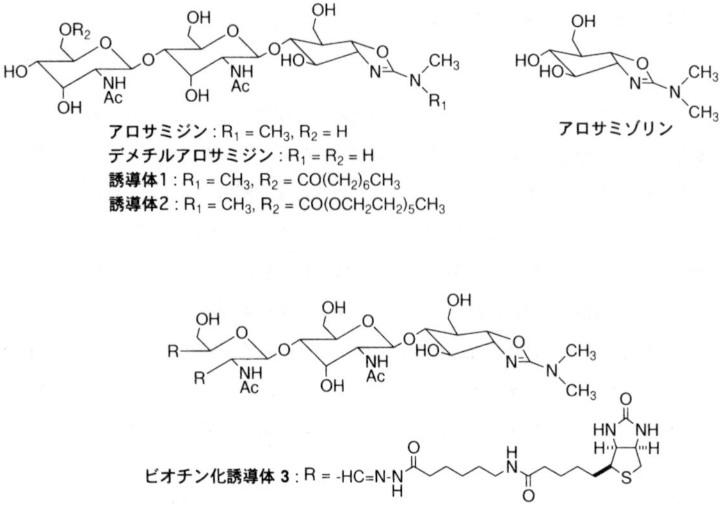

図1　アロサミジン，デメチルアロサミジン，アロサミゾリン，誘導体1，2および3の構造

似三糖構造（図1）を有していることが明らかになりアロサミジンと命名された[2~4]。アロサミジンはキチンのミミック構造を有していたがキチンの*N*-アセチルグルコサミンに代わり天然で初めて見出された*N*-アセチルアロサミンが2分子存在した。また，アグリコン部分はアロサミゾリン（図1）と命名されたアミノオキサゾリン環とシクロペンタン環が融合した新規アミノサイクリトール誘導体であった。アロサミゾリンの骨格は糖質加水分解酵素の阻害剤として初めて5員環構造を有する特異なものであった。アロサミジンと類似の5員環ならびにアミノオキサゾリン構造はその後，トレハラーゼ阻害物質であるトレハゾリンにおいて見出されている[5]。このアロサミジンの持つ特異な構造は有機合成化学者の格好の合成ターゲットとなり，Trostのアロサミゾリンの合成に始まり[6]，Maloisel[7]，Danishefsky[8]，高橋[9]など，アロサミジンやその誘導体の全合成が数多く報告されている。

アロサミジンの生合成にも多くの新規反応が含まれることが予想され，各種ラベル化合物の取り込み実験によりアロサミジン骨格の生成機構が調べられた。その結果，アロサミジンを構成するアロサミン，アロサミゾリン骨格ともに2位の窒素原子を含めてグルコサミンより生合成され，またアミノオキサゾリン部分はアルギニンのグアニジノ基由来であることが示された[10]。

また，アロサミゾリンのシクロペンタン環の生成機構の解析を行ったところ，図2に示したようにグルコサミン骨格の1位と5位の間のアルドール縮合で環化が起こった後5位の水酸基が除かれアロサミゾリン骨格が生成することが示された[11]。その過程で6位では立体特異的な酸化，

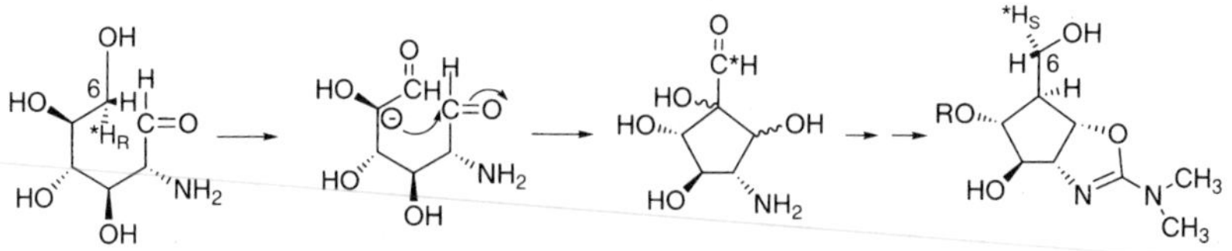

図2　シクロペンタン環の生成機構

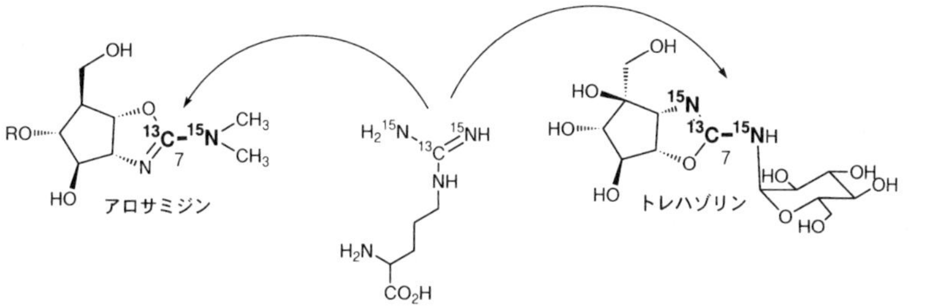

図3　アミノオキサゾリン骨格の生合成

還元が起こり，グルコサミン骨格では*proR*に位置する水素がアロサミゾリンの6位では*proS*に移動する立体の反転が起こることが明らかとなった[12]。また，変換実験によりデメチルアロサミジン（図1）がアロサミジンの前駆体であることが示された[13]。なお，アロサミジンと類似の骨格を持つトレハゾリンの生合成ではアミノオキサゾリン骨格の形成機構が大きく異なり，アロサミジンの場合グアニジノ基の1個の窒素がアミノオキサゾリン骨格に取り込まれるの対し，トレハゾリンでは2個の窒素がともに骨格に取り込まれることが，図3に示したラベル化合物を用いた実験から明らかになっている[14]。

アロサミジン生合成研究の副産物として，新規ジスルフィド化合物が発見された[15]。発見当時ジスルフィド化合物の生物活性等は不明であったが，その後そのモノマー（マイコチオール，図4）がグラム陽性菌のホルムアルデヒドデヒドロゲナーゼの補酵素として機能しさらにグルタチオンを持たないグラム陽性菌に広く分布するグルタチオン様化合物として働くことが明らかとなった[16]。

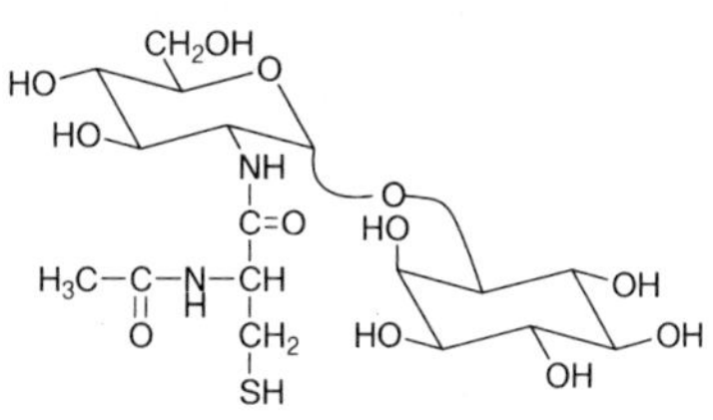

マイコチオール

図4　マイコチオールの構造

4.2 アロサミジンおよびアロサミジン誘導体の生物活性

昆虫は脱皮時に新しい皮膚を合成するとともに，古い皮膚の分解を行う。アロサミジンはカイコ，アワヨトウ由来のキチナーゼを強力に阻害し[17]，*in vivo*でのそれら昆虫の幼虫への投与において，摂食時の成育は抑制せずに，脱皮時の幼虫脱皮ならびに蛹脱皮を阻止することにより殺虫活性を示した[1]。このことより，昆虫の脱皮においてキチナーゼの働きが重要であることが示され，キチナーゼ阻害物質が昆虫成育制御物質として利用できることが証明された。しかし，アロサミジンは鱗翅目昆虫に対しては注射でしか活性を示さず現在のところ殺虫剤として実用には至っていない。おそらくは，アロサミジンは分子全体に渡り極性が高く，昆虫表皮のワックス層への透過性が不十分であることが，塗布により効果を示さない原因であると考えられる。鱗翅目昆虫以外では，ハエやダニに対しては経口あるいは塗布による投与で，アロサミジンが殺虫活性を示すことが報告されている[18]。

真菌類の細胞壁にはキチンが含まれており，菌糸の先端成長にはキチンの合成と分解が必要であるとされる。従って，キチンシンターゼ阻害物質と同様に，キチナーゼ阻害物質が抗真菌活性を有する可能性が高いと考えられている。1990年当時糸状菌の菌糸の成育に関与すると推定される菌体由来のキチナーゼに関する報告は無く，真菌では出芽の際の出芽痕がキチンで形成されるパン酵母 *Saccharomyces cerevisiae* においてキチナーゼが存在することが知られていた。そこで，パン酵母菌体由来のキチナーゼに対するアロサミジンの阻害活性を調べたところごく弱い阻害活性しか示さなかった。このことは酵母キチナーゼが昆虫キチナーゼと異なる性質を持つことを示唆しており，新たに酵母キチナーゼに特異的な阻害物質の検索が行われた。その結果デメチルアロサミジン（図１）が酵母キチナーゼを強く阻害することが見出された[19,20]。デメチルアロサミジンはアロサミジンの*N*-ジメチル部分が*N*-モノメチルとなった構造を有しており，僅かメチル基一個の違いにより活性に100倍以上の差が見られたことは驚きであった。デメチルアロサミジンは *Candida albicans* 由来のキチナーゼに対してもアロサミジンより10倍以上強い活性を示した[21]。現在，昆虫，酵母等多くのキチナーゼの一次構造が明らかになっているが，何故酵母キチナーゼに対してデメチルアロサミジンが強い阻害を示すかは未だ不明である。デメチルアロサミジンは *S. cerevisiae* の出芽の際の母細胞と娘細胞の切り離しを阻害し酵母をクラスター状に成育させた。それは酵母におけるキチナーゼの役割を示した最初の例となった。しかし，酵母に対して成育の抑制は観察されなかった。デメチルアロサミジンは*Geotrichum candidum*に対しても形態異常を引き起こしたが酵母の場合と同様に成育阻害は認められなかった[22]。その後，糸状菌の先端成長に関与すると考えられるキチナーゼに関する研究は*Aspergillus*属等で急速に進展し，遺伝子破壊実験等により複数のキチナーゼ遺伝子が機能しなくなると菌の成育が抑制されることが判明している[23]。アロサミジンはそれらキチナーゼ遺伝子の産物であるキチナーゼを強く阻害するが，培養液中へのアロサミジンの添加により菌の成育は抑制されない。菌糸等のキチナーゼが機能する部位にアロサミジンが到達しない，キチナーゼが何らかのかたちで保護されている，等の理由が考えられるが実際は不明である。現在のところ，キチナーゼ阻害物質が抗真菌作用を有し得るかどうかについてはまだ最終的な結論は得られていない。

アロサミジンは種々の生物由来のキチナーゼを広く阻害したが植物キチナーゼの多くには阻害活性を示さなかった[17]。当初その理由は不明であったが，キチナーゼのアミノ酸配列，遺伝子解析が急速に進んだ結果，キチナーゼはアミノ酸配列の相同性をもとにファミリー18と19に大別されることが示され[24]，ファミリー18キチナーゼをアロサミジンは阻害することが判明した。ファミリー18キチナーゼはファミリー19キチナーゼに比べて自然界に幅広く分布し，各種生物の成育において重要な生理機能を有している場合が多い。ファミリー19キチナーゼは抗真菌作用を持つことより植物等の生体防御機構の一つであると考えられている。これまでにアロサミジンはファミリー18キチナーゼを例外なく阻害している。

上述の昆虫，真菌以外にも，これまでアロサミジンを利用して種々の生物におけるキチナーゼの役割が調べられている。アロサミジンが線虫のシスト形成の遅延[25]，マラリヤ原虫の蚊への感染の阻止[26]，酵母のキラートキシンの活性阻害[27]などの生物活性を示すことが報告されている。

これまでにアロサミジン，デメチルアロサミジンを含め7種類のアロサミジン類が天然物として単離されている[13,21]。それら天然物および天然物より調製した各種誘導体[28]を用いてアロサミジンの構造活性相関が調べられた。強い阻害活性の保持には，*N*-ジメチルあるいは*N*-モノメチル構造が重要であり，*N*-モノエチル，*N*-モノプロピル体では活性が急激に低下した。非還元末端のアロサミンを修飾した場合比較的阻害活性が保持され脂溶性基等の導入が可能であった。昆虫の皮膚への透過性を高める目的で低極性の誘導体が調製されたが，誘導体**1**あるいは**2**(図1)においても塗布によるカイコの脱皮阻害は引き起こされなかった。また，抗真菌活性を有する誘導体も得られていない。アロサミジンのビオチン化誘導体**3**(図1)はアロサミジンと同程度の強力なキチナーゼ阻害活性を保持しており，各種生物におけるキチナーゼの役割を探るプローブとして有用である[29]。最近では，ヒトに感染する病原性フィラリア*Onchocerca volvulus*の生産するキチナーゼの感染時での役割の解明に利用された[30]。

アロサミジンが見出された後，新規キチナーゼ阻害物質の探索が数多くなされた。これまでにアロサミジン骨格を持たない阻害物質として，styloguanidine類[31]，cyclo (L-Arg-D-Pro)[32]，argifin[33]，argadin[34]が天然物として単離されている。

4.3　アロサミジンの阻害機構

前述のように，アロサミジンはファミリー18キチナーゼを特異的に阻害する。ファミリー18キ

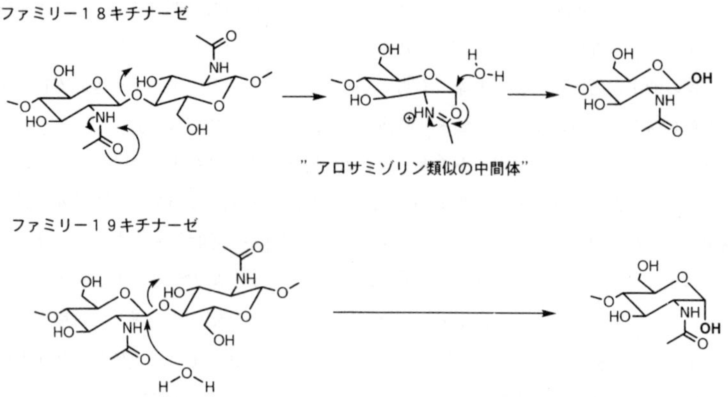

図５　キチナーゼの触媒機構

チナーゼとファミリー19キチナーゼの触媒機構は異なり，キチン鎖を切断後に生じる還元末端のアノマー構造が互いに逆である（図５）。アノマーの立体が保持されるようにキチンを切断するファミリー18キチナーゼの触媒機構の詳細は不明であったが，ファミリー18キチナーゼの一種であるヘバミンとアロサミジンの複合体のＸ線結晶解析[35]によりその遷移状態の構造が推定された。即ち，図５に示すように，アロサミゾリン骨格から類推されるオキサゾリン構造を遷移状態でとる触媒機構が提唱された[36]。アロサミジンのアロサミゾリン部分はそのオキサゾリン構造のアナログとして触媒部位に結合し阻害活性を発揮している。

ヒトにもファミリー18キチナーゼが存在することが近年明らかになった。その生理的役割は不明であるが真菌に対する生体防御機構の一つであると考えられている。昆虫や真菌の防除にキチナーゼ阻害物質を用いる場合ヒトキチナーゼに対する阻害は弱いことが望まれる。従って今後，個々の生物の持つキチナーゼを特異的に阻害する化合物をデザインすることが必要となる。そのためには，ごく最近ヒトキチナーゼとアロサミジン類との複合体のＸ線結晶解析が行われ[37]，上述のヘバミンの場合との詳細な比較がなされたように，構造生物学的アプローチがますます重要になるであろう。

4.4　アロサミジンの機能

ここまではキチナーゼ阻害物質としてのアロサミジンについて述べてきた。本編の最後に少し視点を変え，アロサミジンが本来有しているであろう機能，即ち，アロサミジンを生産する放線菌におけるアロサミジンの生理的役割について考察する。一般に微生物が生産する二次代謝産物は多種多様な構造と強力な生物活性を有し，人類は抗生物質に代表されるように医薬，農薬等の有用物質として二次代謝産物を利用している。二次代謝産物は微生物の成育には必須ではなく，一次代謝に付随して生産されるが，その構造と生物活性は長い進化の過程で磨き上げられたものである。そうした二次代謝産物の生産菌にとっての生理的役割は何であろうか。抗生物質の生産は生産菌の成育に有利であろうと推測されるものの証拠は無い。多くの二次代謝産物の持つ酵素阻害活性等については役割は全く不明である。筆者は，微生物の生産する二次代謝産物の一つであるアロサミジンとアロサミジン生産菌に関し，①アロサミジン生産菌は土壌より比較的高頻度（5％程度）で得られる，②アロサミジンは水溶性化合物であるが菌体に存在し，外部から添加した場合にも速やかにアロサミジン生産菌の菌体に吸着される，③全てのアロサミジン生産菌の培養ろ液中にキチナーゼ活性が検出される，④アロサミジンの生産量が低下した株ではキチナーゼの生産量も低下する，といった現象に出会いアロサミジンの生産菌での生理的役割を探ることにした。

まず，アロサミジン生産菌の生産するキチナーゼを手がかりに出来ないかと考え，アロサミジン生産菌*Streptomyces* sp. AJ9463株が主に生産する2種類のキチナーゼの一次構造を調べた[38]。しかし，両者ともに放線菌に一般的なキチナーゼであった[39]。そこで次に，アロサミジンのAJ9463株のキチナーゼ生産に対する影響を調べてみた。その結果，アロサミジンを2 μM程度の低濃度で培地に添加するとアロサミジン生産菌では大幅にキチナーゼ生産が誘導されることを見出した[40]。即ち，外部より添加したアロサミジンが菌体に吸着されシグナル分子となり，キチナーゼの生産誘導を引き起こす機構の存在が推定された。アロサミジン非生産菌である*Streptomyces lividans*ではアロサミジンによるキチナーゼ生産誘導は見られなかった。

アロサミジンによるキチナーゼ生産誘導機構の分子レベルでの解析を試みるため，アロサミジンによって生産誘導されるキチナーゼの同定を行った。その結果，前述の2種類のキチナーゼとは異なる分子量約65,000のキチナーゼの生産がアロサミジンにより誘導されることが判明した。現在そのキチナーゼをコードする遺伝子と発現機構の解析を進めているが，キチナーゼの発現が二成分制御系により調節されており，二次代謝産物であるアロサミジンがその制御系に作用する機構が強く示唆されている。土壌には昆虫，線虫，カビ等由来のキチンが大量に存在し，キチンを炭素源としていかに有効利用するかは土壌微生物の生存にとって重要であると考えられる。そのためのキチンの分解には，キチナーゼの効果的な生産が必要であり，アロサミジンの持つ機能はアロサミジン生産放線菌にとって有用である。即ち，アロサミジン生産は菌の成育後期に開始されることが知られており，生産されたアロサミジンは，菌糸状に成長する放線菌全細胞に対してあるいは他のアロサミジン生産菌に対してキチナーゼの生産を誘導し，菌の成育に有利な状況をつくり出すことが予想される。実際の土壌環境下でこのアロサミジンの作用を証明できれば，微生物の二次代謝産物の生理的役割に関する貴重な例となると考えられる。

文　献

1) S. Sakuda *et al., J. Antibiot.*, **40**, 296 (1987)
2) S. Sakuda *et al., Tetrahedron Lett.*, **27**, 2475 (1986)
3) S. Sakuda *et al., Agric. Biol. Chem.*, **51**, 3251 (1987)
4) S. Sakuda *et al., Agric. Biol. Chem.*, **52**, 1615 (1988)
5) O. Ando *et al., J. Antibiot.*, **44**, 1165 (1991)
6) B. M. Trost *et al., J. Am. Chem. Soc.*, **115**, 444 (1993)
7) J. L. Maloisel *et al., J. Chem. Soc. Chem. Commun.*, 1099 (1991)
8) D. A. Griffith *et al., J. Am. Chem. Soc.*, **113**, 5863 (1991)
9) S. Takahashi *et al., Tetrahedron Lett.*, **33**, 7565 (1992)
10) Z.-Y. Zhou *et al., J. Chem. Soc. Perkin Trans 1*, 1649 (1992)
11) S. Sakuda *et al., Tetrahedron Lett.*, **37**, 5711 (1996)
12) S. Sakuda *et al., J. Org. Chem.*, **66**, 3356 (2001)
13) Z.-Y. Zhou *et al., J. Antibiot.*, **46**, 1582 (1993)
14) Y. Sugiyama *et al., J. Antibiot.*, **55**, 263 (2002)
15) S. Sakuda *et al, Biosci. Biotech. Biochem.*, **58**, 1347 (1994)
16) M. Misset-Smits *et al., FEBS Lett.*, **409**, 221 (1997)
17) D. Koga *et al., Agric. Biol. Chem.*, **51**, 471 (1987)
18) P. J. B. Somers *et al., J. Antibiot.*, **40**, 1751 (1987)
19) S. Sakuda *et al., Agric. Biol. Chem.*, **54**, 1333 (1990)
20) A. Isogai *et al., Agric. Biol. Chem.*, **53**, 2825 (1989)
21) Y. Nishimoto *et al., J. Antibiot.*, **44**, 716 (1991)
22) S. Yamanaka *et al., J. Gen. Appl. Microbiol.*, **40**, 171 (1994)
23) N. Takaya *et al., Biosci. Biotech. Biochem.*, **62**, 60 (1998)
24) B Henrissat *et al., Biochem. J.*, **280**, 309 (1991)
25) J. C. Villagomez-Castro *et al., Mol. Biochem. Parasitol.*, **52**, 53 (1992)
26) M. Shahabuddin *et al., Proc. Natl. Acad. Sci.*, **90**, 4266 (1993)
27) A. R. Butler *et al., Eur. J. Biochem.*, **199**, 483 (1991)
28) M. Kinoshita *et al., Biosci. Biotech. Biochem.*, **57**, 1699 (1993)
29) S. Sakuda *et al., Bioorganic & Medicinal Chem. Lett.*, **8**, 2987 (1998)
30) Y. Wu *et al., J. Biol. Chem.*, **276**, 42557 (2001)
31) T. Kato *et al., Tetrahedron Lett.*, **36**, 2133 (1995)
32) H. Izumida *et al., J. Antibiot.*, **49**, 76 (1996)
33) K. Shiomi *et al., Tetrahedron Lett.*, **41**, 2141 (2000)
34) N. Arai *et al., Chem. Pharm. Bull.*, **48**, 1442 (2000)
35) A. C. Terwisscha van Scheltinga *et al., Biochemistry*, **34**, 15619 (1995)
36) K. A. Brameld *et al., J. Am. Chem. Soc.*, **120**, 3571 (1998)
37) F. V. Rao *et al., J. Biol. Chem.*, **278**, 20110 (2003)
38) Q. Wang *et al., Biosci. Biotech. Biochem.*, **57**, 467 (1993)

39) H. Matsuura *et al., Biosci. Biotech. Biochem.*, **67**, 2002 (2003)
40) E. Nakanishi *et al., Proc. Japan Academy, Ser B*, **77**, 79 (2001)

第7章　遺伝子分野

1　キトサナーゼ遺伝子のクローニングと解析

下坂　誠*

1.1　はじめに

キトサナーゼ(E.C. 3.2.1.132)は，細菌，菌類，ウイルスと多様な微生物によりつくられる。キトサンはキチンの脱アセチル化誘導体として定義されるが，脱アセチル化度が異なるものが連続的に分布し，両者の間に明確な線引きをすることは困難である。実際に部分的に脱アセチル化されたキトサンは，キチナーゼおよびキトサナーゼ両者のよい基質となる。そのため，キトサナーゼとキチナーゼの区別は両酵素の基質切断パターンにより行われてきた。両酵素ともにN-アセチルグルコサミン(GlcNAc)とグルコサミン(GlcN)間の結合を切断する。それに加えて，キトサナーゼはGlcN-GlcN間の結合を切断するが，GlcNAc-GlcNAc結合は切断できない。一方のキチナーゼはGlcNAc-GlcNAc間を切断するが，GlcN-GlcN間は切断できない。すなわち，キトサナーゼは，脱アセチル化を受けたキチン鎖のGlcN-GlcN間の結合を切断できる酵素として一義的に定めることができる。

これまでに，さまざまな生物よりキトサナーゼとキチナーゼの遺伝子がクローニングされ，一次配列情報が蓄積されてきた。その結果，両者の配列間にはまったく相同性がないことから，酵素の一次配列という分子進化の観点からもキトサナーゼとキチナーゼは明確に区別できることがわかった。さらに，キチナーゼは触媒ドメインに加えて，キチン結合ドメインやフィブロネクチン様ドメインなどを含むマルチドメイン構造を有する。しかし，キトサナーゼにはこのような基質結合ドメインは見いだされていない。

このように，キトサナーゼとキチナーゼはタンパクの一次配列やドメイン構造に明確な違いがあることから，タンパクの立体構造や反応機構においても差違があると予想できる。これを証明する際にも，遺伝子工学的手法が有力である。例えば，X線回析によるタンパク立体構造解析には，精製酵素の良質な結晶を得る必要がある。既に，大腸菌や酵母細胞を宿主とする異種遺伝子の大量発現系が確立されている。単離したキトサナーゼ遺伝子を用いて大量の組換え酵素を調製することにより，タンパク結晶化への利用が可能となる。また，遺伝子中の特定の塩基を他の任意の塩基に置換する技術も確立されている。これにより，酵素タンパクの特定アミノ酸残基を任

---

*　Makoto Shimosaka　信州大学　繊維学部　応用生物科学科　助教授

意のアミノ酸に置換した変異酵素をつくり，その性質を調べることができる。この部位特異的突然変異導入法を用いることにより，酵素の活性中心において触媒反応や基質結合に関与するアミノ酸残基を決定することができる。さらに，タンパク工学的な手法によりキトサナーゼの機能を改良し，抗菌活性などの生理活性を示すキトサンオリゴ糖の生産などへ応用することも今後の検討課題となろう。キトサナーゼ遺伝子のクローニング例は，キチナーゼに比べるとまだわずかであるが，細菌と菌類に分けて以下に解説する。

1.2　細菌キトサナーゼ遺伝子の構造と分類

1.2.1　遺伝子のクローニング

細菌キトサナーゼ遺伝子のクローニングは，染色体DNAを宿主大腸菌にショットガンクローニングし，キトサナーゼ活性を発現するコロニーを選択する方法で行う場合が多い。キトサナーゼを発現する形質転換体は，キトサンをコロイド状に懸濁した選択培地において，コロニーの周辺にキトサン分解による透明な溶解斑（ハロー）を形成する。これを指標にキトサナーゼ遺伝子を有する形質転換体を選択できる[1]。好都合なことに大腸菌はキトサナーゼ活性をほとんど示さないので，バックグラウンドが低く形質転換体の活性検出が容易である。

1.2.2　細菌キトサナーゼ遺伝子の配列解析

これまでに遺伝子クローニングが報告された主な細菌キトサナーゼについて表1にまとめた。多様な糖質加水分解酵素を分類するひとつの基準として，触媒ドメインのアミノ酸配列の相同性

表1　細菌よりクローニングされたキトサナーゼ遺伝子例

Family	菌株名	Accession number[a)]	備考
5	*Streptomyces griseus* HUT 6037	AB088201	糖転移活性あり[3)]
8	*Bacillus cereus* H-1	AY207001	
	Bacillus sp. KCTC 0377BP	AF334682	
	Bacillus sp. No.7-M	AB051575	
	Paenibacillus fukuinensis D-2	AB006819	Discoidinドメインを含む[4)]
46	*Bacillus amyloliquefaciens*	AB051574	
	Bacillus circulans MH-K1	D10624	立体構造決定[10)]
	Bacillus coagulans CK108	AF241172	耐熱性酵素
	Bacillus ehimensis EAG1	AB008788	
	Bacillus sp. KFB-CO4	AF160195	
	Burkholderia gladioli CHB101	AB029336	
	Nocardioides sp. N106	L40408	
	Pseudomonas sp. A-01	AB088139	
	Streptomyces sp. N174	L07779	立体構造決定[6)]
80	*Matsuebacter chitosanotabidus* 3001	AB010493	cysteine間のS-S結合が重要[21)]
	Sphingobacterium multivorum	AB030253	

[a)]DDBJデータベースの登録番号である．各遺伝子に関する情報は（http://www.ddbj.nig.ac.jp/）から取得できる

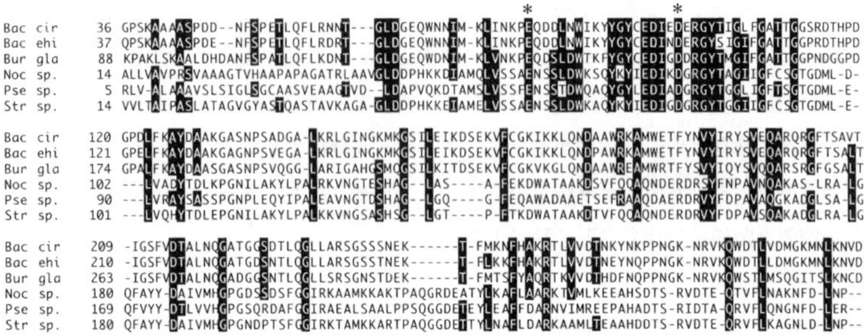

図１　細菌キトサナーゼのアミノ酸一次配列の比較

各アミノ酸残基の番号は開始コドンを起点に示した。*Streptomyces* sp. N174キトサナーゼで活性中心と決定された２つの酸性アミノ酸残基にアステリスクを付けた。全体の配列を比較すると，1-3番目の配列と4-6番目の配列の２つのグループに分けることができる。６つの配列中，４つ以上で共通するアミノ酸残基を反転表示した。各配列は以下の通りである。Bac cir, *Bacillus circulans* MH-K1（D10624）; Bac ehi, *B. ehimensis* EAG1（AB008788）; Bur gla, *Burkholderia gladioli* CHB101（AB029336）; Noc sp., *Nocardioides* sp. N106（L40408）; Pse sp., *Pseudomonas* sp. A-01（AB088139）; Str sp., *Streptomyces* sp. N174（L07779）

をもとにした分類がHenrissatにより提唱されている[2)]。それによると大部分の細菌キトサナーゼはfamily 46に分類され，その他にfamily 5, family 8, family 80に分類されるキトサナーゼが報告されている。family 46キトサナーゼ間に見られる一次配列の相同性を図１に示した。後述する活性中心はN末端側に位置し，この領域の配列保存性が特に高い。なお，C末端側の配列も含めた全長配列を比較するとfamily 46キトサナーゼは大きく２つのグループに分けることができる。細菌キトサナーゼの多くは，基質であるキトサンが培地に添加されたときにつくられる誘導酵素である。この点はキチナーゼに類似している。しかし，キトサナーゼ遺伝子発現の調節機構はほとんど解明されていない。

例外的にキトサナーゼが分類されるfamily 5, family 8は，従来はそれぞれセルラーゼfamily A, family Dとされていたものであり，エンド-1,4-グルカナーゼ，キシラナーゼなどの酵素が含まれる。実際に*Streptomyces griseus* HUT6037キトサナーゼ（family 5）[3)]と*Paenibacillus fukuinensis* D2キトサナーゼ（family 8）[4)]は，β-1,4-グルカナーゼ活性も有する酵素である。今後，酵素の立体構造決定により活性中心部位と基質との結合様式が明らかになれば，このような広い基質特異性を生じる機構も解明できるであろう。この知見をもとに，幅広い種類の糖質を分解できる高機能性酵素をデザインすることも期待できる。

1.2.3　活性中心と反応機構

キトサナーゼの一次配列情報が多数蓄積されてくると，互いのアミノ酸配列の比較により配列保存性の高い領域が特定できる(図１)。この領域は，酵素の機能にとって必須な活性中心である場合が多い。糖質加水分解酵素においては，プロトン供与体および求核基としてはたらく２つの酸性アミノ酸残基(グルタミン酸またはアスパラギン酸)が重要な役割を果たしている。Boucherらは*Streptomyces* sp. N174キトサナーゼ遺伝子において，22番目のグルタミン酸と40番目のアスパラギン酸残基をそれぞれグルタミン，アスパラギン残基に置換する変異を部位特異的に導入した[5]。その結果，変異型酵素は活性をほとんど消失したことより，この2つの酸性アミノ酸残基が活性中心として重要な機能をはたしていることがわかった。実際に，この2残基はすべてのfamily 46キトサナーゼにおいて保存されている（図1）。

さらに，*Streptomyces* sp. N174キトサナーゼの立体構造が決定され，2つの球状ドメイン間に存在する溝（クレフト）が基質結合部位であることが明らかになった[6]。上記の2アミノ酸残基は，この部位に基質を両側からはさむような位置に近接して存在する。基質のβ-1,4結合に対して，グルタミン酸残基がプロトンを供与するとともに，反対のα側よりアスパラギン酸残基が水分子に求核性を与えてC1炭素を攻撃する。結果として，新しく生じる還元末端はα配位をとるアノマー反転（inverting）型の反応が起こる[7]。また，キチナーゼと比較するとN174キトサナーゼの基質結合部位には負電荷をもつアミノ酸が多く分布することがわかった。正電荷をもつ基質キトサンとの結合に重要と考えられる。基質結合部位のサブサイトモデルでは，酵素のカルボキシル基と基質のアミノ基間のイオン結合が提示されている[8,9]。

続いて，*Bacillus circulans* MH-K1キトサナーゼの立体構造も報告された[10]。本酵素も*Streptomyces* sp. N174キトサナーゼと同じくfamily 46に属する。両者間の一次配列の相同性はそれほど高くないにもかかわらず，立体構造はよく似ていることがわかった。両酵素の反応性を比較すると，N174キトサナーゼは部分脱アセチル化を受けたキトサン中のGlcNAc-GlcNを切断し，MH-K1キトサナーゼはGlcN-GlcNAc結合を切断するという明確な違いがある。両者の立体構造比較は，基質切断部位の環境に若干の差異があることを明らかにし，これによって切断様式の違いが生じることを見事に説明している。なお，最近，family 8に属する*Bacillus* sp. K17株のキトサナーゼの立体構造が決定された[11]。familyの異なるキトサナーゼ間では活性中心の構造にどのような違いがあるのか興味深い議論が期待できる。

1.3　菌類キトサナーゼ遺伝子の構造

先に述べた細菌キトサナーゼの多くは誘導酵素であり，細胞外キトサンの分解利用にはたらく。一方，菌類においても，*Fusarium solani*[12]，*Aspergillus fumigatus*[13]，*A. oryzae*[14]からキトサナーゼの存在が報告されており，その酵素学的な性質は細菌キトサナーゼと類似している。しかし，菌類キトサナーゼは培地にキトサンが存在しない時でもつくられること，また，培地へのキトサン添加はむしろ菌類の増殖を阻害することより，細胞外キトサンの分解利用にはたらくとは考え難い[12]。菌類細胞壁には主要成分としてキチンが含まれている。これまでに報告がある菌類

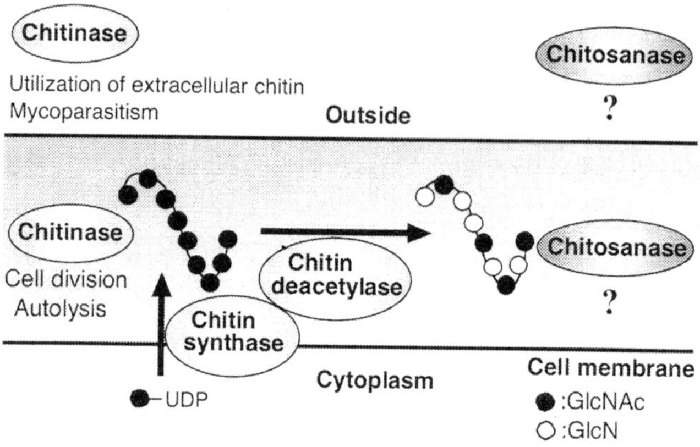

図2　菌類細胞壁におけるキチン・キトサンの代謝
細胞質から供給されるUDP-GlcNAcよりキチン合成酵素のはたらきでキチンが生合成される。一部の糸状菌では，キチンデアセチラーゼのはたらきで，合成されたキチンの脱アセチル化が起こりキトサンに変換される。キチナーゼは自己細胞壁キチンの分解を通じて細胞分裂や自己消化過程に関与している。一部のキチナーゼは分泌型であり他の糸状菌に対する寄生に関与している。

キチナーゼの多くは，自己細胞壁キチンの限定分解を通じて菌糸の細胞分裂過程に関わっている[15]。菌類キトサナーゼについても，細胞壁のキトサン代謝との関連を考慮する必要があると思われる。 *Mucor, Rhizopus, Absidia, Fusarium*属など一部の糸状菌の細胞壁にはキトサンが含まれる。これは細胞壁で合成されたキチンが，酵素キチンデアセチラーゼのはたらきで部分的に脱アセチル化を受けて生じたものである(図2)。キチンの脱アセチル化によるキトサンへの変換は，ポリカチオンを生成し細胞壁の物性を大きく変えると考えられる。キチン脱アセチル化の意義，および，キトサナーゼの細胞壁代謝への関与について，今後明らかにしていかねばならない。

菌類キトサナーゼ遺伝子のクローニングには，大腸菌における活性発現を指標とすることは困難である。著者らは植物病原性糸状菌*Fusarium solani*が分泌する酵素キトサナーゼを精製し，その部分アミノ酸配列を決定した。この配列よりオリゴヌクレオチドを設計し，染色体DNAに対するポリメラーゼ連鎖反応（PCR）とハイブリダイゼーションを行い，菌類から初めてキトサナーゼ遺伝子を単離した[16]。この一次配列を決定したところ，いずれの細菌キトサナーゼ配列とも全く相同性を示さなかった。また，データベース中にも相同配列が見いだされず新規な配列であることがわかった。すなわち，菌類キトサナーゼは細菌キトサナーゼとは異なる進化的起源をもつと言える。その後，他の菌類から単離されたキトサナーゼ遺伝子を表2にまとめた。これらのアミノ酸一次配列を比較すると，全長にわたって配列がよく保存されている（図3）。菌類キトサナーゼに対してfamily 75という新たな分類が提唱された。

表2　菌類よりクローニングされたキトサナーゼ遺伝子例

Family	菌株名	Accession number[a)]	備考
	Aspergillus fumigatus	AY190324	
	Aspergillus fumigatus ATCC 46645	AJ607393	ヒト日和見病原菌
	Aspergillus oryzae IAM 2660	AB038996 (*csnA*)	麹菌[22)]
75		AB090327 (*csnB*)	
	Cordyceps bassiana	AY008269	昆虫病原菌
	Fusarium solani SUF386	D85388	植物病原菌[16)]
	Fusarium solani SUF704	AB090326	植物病原菌
	Metarhizium anisopliae FI-985	AJ293219	昆虫病原菌

[a)]DDBJデータベースの登録番号である．各遺伝子に関する情報は（http://www.ddbj.nig.ac.jp/）から取得できる

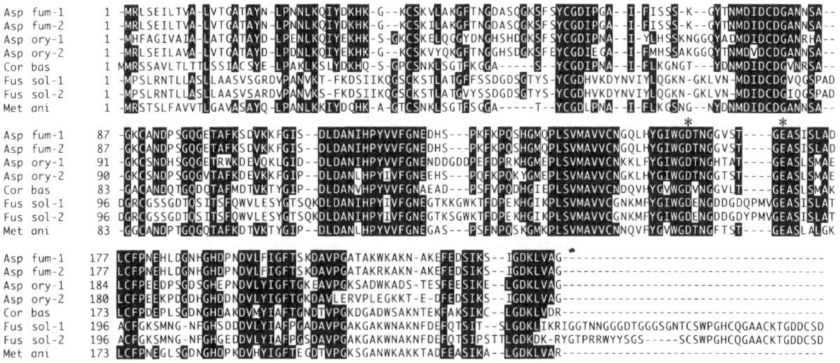

図3　菌類キトサナーゼのアミノ酸一次配列の比較

各アミノ酸残基の番号は開始コドンを起点に示した。*F. solani* SUF386キトサナーゼで活性中心と推定された2つの酸性アミノ酸残基にアステリスクを付けた。8つの配列中，5つ以上で共通するアミノ酸残基を反転表示した。

各配列は以下の通りである。Asp fum-1, ***Aspergillus fumigatus*** (AY190324); Asp fum-2, ***A. fumigatus*** ATCC 46645 (AJ607393); Asp ory-1, ***A. oryzae*** IAM 2660 ***csnA*** (AB038996); Asp ory-2, ***A. oryzae*** IAM 2660 ***csnB*** (AB090327); Cor bas, ***Cordyceps bassiana*** (AY008269); Fus sol-1, ***Fusarium solani*** SUF386 (D85388); Fus sol-2, ***F. solani*** SUF704 (AB090326); Met ani, ***Metarhizium anisopliae*** FI-985 (AJ293219)

菌類キトサナーゼの一次配列は，細菌キトサナーゼ配列と相同性を示さないため，配列の比較から活性中心を推定することは困難である。著者らは，菌類キトサナーゼ間でよく保存されている酸性アミノ酸残基に着目した。まず，*F. solani*キトサナーゼcDNAを酵母細胞で発現させる系を構築し，酸性アミノ酸残基に部位特異的変異を導入した酵素の活性を調べた。その結果，活性発現に必須なアスパラギン酸とグルタミン酸残基を確認した（図3，投稿準備中）。この2個の残基はいずれの菌類キトサナーゼにも保存されており，プロトン供与体と求核基としてはたらい

ている可能性が高い，また，グルコサミン6量体に対する反応生成物のNMR解析より，切断によって新しく生じる還元末端はα配位をとっており，アノマー反転（inverting）型の反応を触媒することを明らかにした（投稿準備中）。これらの結果は，菌類と細菌のキトサナーゼの間で，一次配列はまったく異なるにもかかわらず，反応特異性や反応機構は類似していることを示している。今後，菌類キトサナーゼの立体構造解明が待たれるところである。

1.4 おわりに

多種多様な糖質加水分解酵素を系統的に整理し，その構造と機能を包括的に解明していくことは重要である。遺伝子のクローニングを通じて酵素の一次配列情報が多数蓄積されるにいたり，配列の相同性を指標にした分類が可能となった。その代表例として，本稿でもとりあげた糖質加水分解酵素の分類（family）がある。一方，基質特異性や反応特異性といった酵素の性質をもとにした分類体系にはEnzyme Nomenclatureがある（ECコード番号で表記される）。両者ともにそれぞれ意義のある分類法であるが，その結果は互いに一対一には対応しない。キトサナーゼを例にとってもわかるが，同じEC番号の酵素が異なるfamily に分類される例，その逆にひとつのfamilyの中に異なるEC番号をもつ酵素が含まれる例は多数ある。今後，多種の糖質加水分解酵素のタンパク立体構造が明らかになれば，構造と機能の関係について詳細な解析が進み，タンパク工学を用いた有用な糖質分解酵素の設計も可能となるであろう。

最後に紙面の関係で採り上げなかった項目について簡単に補足したい。クロレラウイルスにおいても，キトサナーゼ遺伝子が単離されている[17]。このウイルスキトサナーゼの配列は，細菌キトサナーゼに類似しfamily 46に分類されている。このウイルスキトサナーゼ遺伝子の起源および本キトサナーゼの生理的役割は興味深い。本稿で述べたキトサナーゼは，いずれもキトサン鎖をランダムに切断するエンド型の酵素である。一部の細菌[18]や菌類[14,19]において，エンド型キトサナーゼに加えて，エキソ型酵素の存在が報告されている。この酵素はGlcNオリゴ糖の非還元末端に位置するGlcNを順に切り出すエキソ-β-グルコサミニダーゼである。キチンやセルロースの酵素分解系でよく知られるように，キトサンにおいてもエンド型とエキソ型分解酵素の相乗作用により分解が効率よく進行すると考えられる。最近，始原菌(archae)の1種*Thermococcus kodakaraensis*からエキソ-β-グルコサミニダーゼ遺伝子のクローニングが報告された[20]。

文　　献

1) Shimosaka, M., Fukumori, Y., Zhang, X.-Y., He, N.-J., Kodaira, R., and Okazaki, M.; *Appl. Microbiol. Biotechnol.* **54**, 354-360 (2000)

2) Henrissat, B. and Bairoch, A.; *Biochem, J.* **316**, 695-696 (1996)

3) Tanabe, T., Morinaga, K., Fukamizo, T., and Mitsutomi, M.; *Biosci. Biotechnol. Biochem.* **67**, 354-364 (2003)

4) Kimoto, H., Kusaoke, H., Yamamoto, I., Fujii, Y., Onodera, T., and Taketo, A.; *J. Biol. Chem.* **277**, 14695-14702 (2002)

5) Boucher, I., Fukamizo, T., Honda, Y., Willick, G. E., Neugebauer, W. A., and Brzezinski, R.; *J. Biol. Chem.* **270**, 31077-31082 (1995)

6) Marcotte, E. M., Monzingo, A. F., Ernst, S. R., Brzezinski, R., and Robertus, J. D.; *Nature Structural Biology* **3**, 155-162 (1996)

7) Fukamizo, T., Honda, Y., Goto, S., Boucher, I., and Brzezinski, R.; *Biochem. J.* **31 1**, 377-383 (1995)

8) Tremblay, H., Yamaguchi, T., Fukamizo, T., and Brzezinski, R.; *J. Biochem.* **130**, 679-686 (2001)

9) Fukamizo, T. and Brzezinski, R.; *Biochem. Cell Biol.* **75**, 687-696 (1997)

10) Saito, J., Kita, A., Higuchi, Y., Nagata, Y., Ando, A., and Miki, K.; *J. Biol. Chem.* **274**, 30818-30825 (1999)

11) Yatsunami, R., Sakihama, Y., Suzuki, M., Fukazawa, T., Shimizu, S., Sunami, T., Endo, K., Takenaka, A., and Nakamura, S.; *Nucleic Acids Res. Suppl.*, **2**, 227-228 (2002)

12) Shimosaka, M., Nogawa, M., Ohno, Y., and Okazaki, M.; *Biosci. Biotechol. Biochem.*, **57**, 231-235 (1993)

13) Kim, S.-Y., Shon, D.-H., and Lee, K.-H.; *J. Microbiol. Biotechnol.* **8**, 568-574 (1998)

14) Zhang, X.-Y., Dai, A.-L,. Zhang, X.-K., Kuroiwa, K., Kodaira, R., Shimosaka, M., and Okazaki, M.; *Biosci. Biotechnol. Biochem.* **64**, 1896-1902 (2000)

15) Felse, P. A. and Panda, T.; *Appl. Microbiol. Biotechnol.* **51**, 141-151 (1999)

16) Shimosaka, M., Kumehara, M., Zhang, X.-Y., Nogawa, M., and Okazaki, M.; *J. Ferment. Bioeng.*, **82**, 426-431 (1996)

17) Yamada, T., Hiramatsu, S., Songsri, P., and Fujie, M.; *Virology* **230**, 361-368(1997)

18) Nanjo, F., Katsumi, R., and Sakai, K.; *J. Biol. Chem.* **265**, 10088-10094 (1990)

19) Nogawa, M., Takahashi, H., Kashiwagi, A., Ohshima, K., Okada, H., and Morikawa, Y.; *Appl. Environ. Microbiol.* **64**, 890-895 (1998)

20) Tanaka, T., Fukui, T., Atomi, H., and Imanaka, T. ; *J. Bacteriol.* **185**, 5175-5181 (2003)

21) Shimono, K., Shigeru, K., Tsuchiya, A., Itou, N., Ohta, Y., Tanaka, K., Nakagawa, T., Matsuda, H., and Kawamukai, M.; *J. Biochem.*, **131**, 87-96 (2002)

22) Zhang, X.-Y., Dai, A.-L., Kuroiwa, K., Kodaira, R., Nogawa, M., Shimosaka, M., and Okazaki, M.; *Biosci. Biotechnol. Biochem.* **65**, 977-981 (2001)

2　昆虫キチナーゼと植物キチナーゼの遺伝子

古賀大三*

2.1　昆虫キチナーゼの遺伝子

2.1.1　はじめに

昆虫におけるキチナーゼは，キチンで構成されている表皮や栄養囲膜の分解に用いられている。とくに，表皮キチンの分解においては，昆虫脱皮と密接な関わりがある。すなわち，昆虫が成長（または変態）にともなって脱皮する際，古くなった表皮を脱ぐためキチナーゼが重要な役割を果たしている[1~4]。脱皮時期になると前胸腺より脱皮ホルモンが分泌され，それによって表皮の真皮細胞からキチナーゼが誘導される。もし，脱皮時期以外にキチナーゼが誘導・発現されるならば，自分の表皮を分解してしまい，自殺行為である。そのため，脱皮におけるキチナーゼの誘導は精密に制御されている。栄養囲膜キチンの分解においては，自分の消化管が分解されないように保護膜として利用されているキチンをその代謝のためキチナーゼが分解する。栄養囲膜の分解はタバコスズメガ（*Manduca sexta*）では脱皮時に表皮と同時に行なわれ[5]，ネッタイシマカ（*Aedes aegypti*）では常時起こっているようである[6]。

以上のような昆虫において重要な役割を果たすキチナーゼの遺伝子解析について，遺伝子レベルの研究でなければ解明できない研究をいくつか紹介する。

2.1.2　選択的スプライシング（Alternative splicing）

2001年にヒトの遺伝子が解読されて，驚いたことは，これまで「1遺伝子－1タンパク質」と思われていたのが，そうではなく，ヒトの遺伝子がタンパク質から予想されていた数（約10万）の1/3（約3万）だったことである。まさに，時期を同じくして，我々はカイコ（*Bombyx mori*）のキチナーゼで同様なことが生じていることを明らかにした[7]。脱皮直前の5齢幼虫の表皮から精製した3つのキチナーゼ（88kDa，65kDaと54kDa）のN末端アミノ酸配列（30残基まで解析）は全て同じAlaAsp-であった。ところが，その後Kim等のグループは，cDNAをクローニングし成熟キチナーゼ（シグナル配列が除去された後の成熟キチナーゼは，タバコスズメガキチナーゼと同様に，AlaがなくAspから始まると報告した[8]。我々はカイコのゲノムDNAをクローニングに成功したばかりだったので[9]，我々のキチナーゼタンパク質のアミノ酸配列とKimグループのcDNAから推定されるアミノ酸配列との食い違いを説明する原因を探した。その結果，イントロンのスプライシングの方法が異なるのではないかということに気付いた。イントロンの開始と終わりはそれぞれGTとAGである。まさに，問題のアミノ酸をコードする塩基配列の周辺にイントロン開始のGTが3つ集まっていた（図1）。その最初と2番目のGTからイントロンが始まる

＊　Daizo Koga　山口大学　農学部　生物機能科学科　環境生化学講座　教授

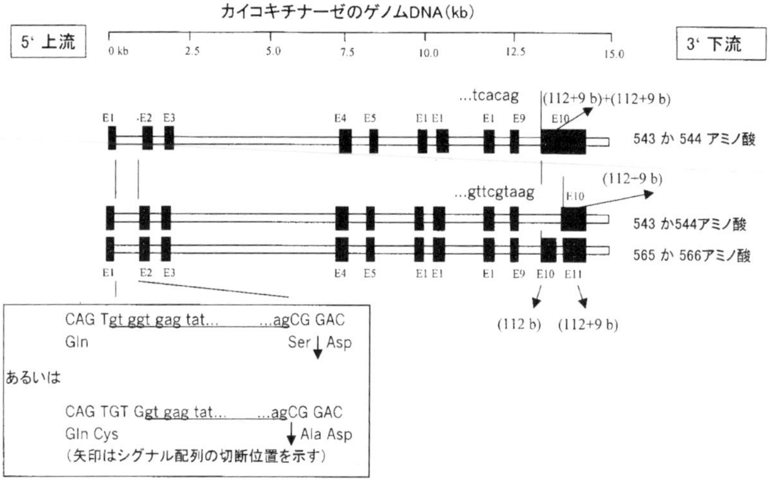

図1　カイコキチナーゼの選択スプライシング（alternative splicing）[7)]

1遺伝子からイントロン（小文字で表示）が切り出され，黒ボックスで示したエキソン（E1〜E11，大文字で表示）が結合して，6つのmRNA（上流側で2通りと下流側で3通りで，合計2×3＝6通り）が生じる。しかし，この6つのmRNAは塩基配列は異なるが，121塩基（112塩基＋9塩基）の繰り返しと，9塩基配列に終止コドンを含む特性により，タンパク質としては4種類のキチナーゼが生じることになる。9b：GTTCGTAAG（下線は終止コドンを示す。）

とすれば，AlaAsp-とAsp-の両方の成熟キチナーゼをコードするmRNAが転写されることになる。この仮説を証明明するため，生育時期の異なるカイコの5齢幼虫の表皮からmRNAを抽出し，そのcDNAのクローニングを行い調べてみた。その結果，この両方のmRNAを得ることができた。すなわち，選択的スプライシングが生じていることが証明できた[7)]。また，このことは三木谷等からAspから始まるカイコキチナーゼのcDNAの存在が報告されたことにより確証された[10)]。さらに，図1に示すように，C末端側にも選択的スプライシングが起こっていることも分かった。このようにN末端側に2通り，C末端側に3通りで，2×3＝6つのmRNAができる。しかし，C末端側に121bpのダイレクトリピートがありその間に終止コドンを含む9bpがあるため，翻訳されるキチナーゼとしては4種類のキチナーゼのアイソザイムが生じたことになる。さらに，このmRNAがキチナーゼ活性を有する酵素を作るのかを大腸菌の発現系を用いて調べた結果，選択的スプライシングで生じたmRNAは間違いなく活性を有するキチナーゼを翻訳するものであることを証明することができた。我々は，このキチナーゼのアイソザイムが生育時期と関係があることを期待したが，残念ながらそのような明確な結果を得ることはできなかった。現在，この選択的スプライシングの生理的意義については検討中である。

2.1.3 キチナーゼの遺伝子数と酵素数

遺伝子レベルで選択的スプライシング(Alternative splicing)により複数のキチナーゼmRNAが作られることがわかったが，その以前にタンパク質レベルでもカイコのキチナーゼが分子量の小さいキチナーゼへプロセッシング（変換）されることが分っていた[11]。すなわち，88kDaから65kDaへ，さらに65kDaから54kDaへプロセッシングすることを我々は明らかにした。この3つのキチナーゼアイソザイムのN末端は，ともにADSRARIVXYFSNWAVYRPGであった。9番目のXは遺伝子の配列からC（Cys）であることが明らかになった。すなわち，C末端側から切断が生じ，88kDaから65kDa，そして54kDaへとプロセッシングされたことが分った。これらの昆虫キチナーゼを含め，まだ昆虫からキチナーゼのアミノ酸配列はタンパク質レベルでは報告はなく，ゲノムあるいはcDNAの塩基配列から推測されたアミノ酸配列である。

カイコ[9]やタバコスズメガ[12]の鱗翅目昆虫のキチナーゼは，図1及び表1に示すように，約10個のエキソンで構成され(三木谷等は，遥か上流側にキチナーゼタンパク質部分には関係ないが，もう一つのエキソンが存在することを明らかにしている[10])，アミノ酸配列の特徴は，分泌酵素のため，小胞体内腔へ入るためのシグナル配列があり，それにつづいて保存領域ＩとⅡを含む触媒領域とキチン結合領域(Cys rich領域)が存在する。この触媒領域とキチン結合領域をつなぐヒンジ領域として，糖鎖付加領域やPEST領域があるのが特徴である。とくにPEST領域は，プロテアーゼによるポストプロセッシングのための切断領域として注目されている。一方，ハムシ類[13]やマダラカミキリのキチナーゼ(未発表)でC末端側のキチン結合領域がないキチナーゼが報告されているため，昆虫キチナーゼが全てキチン結合領域を有するとはいえない。

カイコキチナーゼのゲノムDNAは，精製したアミノ酸を基にPCRによりクローニングしたが，各PCR産物のシークエンスの結果はほとんど全て同じ塩基配列を示したため，キチナーゼ遺伝子は1つであると結論づけた。しかし，最近，カイコの全ゲノム解析が進み，種々のキチナーゼのホモロジー検索の結果から，興味ある結果が報告された[14]。それは，5つのキチナーゼのグループの存在が確認されたことである。さらに興味あることに，その中に微生物（細菌）キチナーゼに類似のキチナーゼが発見されたことである。さらに，この微生物キチナーゼ類似のカイコキチナーゼが，昆虫に特有なキチナーゼと同様に，表皮や消化管で同じ時期に発現されていることであう。その生理的意義についてはまだ不明であるが，たいへん興味あることである。

これまで報告された主なキチナーゼの系統樹（phylogenetic tree）を図2に作ってみると，同じファミリー18でも，昆虫キチナーゼは，植物キチナーゼや微生物キチナーゼ，それに昆虫以外の節足動物のエビ，ダニとはかなり異なって進化してきたことがわかる。進化による差異の他に，タバコスズメガやカイコのキチナーゼにおいてみられるC末端側のキチン結合領域の有無が，昆虫におけるキチナーゼの役割とどのように関係があるかが今後の興味の的である。

表1　カイコキチナーゼとタバコスズメガのキチナーゼのエキソン部分におけるアミノ酸配列の比較

エキソン番号	サイズ(bp) B. mori	M. sexta		アミノ酸配列	特性
1	62	62	(*B.mori*) (*M.sexta*)	MRAIFATLAVLASCAALVQS 20 MRATLATLAVLALATAVQS 19	開始コドンとシグナル配列
2	170	170	(*B.mori*) (*M.sexta*)	DSRARIVCYFSNWAVYRPGVGRYGIEDIPVDLCTHLIYSFIGVTEKSSEVLIIDPE 56 **(91.0%)*** DSRARIVCYFSNWAVYRPGVGRYGIEDIPVEKCTHIIYSFIGVYEGNSEVLIIDPE 56	成熟キチナーゼのN末端配列
3	166	166	(*B.mori*) (*M.sexta*)	LDVDKSGFR**NFT**SLRSKHPDV**KFMVAVGGWAEG G**SKYSHMVAQKSTRMSFIRSVVD 56 **(92.9%)** LDVDKNGFR**NFT**SLRSSHPSV**KFMVAVGGWAEGS** SKYSHMVAQKSTRMSFIRSVVS 56	N型糖鎖付加部位と保存領域I
4	223	223	(*B.mori*) (*M.sexta*)	**FLKKYDFDGLDLDWEYP** GAADRGGSFSDKDKFLYFVQELKRAFIRAGRGWELTAAVPL ANFRLMEGYHVPELCQ 74 **(98.7%)** **FLKKYDFDGLDLDWEYP** GAADRGGSFSDKDKFLYLVQELRRAFIRVFKGWELTAAVPLANFRLMEGYHVPELCQ 74	保存領域II
5	124	124	(*B.mori*) (*M.sexta*)	ELDAIHVM**SYD**LRGNWAGFADVHSPLYKRPHDQWAYEKLNV 41 **(100%)** ELDAIHVM**SYD**LRGNWAGFADVHSPLYKRPHDQWAYEKLNV 41	リン酸化部位
6	198	192	(*B.mori*) (*M.sexta*)	NDGLNLWEEKGCPTNKLVVGIPFYGRSFTLSAGNNNYGLGTYINKEAGGGDPAPYT **NAT**GFWAYYE 66 NDGLHLWEEKGCPSNKLVVGIPFWGRSFTLSAGNNNYGLGTFINKEAGGGDPAPYT **NAT**GFWAY 64	N型糖鎖付加部位
7	297	302	(*B.mori*) (*M.sexta*)	ICTEVDADGSGWTKKWDEFGKCPYAYKGTQWVGYEDPR **SVE**IKMNWIKEKGYLGAMTWAIDMDDFKGLCGEEN **PL**- YEICTEVDKDDSGWTKKWDFQGKCPYAYKGTQWVGYEDPR **SVE**IKMNWIKQKGLYGAMTWAIDMDDFQGLCGEKM- IKLLHKHMS**NYT**VPPARTGHTTPT 99 PLIKILHKHMSSYTVPPPHTE **NTT**PT 101	リン酸化部位とN型糖鎖付加部位
8	201	231	(*B.mori*) (*M.sexta*)	**PE**WAR**PPSTPS**D**PSSE**GD**P**I**PTTTTTT**VK**PTTT**R**TTA**R**PTTTTT**KV**P**HG**TTEE**DFDINVR**PE**V**EELPT** 67 **PE**WAR**PPSTPS**D**PSE**GD**P**I**PTTTT**AK**PA**S**TT**K**TT**VK**TTTTTT**AK**PPQS**VID**EE**NDINVR**PEP**K**PEP**Q**PEPE**V**E**V**PPT** 77	PEST(Pro/Glu/Ser/Thr rich)領域
9	75	75	(*B.mori*) (*M.sexta*)	ENEVDNADV**C**NSEDDYVPDKKE**C**SK 25 **(64%)** ENEVDGSEI**C**NSDQDYIPDKKH**C**DK 25	Cys-rich領域
10	112	126	(*B.mori*) (*M.sexta*)	YWR**C**VNGEGVQFS**C**QPGTIFNVKLNV**C**DWPENTDRPE**C**S 39 YWR**C**VNGEAMQFS**C**QHGTVFNVELNV**C**DWPS**NAT**RRE**C**QQP 41	Cys-rich領域と終止コドン

特記するアミノ酸(一文字表示)は太文字で示している。
アミノ酸の長さが同じ場合、カイコキチナーゼのタバコスズメガキチナーゼに対するホモロジーをアミノ酸配列の後に(％)で示している。

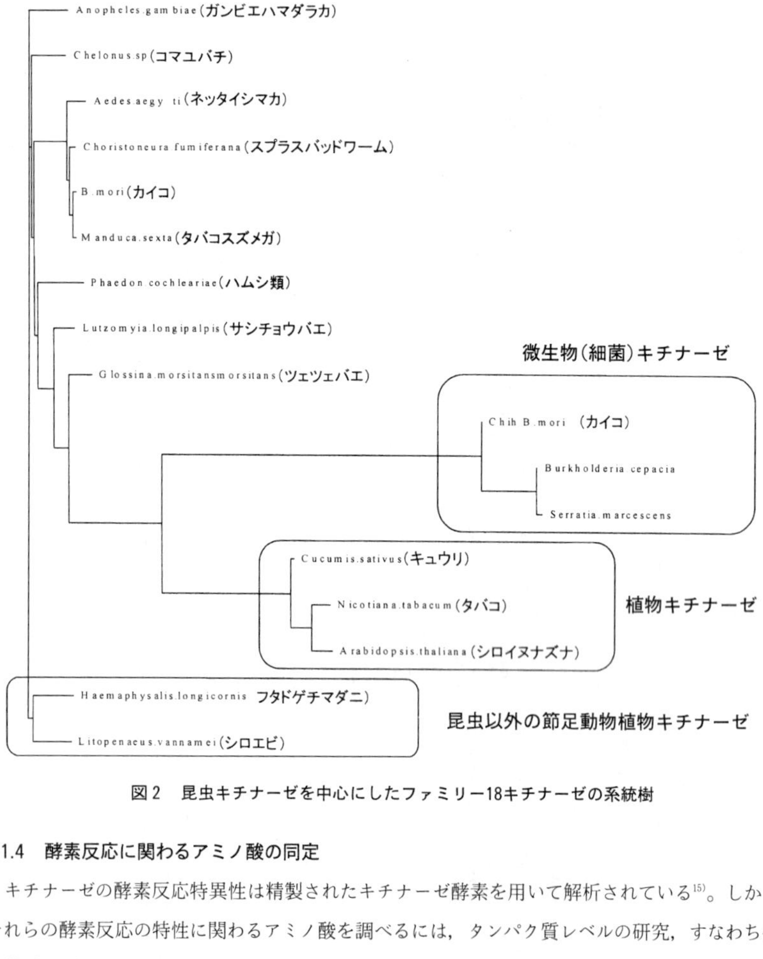

図2　昆虫キチナーゼを中心にしたファミリー18キチナーゼの系統樹

2.1.4　酵素反応に関わるアミノ酸の同定

キチナーゼの酵素反応特異性は精製されたキチナーゼ酵素を用いて解析されている[15)]。しかし，それらの酵素反応の特性に関わるアミノ酸を調べるには，タンパク質レベルの研究，すなわち化学修飾法で行なうとすると，大変な作業であり，また，ある特定のアミノ酸だけを調べることはほとんど不可能に近いことである。その意味では遺伝子レベルでの組換え酵素を作成することで，重要なアミノ酸やペプタイドの領域（ペプタイド）などの酵素反応への関与が容易に解析できる。キチナーゼの酵素反応に関わるアミノ酸，すなわち触媒部位や基質結合を調べるのに，もしわかっておれば立体構造をもとに触媒作用の可能性があるアミノ酸を別のアミノ酸へ置き換えて調べる。また，まだ立体構造が解明されてなければ，これまで報告されている立体構造をもとに立体構造モデルを構築し，酵素反応に関係ありそうなアミノ酸を置換すればよい。この時は，ファミリー18とファミリー19では立体構造がかなり異なるため，ファミリー18に属する昆虫キチナーゼはファミリー18の微生物（*Serratia marcesence*）キチナーゼや植物のゴムノキキチナーゼ（Hevamin）などの立体構造から立体構造をシミュレートし，それを基に，たとえば，酵素反応加水分解に関わっているGluなどや，また基質との結合に関わっているTrpなどを他のアミノ酸へ置換し，その組換え遺伝子をタンパク質発現系（大腸菌，酵母，昆虫など）で組換えキチナーゼを作り，酵素反応解析（キネティックス）を行なう。基質結合の増減はKm値（大きくなれば結合力低下を意味する），kcat値（小さくなれば酵素基質複合体から生成物への反応の低下を意味する），さらにkcat/Km値（酵素キチナーゼが基質キチンをオリゴ糖へ加水分解する全反応過程を表し，小さくなれば全反応が低下することを意味する）を酵素反応実験から算出すれば，置換したアミノ酸がどの反応（基質との結合反応か，あるいは触媒反応か）に関与したかがわかる。ただし，アミノ酸を置換したために完全に酵素反応が消失した場合はこの内訳は正確にはわからないが，触媒（加水分解）反応に直接関与したアミノ酸（例えばGlu）だと考えられる[16~18]。これらの結果，保存領域ⅡのDWEがキチナーゼ活性に関与していることが明らかになり，また，C末端側のキチン結合領域の役割についても同様な研究により，キチン結合への関与が明らかになった[19]。

2.2　植物キチナーゼ遺伝子

2.2.1　はじめに

植物キチナーゼは，子孫を残すための種子・塊茎などの貯蔵組織や花などの生殖組織に多く見られ，また，外部からの病原菌や害虫による侵略により誘導されることから，植物生体防御のための酵素であると思われる。さらに，キチナーゼのターゲットであるキチンが高等植物には存在せず，植物病原菌の細胞壁や害虫の表皮及び消化管の栄養囲膜に存在することから，これらのキチンを分解することにより病害虫に対し生体防御を行うと思われる[20]。実際，８章２項で紹介しているように，ヤマイモキチナーゼE（ファミリー19，クラスⅣ）は，直接散布によりイチゴうどんこ病を治癒に有効であることが示されている[21]。

植物キチナーゼ遺伝子については，荒木・鳥潟の著書[22]があるので，ここでは，その他の遺伝子レベルの研究を主に紹介する。

2.2.2　植物キチナーゼ

植物キチナーゼにおいて特異的なのは，他の生物が産生するのがファミリー18であるのに対して，ファミリー19キチナーゼを産生することである（*Streptomyces*の放線菌などの一部の微生物もファミリー19キチナーゼを産生するため，このファミリーのキチナーゼは生きた病原菌の分解に強く関与していると思われる）。植物キチナーゼは，ファミリー18に属するクラスⅢやⅤ，ファミリー19に属するクラスⅠ，ⅡやⅣなどにさらにクラスに分けられる[23,24]。これらのクラス分けはアミノ酸配列

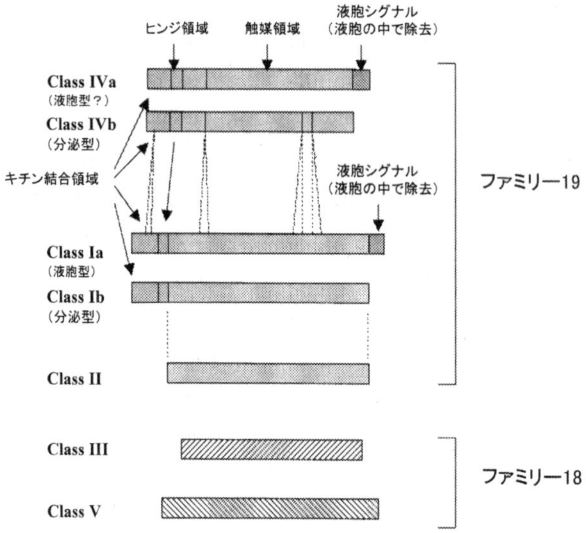

図3　植物キチナーゼのクラス分け

の類似性に基づいて図3に示すように分類されているが，これらの多様なクラスのキチナーゼの存在がどのように生体防御に携わっているかも興味あることである[25]。その理由として考えられるのは，侵略者の構成キチン質が複雑な構造体（他の糖やタンパクとの架橋などによる）を有するため，多様なキチナーゼアイソザイムの集合で対応するためだと思われる。さらに，その目的のためか，同一植物内に類似キチナーゼ（多型）が多く見られる，例えば，クローニングした1つのクラスⅣキチナーから作成したプライマーでPCRを行なうと，少しづつアミノ酸の異なるキチナーゼ遺伝子が見つかる。このようなことは昆虫のカイコでは見られていない。

植物のファミリー18キチナーゼは，系統樹（図2）で分かるように他の生物のキチナーゼと異なっているが，それはアミノ酸の長さが異なる点（昆虫キチナーゼが約60kDaに比べ植物キチナーゼが約30kDa）[15]の他に，遺伝子配列において特徴がある。まずは，イントロンの数のちがい（昆虫は多くのイントロンがあるのでゲノムDNAのサイズは約15kb，それに対し植物はイントロンが少ないため約1kb）がある。さらに，図4に示しているように，保存領域Ⅱで触媒反応に強く関与しているDWE（昆虫では）が，植物ではDIEが多く見られ，トリプトファン（W）の代わりにイソロイシン（I）が用いられていることである。ファミリー19キチナーゼも含め，典型的な植物キチナーゼを用いて作った系統樹を図5に示す。これから分かるように，アミノ酸配列に基づいて分類されたクラスが各々分れているのがわかる。

```
イネ      MAANKLKFSPLLALFLLAGIAVTSRAGDIAVYWGQNGDEGSLADACNSGLYAYVMVAFLS   60
ナガイモ  -MATKKTQTFLLLILAALCITSNAGIGSIVVYWGQNGFEGSLAEACSTGNYDIVVIAFLY
ダイズ    -MKTPNKASLILFPLLFLSLFKHSHAAGIAIYWGQNGGEGTLAEACNTRNYQYVNIAFLS
タバコ    ----MIKYSFLLTALVLFLRALKLEAGDIVIYWGQNGNEGSLADTCATNNYAIVNIAFLV
                                                保存領域 I
イネ      TFGNGQTPVLNLAGHCEPSSGGCTGQSSDIQTCQSLGVKVILSIGGGAGSYGLSSTQDAQ   120
ナガイモ  QFGNFQTPGLNLAGHCNPASGGCVRIGNDIKTCQSQGIKVFLSLGGAYGSYTLVSTQDAQ
ダイズ    TFGNGQTPQLNLAGHCDPNNNGCTGLSSDIKTCQDLGIKVLLSLGGGAGSYSLSSADDAT
タバコ    VFGNGQNPVLNLAGHCDPNAGACTGLSNDIRACQNQGIKVMLSLGGGAGSYFLSSADDAR
                                   保存領域 II
イネ      DVADYLWNNFLGGSSGSRPLGDAVLDGVDFDIETGNPAHYDELATFLSRYSAQGGGKKVI   180
ナガイモ  QVADYLWNNFLGGSSSSRPLGDAVLDGIDFDIEGGTTQHWDELAQMLFDYSQQG--QKVY
ダイズ    QLANYLWQNFLGGQTGSGPLGNVILDGIDFDIESGGSDHYDDLARALNSFSSQR---KVY
タバコ    NVANYLWNNYLGGQSNTRPLGDAVLDGIDFDIEGGTTQHWDELAKTLSQFSQQR---KVY

イネ      LTAAPQCPYPDASLGPALQTGLFDSVWVQFYNNPPCQYANGDASNLVSAWNTWTGGVSAG   240
ナガイモ  LSAAPQCPYPDAWMGKALATGLFDYVWVQFYNNPPCHYSS-NAVNLLSSWNQWTSSVTAT
ダイズ    LSAAPQCIIPDAHLDRAIQTGLFDYVWVQFYNNPSCQYSSGNTNNLINSWNQWI-TVPAS
タバコ    LTAAPQCPFPDTWLNGALSTGLFDYVWVQFYNNPPCQYSGGSADNLKNYWNQWN-AIQAG

イネ      SFYVGVPAAEAAAGSG-YVAPGDLTSAVLPAVQGNAKYGGIMVWNRFYDVQNNFSNQVKS   300
ナガイモ  KFFVGLPASPQAAGSG-YTPPDTLISEVLPSIMYSDKYGGIMLWSRYFDLLSGYSSQIRR
ダイズ    QIFMGLPASEAAAPSGGFVPADVLTSQVLPVIKQSSKYGGVMLWNRFNDVQNGYSNAIIG
タバコ    KIFLGLPAAQGAAGSG-FIPSDVLVSQVLPLINGSPKYGGVMLWSKFYDNG--YSSAIKA

イネ      SV-----------------
ナガイモ  VNLLSLPGNTSANAIKASV      319
ダイズ    SVN----------------
タバコ    NV-----------------
```

図４　ファミリー18植物キチナーゼのアミノ酸配列
太文字は相同性の高いアミノ酸を示す。

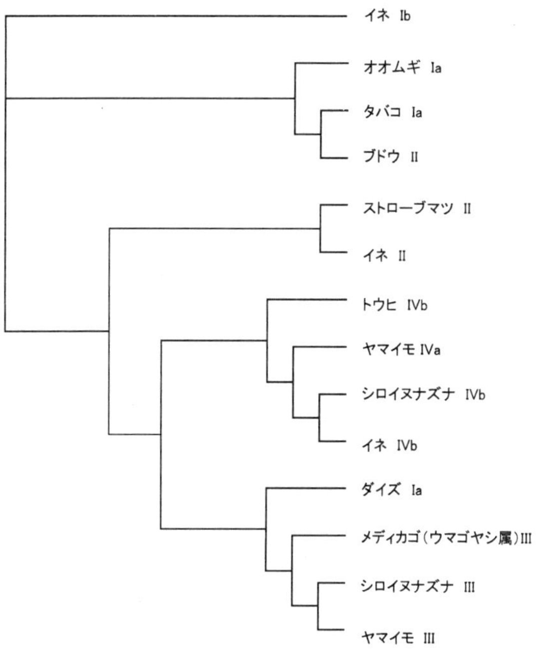

図５　植物キチナーゼの系統図

2.2.3 分泌型キチナーゼと液胞型キチナーゼ

植物キチナーゼに特有な点は，細胞における局在が異なる2のタイプがあることである。これまで，植物キチナーゼは分泌型と液胞型が報告されているが，液胞型には液胞シグナルが存在するが，分泌型にはそれが欠損している。このことは遺伝子レベルの研究でその配列が明らかになった[26]。というのは，この液胞シグナルは液胞に移行したあと切断され，精製したキチナーゼタンパク質にはもはや見ることはできないからである。図6に示すように，液胞への移行シグナル（vacuolar targeting signal，液胞シグナル）については，N末端側とC末端側に存在することが知られているが，キチナーゼの場合はC末端側にだけ報告されている。ちなみに，N末端側に液胞シグナルを有するものとして，スポラミンなどが知られている。また，キチナーゼにおける液胞シグナルの存在はクラスⅠで知られているだけで，液胞型キチナーゼはクラスⅠa，分泌型はクラスⅠbと分類されている[23]。タバコクラスⅠaの液胞シグナルにおいては，そのC末端側の液胞シグナルの塩基配列を削除したり，キュウリの分泌型キチナーゼのC末端側にその塩基配列を付加したあと，それらの組換え遺伝子を各々宿主植物に導入して，その細胞局在化を調べて証明している[26]。我々は，最近，ヤマイモから細胞内局在のクラスⅣキチナーゼをクローニングに成功したが，クラスⅠaのC末端液胞シグナルに類似した配列を有することから，液胞型のクラスⅣ（筆者の提案として，Ⅳa）キチナーゼが存在するのではないかと考えている（図6参照)。このC末端側の液胞シグナルの有無，すなわち，分泌型キチナーゼと液胞型キチナーゼの存在とその植物生体防御との関係については，完全には分っていないが，一つの考えとして，侵入者の検知にはクラスⅡの分泌型キチナーゼが関与し（侵略者を抹殺するまでの攻撃にはならない），それによって侵入者のキチン質の分解物が植物のレセプターを通して情報が伝達され，そのシグナルによって，侵略者を殺すのにキチン結合領域を有する分泌型キチナーゼ（クラスⅠb，クラスⅣb（筆者の提案））が誘導され細胞外へ分泌される。液胞型キチナーゼについては，これまで液胞から細胞外へ分泌されることがまだ報告されていないため，最後の防御として植物細胞が死を選ぶ時に液胞からキチナーゼを放出して他の残りの植物組織を守っていると思われる。

2.2.4 成熟キチナーゼのN末端アミノ酸

さらに，植物キチナーゼで見られる特徴は，N末端アミノ酸がフリーでなくピログルタミル化などの修飾されて，N末端アミノ酸が不明のものが知られていることである。特にヤマイモキチナーゼのアイソザイムでは精製キチナーゼがプロテインシーケンサーで検出されないものが多い。前述のクラスⅣのヤマイモキチナーゼもその中の1つであるが，ヤマイモ塊茎から精製したキチナーゼEのタンパク質をピログルタミルアミノペプチダーゼで処理すると，プロテインシーケンサーで遺伝子配列から予想された2番目のアミノ酸から順に検出できた。このことから，このキチナーゼ（アイソザイム）は成熟キチナーゼのN末端アミノ酸はピログルタミル化されていることが明らかに

```
タバコ　　　　Ia     1 MRLREFTALSSLLFSLLLLSASAE-QCGSQAGGARCASGL-CCSKFGWCGNTNDYCGPGN   58
イネIb               1 M--RAL-AL-AVV-AMAVVAVRGE-QCGSQAGGALCPNCL-CCSQYGWCGSTSDYCGAG-   52
タバコ　　　　II     1 MEF-SGSPMA--LF-----------C--------CVFFL--------------F-LTGS   22
ヤマイモVa           1 M--HSF-RMIFLEALLIAGVLSGLFSSSAVAQNCQCDTTIYCCSQHGYCGNSYDYCGPG-   56
シロイヌナズナVb     1 MLTPTISKSISLVTILL--VLQA-FSNTTKAQNCGCSSEL-CCSQFGFCGNTSDYCGVG-   55
                       *          .   .          .   .     *  . .... . .... .... *

タバコ　　　　Ia    59 CQSQCP----GGPTPP--GGG-DLGSIISSSMFDQMLKHRNDNACQGKGFYSYNAFINAA  111
イネIb              53 CQSQCSGGCGGGPTPPSSGGGSGVASIISPSLFDQMLLHRNDQACRAKGFYTYDAFVAAA  112
タバコ　　　　II    23 -LAQ-------G-I------G----SIVTSDLFNEMLKNRNDGRCPANGFFTYDAFIAAA   63
ヤマイモVa          57 C--Q-AGPC-LVP-CEGN-GTLTVSDI-VTQDFWDGIASQAAANCSGKGFYTLSAFLEAV  109
シロイヌナズナVb    56 C--Q-QGPC-FAP-PPAN-G-VSVAEI-VTQEFFNGIISQAASSCAGNRFYSRGAFLEAL  107
                       .  *  . .  .. ..   .. . . *     *  ..  ...  * ...*... **  *.

タバコ　　　　Ia   112 RSFPGF-GTSGDTTARKREIAA-FFAQTSHETTGGWATAPDGPYAWGYCWLREQ--GSPG  167
イネIb             113 NAYPDF-ATTRDADTCKREVAA-FLAQTSHETTGGWPTAPDGPYSWGYC-FKEENNGNAP  169
タバコ　　　　II    64 NSFPGF-GTTGDDTARRKEIAA-FFGQTSHETTGGSLSA-E-PFTGGYCFVRQ-ND-QSD  117
ヤマイモVa         110 SAYPGFG-TKCTDEDRKREIAAYF-AHVTHE-T--------G---H-LCYIEERD-GHAN  153
シロイヌナズナVb   108 DSYSRFGRVGSTDDSR-REIAAFF-AHVTHE-T--------G---H-FCYIEEID-GASK  151
                        ....*  .  ..  ...*.** * ....**.*..   .  ..   ..*   .   .

タバコ　　　　Ia   168 DYC-TPSGQWPCAPGRKYFGRGPIQISHNYNYGPCGRAIG-VDLLNNPDLVATDPVISFK  225
イネIb             170 TYC-EPKPEWPCAAAKKYYGRGPIQITYNYNYGR-GAGIG-SDLLNNPDLVASDA-VSFK  225
タバコ　　　　II   118 RY---------------Y-GRGPIQLTNRNNYEKAGTAIG-QELVNNPDLVATDATISFK  160
ヤマイモVa         154 NYCLESQ-QYPCNPNKEYFGRGPMQLSWNYNYIDAGKELNFDGL-NDPDIVGRDPILSFK  211
シロイヌナズナVb   152 DYCDENATQYPCNPNKGYYGRGPIQLSWNFNYGPAGTAIGFDGL-NAPETVATDPVISFK  210
                        *. .   . .. . . * ****.*.. ..**. .* ...   * *.*..*..*. .***

タバコ　　　　Ia   226 SALWFWMTPQSPKPSCHDVIIGRWQPSSADRAANRLPGFGVITNIINGGLECGRGTDSRV  285
イネIb             226 TAFWFWMTPQSPKPSCHAVITGQWTPSADDQAAGRVPGYGEITNIINGGVECGHGADDKV  285
タバコ　　　　II   161 TAIWFWMTPQDNKPSSHDVIIGRWTPSAADQAANRVPGYGVITNIINGGIECGIGRNDAV  220
ヤマイモVa         212 TSLWYW-----IRKG----V--QYVILDPD-QG--F-G-ASI-RIINGGQECDGKNTAQM  254
シロイヌナズナVb   211 TALWYW-----TNR-----V--Q-PVI-S--QG--F-G-ATI-RAINGALECDGANTATV  249
                       ...*.*....  ... . .. ... ..  . .. . .* . *...***. **. .    .

タバコ　　　　Ia   286 QDRIGFYRRYCSILGVSPGDNLDCGNQRSFGNGLLVDTM                        324
イネIb             286 ADRIGFYKRYCDMLGVSYGDNLDCYNQRPY-----PPS-                        318
タバコ　　　　II   221 EDRIGYYRRYCGMLNVAPGENLDCYNQRNFGQG------                        253
ヤマイモVa         255 MARVGYYEQYCAQLGVSPGNDLTC----VTS-N-LAVS-                        286
シロイヌナズナVb   250 QARVRYYTDYCRQLGVDPGNNLTC---------------                        273
                        .*...* .**  *.*..* .*.* ...
```

図6　ファミリー19植物キチナーゼの比較
＊全て同じアミノ酸を示す。.，3つ同じアミノ酸を示す。

なった。しかし，このピログルタミン酸は化学的にはグルタミン酸（Glu）とグルタミン（Gln）の両方からでもピログルタミル化によりできるので，実際のN末端アミノ酸はGluかGlnか興味の的であったが，遺伝子解析によりはじめてGlnであることが分った。しかし，この成熟キチナーゼのN末端アミノ酸が植物ではピログルタミル化されるのかその生物学的意義は不明である。

〈謝辞〉

図表の作成で協力してくれた，研究室の学生諸君に感謝の意を表します。

文　　献

1) Karl J. Kramer, Carol Dziadik-Turner and Daizo Koga, "Chitin Metabolism in Insects" In Comprehensive Insect Physiology, Biochemistry and Pharmacology. Vol 3. Integument, Respiration and Circulation. edited by G.A. Kerkut and L.I. Gilbert, pp 75-115, Pergamon Press, Oxford/New York/Toront/Sydney/Paris/Frankfurt (1985)

2) 古賀大三，最後のバイオマス　キチン，キトサン．第4章　動物におけるキチンの生合成と分解―節足動物における役割，(キチンキトサン研究会編)，技報堂出版，pp87-128 (1988)

3) 古賀大三，キチン，キトサン　ハンドブック．1章 1-2　動物におけるキチンの存在と役割，(キチンキトサン研究会編)，技報堂出版　pp 9-14 (1995)

4) 古賀大三，河野迪子，キチン，キトサン　ハンドブック．2章 2-2-1 動物キチナーゼ，(キチンキトサン研究会編)，技報堂出版　pp54-63, pp 116-131 (1995)

5) K. J. Kramer, L. M., Corpuz, H. Cho and S. Muthukrishnan, Sequence of a cDNA and expression of the gene encoding epidermal and gut chitinases of *Manduca sexta. Insect Biochem. Molec. Biol.*, **23**, 691-701 (1993)

6) B. P. D. Filho, F. J.A.Lemos, N. F. C. Secundino, V. Pascoa, S. T. Pereira, P. F. P. Pimenta, Presence of chitinase and beta-N-acetylglucosaminidase in the *Aedes aegypti* A chitinolytic system Involving peritrophic matrix formation and degradation. *Insect Biochem. Molec. Biol.*, **32**, 1723-1729 (2002)

7) B. M. A. Abdel-Banat and D. Koga, Alternative splicing of the primary transcript generates heterogeneity within the products of the gene for *Bombyx mori* chitinase. *J. Biol. Chem.*, **277**, 30524-30534 (2002).

8) M. G. Kim, S. W. Shin, K. -S. Bae, S. C. Kim, H. -Y. Park, Molecular cloning of chitinase cDNAs from the silkworm, Bombyx mori and the fall webworm, *Hyphantria cunea. Insect Biochem. Molec. Biol.*, **28**, 163-171 (1998)

9) B. M. A. Abdel-Banat and D. Koga, A genomic clone for a chitinase gene from the silkworm, *Bombyx mori* : Structural organization identifies functiional motifs. *Insect Biochem. Molec. Biol.*, **31**, 497-508 (2001).

10) K. Mikitani, T. Sugasaki, T. Shimada, M. Kobayashi and J. -A. Gustafsson, The chitinase gene of the silkworm, *Bombyx mori*, contains a novel Tc-like transposable element. *J. Biol. Chem.*, **275**, 37725-37732 (2000)

11) D. Koga, Y. Sasaki, Y. Uchiumi, N. Hirai, Y. Arakane and Y. Nagamatsu, Purification and characterization of *Bombyx mori* chitinases. *Insect Biochem Molec. Biol.*, **27**, 757-767 (1997).

12) H. K. Choi, K. H. Choi, K. J. Kramer, and S. Muthukrishnan, Isolation and characterization of a genomic clone for the gene of a an insect molting enzyme, chitinase. *Insect Biochem. Molec. Biol.*, **27**, 37-47 (1997).

13) C. Girard and L. Jouanin, Molecular cloning of a gut-specific chitinase cDNA from the beetle *Phaedon cocheariae. Insect Biochem Molec. Biol.*, **29**, 549-556 (1999).

14) T. Daimon, K. Hamada, K. Mita, K. Okano, M. G. Suzuki, M. Kobayashi, T. Shimada, A *Bombyx mori* gene, BmChi-h, encodes a protein homologous to bacterial and baculovirus chitinases. *Insect Biochem. Molec. Biol.*, **33**, 749-759 (2003)
15) Daizo Koga, Masaru Mitsutomi, Michiko Kono and Masahiro Matsumiya, Biochemistry of chitinases. Chitin and Chitinases. edited by P. Jolles and R.A.A. Muzzarelli, pp111-123, Birkhauser Publishing Ltd. Basel, Switzerland, 1999.
16) X. Huang, H. Shang, K.-C. Zen, S. Muthkrishnan, K.J. Kramer, Homology modeling of the insect chitinase catalytic domain-oligosaccharide complex and the role of a putative active site tryptophan in catalysis. *Insect Biochem. Molec. Biol.*, **30**, 107-117 (2000)
17) Y. Lu, K.-C. Zen, S. Muthkrishnan, K. J. Kramer. Site-directed mutagenesis and functional analysis of an active site acidic amino acid residues D142, D144 and 146 in *Manduca sexta* (tobacco hornworm) chitinase. *Insect Biochem. Molec. Biol.*, **32**, 1369-1382 (2002)
18) H. Zhang, X. Huang, T. Fukamizo, S. Muthkrishnan, K.J. Kramer. Site-directed mutagenesis and functional analysis of an active site tryptophan of insect chitinase. *Insect Biochem. Molec. Biol.*, **32**, 1477-1488 (2002)
19) X. Zhu, H. Zhang, T. Fukamizo, S. Muthkrishnan, K. J. Kramer., Properties of *Manduca sexta* chitinase and its C-terminal deletions. *Insect Biochem. Molec. Biol.*, **31**, 1221-1230 (2001)
20) 古賀大三，キチン，キトサン　ハンドブック．1章 1-3　植物におけるキチン分解酵素の役割，(キチンキトサン研究会編)，技報堂出版　pp15-30 (1995).
21) Karasuda, S., Tanaka, S., Kajihara, H., Yamamoto, Y., and Koga, D., Plant chitinase as a possible biocontrol agent for use instead of chemical fungicides. *Biosci. Biotechnol. Biochem.*, **67**, 221-224 (2003).
22) 荒木朋洋，鳥潟隆雄，キチン，キトサン　ハンドブック．2章 2-3-1植物キチナーゼの一次構造と遺伝子，(キチンキトサン研究会編)，技報堂出版　pp 86-96 (1995).
23) D. B Collinge, K. M. Kragh, J. D. Mikkelsen, K. K. Nielsen, U. Rasmussen and K. Vad, Plant chitinases. *Plant J.*, **3**, 31-40 (1993).
24) J.-M.Neuhaus, B, Fritig, H. J. M. Linthorst, F. Meins, Jr., J. D. Mikkelsen and J. Ryals, A revised nomenclaure for chitinase genes. *Plant Molec. Biol. Reporter*, **14**, 102-104 (1996)
25) Y. Arakane, H. Hoshika, N. Kawashima, C. Fujiya-Tsujimoto, Y. Sasaki and D. Koga, Comparison of chitinase isozymes from yam tuber-enzymatic factor controlling the lytic activity of chitinases. *Biosci. Biotechnol. Biochem.*, **64**, 723-730 (2000).
26) J. -M. Neuhaus, L. Sticher, F. Meins, Jr. and T. Boller, A short C-terminal sequence is necessary and sufficient for the targeting of chitinases to the plant vacuole. *Proc. Natl. Acad. Sci. USA*, **88**, 10362-10366 (1991)

3　海洋細菌のキチン分解機構とその遺伝子

辻坊　裕*

3.1　はじめに

海洋は，地球表面の7割を占めている。特に，わが国は，四方を豊かな海に囲まれていることから，資源の乏しいわが国にとって海洋資源をいかに有効利用するかが，今後の重要な課題となるであろう。海洋では，炭素換算で年間2.5×10^{10} t のバイオマスが再生していると試算されている。このうち，*N*-アセチルグルコサミンが*β*-1,4結合したホモポリマーであるキチンは，海洋環境において，年間に約10^{9} t 産生されると見積られており，その主な由来は動物プランクトンである[1,2]。キチンは，海洋環境において生態系を維持するために重要な役割を果たしており，もし水に不溶性のキチンが分解され，生物学的に利用しうる形に変換されなければ，比較的短期間に海洋環境中の炭素源および窒素源が枯渇するであろうと考えられている[3]。しかしながら，キチンは大量に産生されるにもかかわらず，海底堆積物中に微量に存在するのみである。カニの甲羅を海水中に放置すると，約2週間でその半分にまで分解されると言われている[4]。このように，キチン分解細菌は海洋環境中のキチンリサイクル過程において重要な働きをしている。

一般に，キチン分解細菌は，多種多様な酵素およびタンパク質の作用よりキチンを*N*-アセチルグルコサミンに分解し，栄養源として利用する。筆者らは，セルロースに匹敵するバイオマスであるキチンから種々の生理活性を示すキチンオリゴ糖ならびに変形性関節症の予防および改善に効果を有する*N*-アセチルグルコサミンの効率的な酵素生産を目指し，海洋細菌のキチン分解機構の全体像を分子レベルで明らかにする目的で研究を行っている。本稿においては，筆者らが得た知見を中心に海洋細菌のキチン分解機構について概説したい。

3.2　キチンの認識および定着

海洋環境において，キチン分解細菌はどのような機構でキチンを認識しているのであろうか。一つの可能性として，海水中で浮遊状態にある細菌がキチンまたはキチン質から構成される生物と偶然に遭遇することが考えられる。しかしながら，多くの海洋細菌は，微細藻類，原生動物，甲殻類などの無脊椎動物とともに存在し，浮遊状態で存在する細菌は少数であると考えられている[5~7]。したがって，固体表面に接着した細菌が増殖し，その数がある限度を超え，栄養条件などの生育環境が好ましくない状態になると，細菌がより環境の整った別の場所を求めて遊離していく。この場合，キチンとの偶然性による出会いよりも，むしろ化学走性を具備し，運動性を有する細菌の方がより生存に有利であると思われる。アミノ酸，糖，ペプチドなどに対する化学走

---

*　Hiroshi Tsujibo　大阪薬科大学　薬学部　微生物学教室　助教授

性に関しては，すでに大腸菌，サルモネラ菌などにおいて細胞内シグナル伝達機構が詳しく研究されている。一方，キチンに対する化学走性については，海洋細菌*Vibrio furnissii*において検討され，*V. furnissii*は，*N*-アセチルグルコサミンおよび2糖から6糖のキチンオリゴ糖のすべてに対して化学走性を示すことが確認された[8~10]。また，筆者らも極鞭毛を有する海洋細菌*Pseudoalteromonas* sp. O-7株が*N*-アセチルグルコサミンおよびキチンオリゴ糖に対して化学走性を示すことを認めている。したがって，海水中で浮遊状態にあり，鞭毛を有するキチン分解細菌は，生物から由来する*N*-アセチルグルコサミンおよびキチンオリゴ糖など，誘引物質の濃度の高い方向に向かって泳動し，その生物に到達するものと思われる。

次に，鞭毛や繊毛を有する細菌の場合，生物個体表面への接着には，鞭毛による遊走運動性(swarming motility)および収縮運動性(twitching motility)のいずれもが深く関わっていることが報告されている[11]。生物個体表面に接着した細菌は，運動性が低下し，住むにふさわしい環境であるかどうかをまず選択し，好ましい環境であれば，細菌は微小コロニーを形成する。微小コロニーは，一般に多糖類に覆われた三次元的なバイオフィルムを形成することにより，分裂後の細菌も水流に流されることなく生物個体表面に留まることができる。多くのキチン分解細菌の場合においても，生物個体表面にバイオフィルムを形成後，キチン分解産物を栄養源として利用し増殖するものと思われる。そして，細菌数が許容範囲を超え，栄養条件などの環境が悪化すると，キチン分解細菌は，より適した環境を求めてバイオフィルムから遊離するものと思われる。

3.3　キチナーゼ

Bernardが初めてキチナーゼに関する報告をして以来，ほぼ100年が経過した[12]。それ以来，キチナーゼに関する研究が国の内外を問わず精力的に行われ，今日に至っても，その報告数は増加の一途を辿っている。細菌のキチナーゼに関しては，1986年にJonesら[13]，およびFuchsら[14]が*Serratia marcescens* QMB1466由来のキチナーゼ遺伝子をクローニングして以来，数多くのキチナーゼ遺伝子がクローニングされ，その構造と機能について報告された。さらに，1994年にPerrakisらは，*Serratia marcescens*由来のキチナーゼの結晶化に成功し，その3次構造を明らかにするとともに，触媒機構についても言及した[15]。キチナーゼはアミノ酸配列の相同性により，ファミリー18とファミリー19に大きく分類されるが[16]，細菌由来のキチナーゼの多くは，ファミリー18に属し，放線菌などが産生する一部のキチナーゼがファミリー19に分類される。

海洋細菌については，*Vibrio*属細菌，および*Pseudoalteromonas*属細菌の産生するキチナーゼについての報告が多い。本稿では，筆者らが研究対象としている*Pseudoalteromonas* sp. O-7株由来のキチナーゼについて紹介したい。本菌は，キチン存在下において，4種類のキチナーゼ(ChiA，ChiB，ChiC，ChiD)を産生する[17~20]。これらの遺伝子をクローニングし，推定アミノ

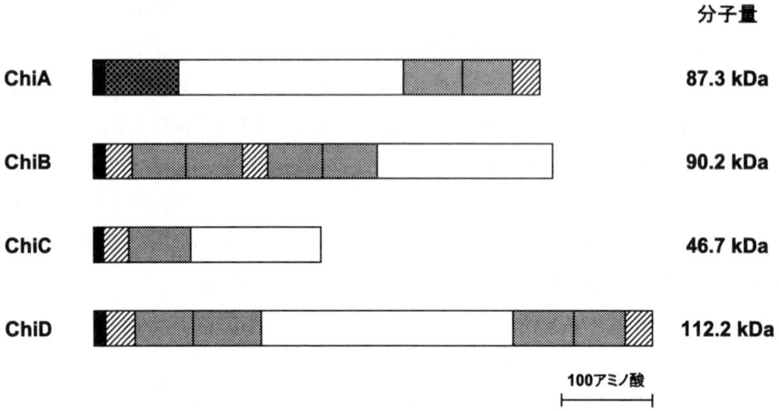

図1　キチナーゼのドメイン構造
■，シグナルペプチド；□，触媒ドメイン；▨，キチン結合ドメイン；
▩，フィブロネクチンタイプ3ドメイン；▩，polycystic kidney diseaseドメイン．

酸配列に基づいてドメイン構造を調べたところ，ChiA，ChiB，ChiC，ChiDは，いずれもファミリー18に分類される触媒ドメイン，およびタイプ3に分類されるキチン結合ドメインを共通に有していた(図1)。しかしながら，ChiAのN末端には，ヒトの嚢胞性腎症に関与するpolycystin-1において初めて見出されたpolycystic kidney disease (Pkd) ドメイン[21]と相同性を有する領域が存在する。Pkdドメインのキチン分解における役割を検討する目的で，ChiAからPkdドメインを欠失させたタンパク質を，大腸菌を宿主として種々の条件下で発現させたが，いずれにおいても封入体を形成し，全くリフォールディングしなかった。一方，完全長のChiA，およびキチン結合ドメインを欠失したChiAは，可溶化の状態で発現するとともに，封入体を形成した場合にも，容易にリフォールディングした。したがって，ChiAのPkdドメインは，ChiAの触媒ドメインが適切な3次構造を構築するために必須のドメインであると思われる。ChiAのPkdドメインは，*Serratia marcescens*由来のChiAのそれと相同性を示し，特に，芳香族アミノ酸であるTrp，Tyrが良く保存されていた。これらのアミノ酸は，キチンを構成する*N*-アセチルグルコサミンのピラノース環とスタッキングすることが知られている。そこで，これらのアミノ酸を部位特異的変異法によりAlaに置換したところ，ChiAの不溶性キチンに対する活性が低下する傾向を示した。したがって，ChiAのPkdドメインは，キチン結合ドメインとは異なる機構で，不溶性キチン分解において重要な役割を果たしているものと考えられる。

一般に，キチン分解細菌は複数のキチナーゼ遺伝子をもち，異なる遺伝子にコードされているキチナーゼは，キチン分解系においてどのような役割をそれぞれ果たしているのかに興味がもた

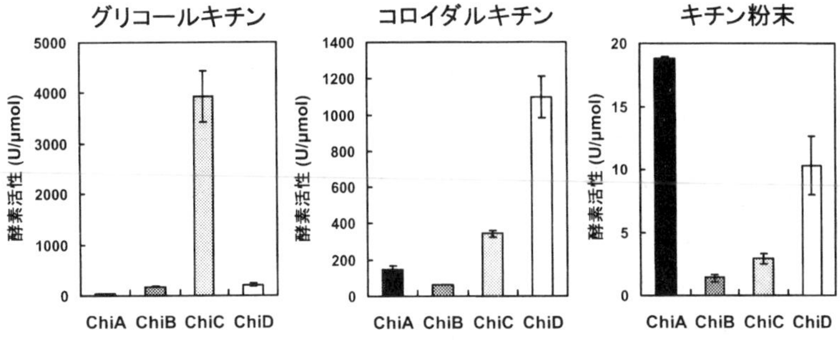

図2　ChiA，ChiB，ChiCおよびChiDの基質特異性
0.12%グリコールキチン，コロイダルキチンおよびキチン粉末を基質として用い，30℃で30分間酵素反応を行った。なお，ChiA，ChiB，ChiCおよびChiDは，それぞれ0.14，0.85，0.11および 0.05nmol/μlのタンパク質量を用いた。

れる。まず，本菌が産生する4種類のキチナーゼの産生量および発現時期について，それぞれWestern blotting，Real-Time PCRにより調べたところ，ChiAが最も多く産生され，続いてChiD，ChiB，ChiCの順であった。しかし，発現時期については，ほぼ同時期であり，培養後5時間目に転写が開始されていることが認められた。次に，本菌の産生する4種類のキチナーゼのグリコールキチン，コロイダルキチン，キチン粉末に対する加水分解活性について検討した。その結果，図2に示すようにグリコールキチンに対してはChiCが，コロイダルキチンに対してはChiDが，キチン粉末に対してはChiAが最も高い活性を示した。ChiBは，いずれの基質に対してもほぼ同等の活性を示した。そこで，これら酵素の種々の組み合わせによる相乗効果について調べた。図3に示すように，ChiA：ChiB：ChiC：ChiD＝3：3：2：6の量的な割合で用いた場

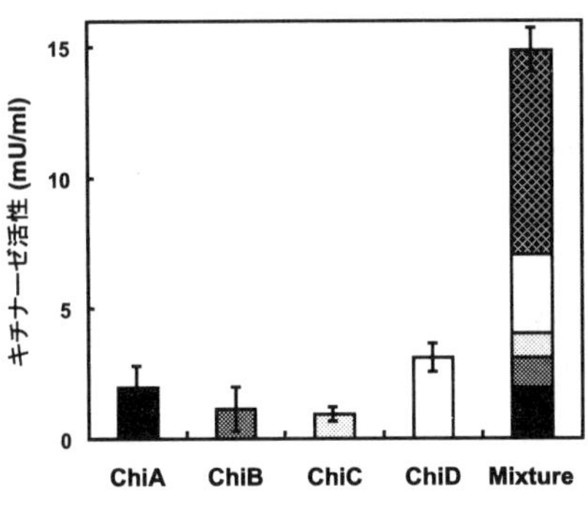

図3　ChiA，ChiB，ChiCおよびChiDの相乗効果
0.1%キチン粉末を基質として用い，30℃で30分間酵素反応を行った。なお，キチナーゼの総タンパク質量は12.5pmol/μlとなるように調製した。

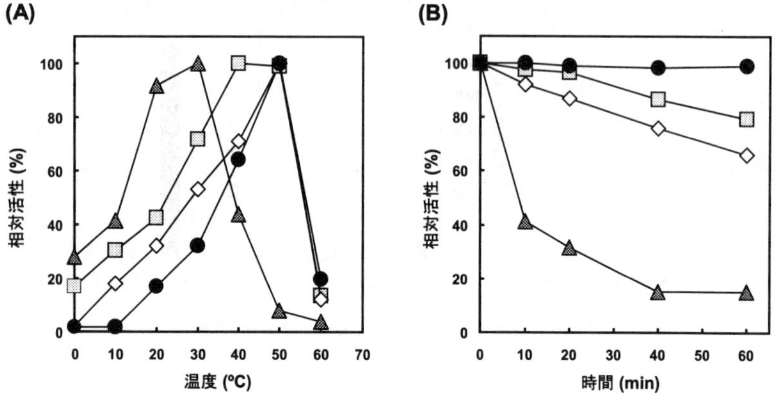

図4　ChiA，ChiB，ChiCおよびChiDの活性および安定性におよぼす温度の影響
(A) 種々の温度で酵素活性を測定した。
(B) 40℃で0～60分間前処理後，残存活性をpNP-$(GlcNAc)_2$を基質として用いて経時的に測定した。
●，ChiA; ▲，ChiB; ▩，ChiC; ◇，ChiD.

合，キチン粉末に対する活性が，それぞれ単独での酵素活性の総和と比較して，約2倍の相乗効果が認められた。本菌の培養上清中には4種類のキチナーゼが，共存するプロテアーゼにより切断され，活性のある多種多様な分子種が生じる。したがって，自然界においてはより複雑な機構により効率的にキチンを分解しているものと想像される。4種類のキチナーゼのうち，ChiBは他の酵素と比較して，至適温度が低く（30℃），また0～10℃の範囲においても比較的高い活性を有し，かつ熱安定性の低い酵素であった（図4）。このような性質からChiBは低温適応酵素の範疇に分類されるキチナーゼであると思われる。一般に，低温適応酵素は低い活性化エネルギーにより反応を進行させることから，柔軟な3次構造をとっているものと考えられている。表1にはChiBのkinetic parameter，および中温菌の産生する酵素のアミノ酸組成と比較して，低温適応酵素においてその含量が低いと言われているArg，Pro，Tyr含量について示している。ChiBは他の3種類の酵素と比べ，いずれの温度においても高いk_{cat}/K_m値を有し，またChiBのArg，Tyr含量は，全長および触媒ドメインのいずれにおいても低かった。特に，Tyr含量は，これらの酵素の熱安定性と良い相関性を示した。以上の結果から，キチン分解細菌は効率的にキチンを分解するために，複数のキチナーゼを産生しているものと思われる。海洋は陸上と異なり，垂直方向にも広がりをもつため（海洋の表面温度と海底とは温度差がある），本菌は中温菌であるにもかかわらず，海洋環境の温度変化にも柔軟に適応できるためにChiBを産生するものと思われる。

表1　ChiA，ChiB，ChiCおよびChiDのキネティックパラメータおよびArg，Pro，Tyr含量

	ChiA			ChiB			ChiC			ChiD		
	10℃	20℃	30℃	10℃	20℃	30℃	10℃	20℃	30℃	10℃	20℃	30℃
(A)												
$k_{cat}(S^{-1})$	ND	2.10	3.10	43.00	98.11	173.90	1.87	3.12	5.50	0.78	1.41	2.48
K_m	ND	2.26	1.89	3.49	4.62	4.81	0.71	0.61	0.68	0.58	0.15	0.05
k_{cat}/K_m	ND	0.93	1.64	12.32	21.24	36.15	2.63	5.11	8.09	1.35	9.24	47.01
(B)												
Arg含量(%)		2.3			1.5			3.4			1.6	
Pro 含量(%)		5.8			5.5			4.7			5.3	
Tyr 含量(%)		4.6			3.4			4.7			4.2	
(C)												
Arg含量(%)		2.9			2.1			4.4			3.0	
Pro 含量(%)		5.5			6.9			4.0			4.5	
Tyr 含量(%)		6.0			2.7			4.8			5.4	

(A) ChiA，ChiB，ChiCおよびChiDのキネティックパラメータ (B)全長におけるArg，ProおよびTyr含量 (C)触媒ドメインにおける Arg，Proおよび Tyr含量

3.4　*β-N*-アセチルグルコサミニダーゼ

一般に，キチン分解細菌は，水に不溶性のキチンをエンド型酵素であるキチナーゼとエキソ型酵素である*β-N*-アセチルグルコサミニダーゼの二つの連続する過程により*N*-アセチルグルコサミンに分解する。細菌のキチン分解系の全体像を理解するために，*β-N*-アセチルグルコサミニダーゼは必須の酵素であるにもかかわらず，細菌の*β-N*-アセチルグルコサミニダーゼに関する研究は，キチナーゼと比べその報告数は少ない。海洋細菌においては，*Vibrio harveyi*[22]，*Vibrio vulnificus*[23]，*Vibrio furnissii*[24]，*V. parahaemolyticus*[25]および*Pseudoalteromonas* sp. O-7株[26~29]などで*β-N*-アセチルグルコサミニダーゼ遺伝子がクローニングされている。*Pseudoalteromonas* sp. O-7株は，基質特異性および局在性の異なる4種類の*β-N*-アセチルグルコサミニダーゼ（GlcNAcase A, B, C, Hex99）を産生する（表2）。GlcNAcase A（ファミリー20）は，外膜結合型で存在するリポタンパク質であり，キトビオースを最もよく分解し，鎖長が長くなるに従って分解活性が低下する傾向を示す[26]。GlcNAcase B（ファミリー20）はペリプラズム酵素であり，3糖を最もよく分解する[27]。GlcNAcase C（ファミリー3）は細胞内酵素であり，キトビオースのみを特異的に分解する酵素である[28]。最近，*V. furnissii*[30]と*Vibrio proteolyticus*[31]の細胞内に，キトビオースを*N*-アセチルグルコサミン-1-リン酸と*N*-アセチルグルコサミンに変換するキトビオースフォスフォリラーゼ(chitobiose phosphorylase，ファミリー36)が存在することが報告された。現在まで*Vibrio*属のみに見出されているこの酵素のキチン分解系における役割について興味がもたれる。また，超好熱古細菌*Thermococcus kodakaraensis* KOD1の細胞内からキトサンオリゴ糖のうち，2糖を加水分解する酵素であるexo-*β*-D-gluco-

表２　GlcNAcases A, B, CおよびHex99の諸性質

酵素	分子量	局在部位	糖質加水分解酵素のファミリー
GlcNAcase A	97.7 kDa	細胞外膜	20
GlcNAcase B	86.8 kDa	ペリプラズム	20
GlcNAcase C	64.5 kDa	菌体内	3
Hex99	101.5 kDa	菌体外	20

saminidase（GlcNase）が見出された[32]。GlcNaseは，N末端領域にファミリー35に分類されるβ-ガラクトシダーゼと，中央部にファミリー42に分類されるβ-ガラクトシダーゼと相同性を有する領域から構成されるユニークな酵素である。このように，細胞内に取り込まれたキトビオースは，個々のキチン分解細菌において特徴的な分解反応を受け，異化されるものと思われる。

一方，*Pseudoalteromonas* sp. O-7株は，キトビオースのβ-1,4結合をβ-1,6結合に転移する酵素（Hex99，ファミリー20）を細胞外に分泌する[29]。この酵素によって生成するβ-1,6結合を有するキトビオースは，β-1,4結合を有するキトビオースよりも低濃度でキチナーゼを誘導することができる。１％濃度を培地に添加した場合，逆にβ-1,4結合を有するキトビオースの方が，β-1,6結合を有するキトビオースよりも強いキチナーゼ誘導作用を示す。したがって，Hex99は，キチン分解産物であるキトビオースが少量しか存在しない初期のキチナーゼ誘導に関与しているものと推定される。

3.5　プロテアーゼ

自然界においてキチンはそれ単独では存在せず，タンパク質と無機塩とともに甲殻類のクチクラ層に主に存在することから，プロテアーゼが効率的なキチン分解に関与している可能性が考えられる。筆者らは，キチン存在下で誘導されるタンパク質を解析したところ，２種類のプロテアーゼAprⅣおよびMprⅢを新たに見出した[33,34]。AprⅣはシグナルペプチド，N末端プロペプチド，セリンプロテアーゼ領域，Pkdドメイン，およびタイプ３に分類されるキチン結合ドメインから構成されるユニークな酵素であった。タンパク質レベルおよび転写レベルでAprⅣ産生量について調べたところ，本酵素を誘導する最小分子量の物質は*N*-アセチルグルコサミンであった。一方，MprⅢは，シグナルペプチド，N末端プロペプチド，メタロプロテアーゼ領域，およびC末端伸長領域から構成される酵素であった。MprⅢは，*N*-アセチルグルコサミンおよびキチンオリゴ糖によって誘導されず，高分子キチンによってのみ誘導された。

AprⅣおよびMprⅢの天然キチン分解におよぼす影響について検討した（図５）。まず，AprⅣおよびMprⅢの天然キチンからのペプチド遊離量について調べたところ，AprⅣと比較して，MprⅢの天然キチンからのペプチド遊離量は少なかった。次に，AprⅣまたはMprⅢで前処理し

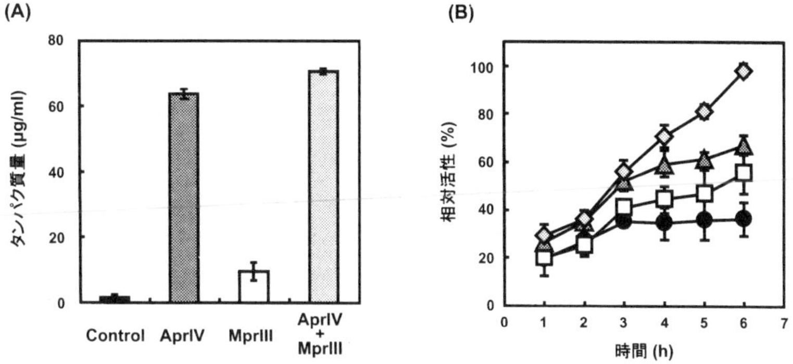

図5　AprⅣおよびMprⅢのキチン分解におよぼす影響
(A) 天然キチンを基質として用いた場合のプロテアーゼ活性
(B) 天然キチンを基質として用いた場合のキチナーゼ活性
●, ChiA; ▲, ChiA+AprⅣ; □, ChiA+MprⅢ; ◇, ChiA+AprⅣ+MprⅢ.

た天然キチンを基質として用い，キチン粉末に対して最も高い活性を示すChiAのキチナーゼ活性を測定した。その結果，AprⅣとMprⅢは，ChiAのキチナーゼ活性を促進させた。また，AprⅣとMprⅢを同時に作用させた場合，相加的にChiAの活性を促進させた。一方，除タンパクされた天然キチンを用いた場合，AprⅣとMprⅢは，ChiAのキチナーゼ活性に全く影響しなかった。したがって，AprⅣとMprⅢはキチンとともに存在する異なった構造タンパク質を分解し，キチナーゼのキチン分子への結合を容易にしているものと考えられる。現在までに，キチン分解系に関与すると思われるプロテアーゼとして，*Streptomyces griseus*由来のプロテアーゼC[35]，マラリアを媒介する蚊（*Anopheles gambiae*）由来のSp22D[36]が報告されているが，いずれもその詳細については全く検討されていない。このように，細菌による効率的なキチン分解には，キチナーゼのみならず，プロテアーゼが関与しているものと思われる。

3.6　今後の展望

これまでの研究によって，海洋細菌*Pseudoalteromonas* sp. O-7株におけるキチン分解系の概略について明らかにすることができた。しかしながら，本菌のキチン分解系の全体像を分子レベルで明らかにするためには，今回述べた酵素以外に，キチン分解産物である*N*-アセチルグルコサミンおよびキチンオリゴ糖の細胞内への取り込み機構，およびそれらの代謝に関与する酵素など多種多様なタンパク質が関与するものと考えられる。すでに海洋細菌におけるキチン異化作用については，優れた総説があるので参照されたい[37]。筆者らは，発現タンパク質のディファレンシャルディスプレイ法を用い，キチン存在下，非存在下における*Pseudoalteromonas* sp. O-7株のキチン分解系に関与するタンパク質を網羅的に解析することにより，本菌のキチン分解系の全体像を明らかにしたいと考えている。

細菌のキチン分解系に関与する酵素およびタンパク質の発現は，厳密な制御機構によって支配されているが，その詳細については明らかにされていない。一般にキチン分解酵素は，*N*-アセチルグルコサミン，キトビオースなどのキチンオリゴ糖により誘導され，グルコースなどの添加によってその発現が抑制される。*Streptomyces coelicolor*[38]，*Streptomyces lividans*[39]において，カタボライトリプレッションに関与する調節遺伝子についての報告があるが，海洋細菌におけるキチン分解酵素の誘導機構およびカタボライトリプレッション機構に関しては，今後明らかにしなければならない重要な研究課題として残されている。

細菌は，環境変化に迅速に対応するために，２成分制御系などのシグナル伝達系を利用する。筆者らは，大腸菌の２成分制御系であるヒスチジンキナーゼArcBとレスポンスレレギュレーターArcAのそれぞれに相同性を有するタンパク質をコードする遺伝子をクローニングし，リン酸化ArcA が*Pseudoalteromonas* sp. O-7株のキチナーゼおよびプロテアーゼ遺伝子の発現を負に制御しているものと考えている。また，*Streptomyces thermoviolaceus* OPC-520株においては，２成分制御系遺伝子がキチナーゼ遺伝子の発現を促進するアクチベーターとして機能していることを認めている[40]。このように，２成分制御系が広くキチン分解細菌の遺伝子発現に関与しているものと思われる。今後，細菌のキチン分解系の全体像が分子レベルで明らかにされ，微生物バイオテクノロジーによるキチンの有効利用に関する研究の一層の発展を期待してやまない。

文　　献

1）G. Skjak-Braek *et al*., Chitin and Chitosan. Elsevier, 1988
2）B. A. Stankiewicz *et al., Science*, **276**, 1541 (1997)
3）C. E. Zobell, S. C. Rittenberg, *J. Bacteriol*., **35**, 275 (1937)
4）M. Poulicek, C. Jeuniaux, Chitin and Chitosan, Elsevier, 1988
5）J. M. Seiburth, Microbial Seascapes, 1975
6）M. R. Sochard *et al., Appl. Environ. Microbiol*., **37**, 750, (1979)
7）D. A. Hogan, R. Kolter, *Science*, **296**, 2229 (2002)
8）B. L. Bassler *et al., Biochem. Biophys. Res. Commun*., **161**, 1172 (1989)
9）B. L. Bassler *et al., J. Biol. Chem*., **266**, 24268 (1991)
10）C. Yu *et al., J. Biol. Chem*., **268**, 9405 (1993)
11）G. A. O'Toole, R. Kolter, *Mol. Microbiol*., **30**, 295 (1998)

12) M. Bernard, *Am. Sci. Nat. Bot.*, **14**, 221 (1911)
13) J. D. Jones *et al.*, *EMBO J.*, **5**, 467 (1986)
14) R. L. Fuchs *et al.*, *Appl. Environ. Microbiol.*, **51**, 504 (1986)
15) A. Perrakis *et al.*, *Structure*, **2**, 1169 (1994)
16) B. Henrissat *et al.*, *Proc. Natl. Acad. Sci. USA*, **92**, 7090 (1995)
17) H. Tsujibo *et al.*, *J. Bacteriol.*, **175**, 176 (1993)
18) H. Tsujibo *et al.*, *Appl. Environ. Microbiol.*, **64**, 472 (1998)
19) H. Tsujibo et *al.*, *Appl. Environ. Microbiol.*, **68**, 263 (2002)
20) H. Orikoshi *et al.*, *J. Bacteriol.*, **185**, 1153 (2003)
21) M. A. Glueckmann-Kuis *et al.*, *Cell*, **81**, 289 (1995)
22) R. W. Soto-Gil, J. W. Zyskind, *J. Biol. Chem.*, **264**, 14778 (1989)
23) C. C. Somerville, R. R. Colwell, *Proc. Natl. Acad. Sci. USA*, **90**, 6751 (1993)
24) N. O. Keyhani, S. Roseman, *J. Biol. Chem.*, **271**, 33425 (1996)
25) M. H. Wu, A. L. Roger, *J. Biochem.*, **125**, 1086 (1999)
26) H. Tsujibo *et al.*, *Biosci. Biotechnol. Biochem.*, **64**, 2512 (2000)
27) H. Tsujibo *et al.*, *Appl. Environ. Microbiol.*, **61**, 804 (1995)
28) H. Tsujibo *et al.*, *Gene*, **146**, 111 (1994)
29) H. Tsujibo *et al.*, *J. Bacteriol.*, **181**, 5461 (1999)
30) J. K. Park *et al.*, *J. Biol. Chem.*, **275**, 33077 (2000)
31) Y. Honda *et al.*, *Biochem. J.*, **377**, 225 (2004)
32) T. Tanaka *et al.*, *J. Bacteriol.*, **185**, 5175 (2003)
33) K. Miyamoto *et al.*, *J. Bacteriol.*, **184**, 1865 (2002)
34) K. Miyamoto *et al.*, *Appl. Environ. Microbiol.*, **68**, 5563 (2002)
35) S. S. Sidhu *et al.*, *J. Biol. Chem.*, **269**, 20167 (1994)
36) A. Danielli *et al.*, *Proc. Natl. Acad. Sci. USA*, **97**, 7136 (2000)
37) N. O. Keyhani, S. Roseman, *Biochim. Biophys. Acta*, **1473**, 108 (1999)
38) C. Ingram *et al.*, *J. Bacteriol.*, **177**, 3579 (1995)
39) J. Nguyen *et al.*, *J. Bacteriol.*, **179**, 6383 (1997)
40) H. Tsujibo *et al.*, *FEMS Microbiol. Lett.*, **181**, 83 (1999)

4　キチナーゼによる結晶性キチン分解の分子機構

渡邉剛志*

4.1　結晶性キチン分解機構解明の重要性

キチンは構造多糖として，真菌類や一部の藻類などの細胞壁，甲殻類の甲殻，昆虫の外被，線虫の卵殻，イカの甲や蛸の軟骨などに存在している。そして，その生物の内部を保護したり，生物の身体に強度を与えたり，あるいは形作ったりする上で重要な役割を果たしている。このような役割を果たすことが可能なのは，キチンが強固な結晶構造をとり得る多糖だからである。キチンには2つの結晶形，すなわちα-キチンとβ-キチンが知られており，α-キチンは隣り合うキチン鎖が互いに逆方向に配向し，一方β-キチンは同方向に配向している[1~3]。α-キチンの方がエネルギー的により安定な構造であり，自然界に存在する量も圧倒的に多い。

このようなキチンの構造多糖としての機能を考えると，この強固な結晶構造を有するキチンを分解する，あるいは分解出来るということが，キチナーゼという酵素にとって，非常に本質的なことであることが容易に理解できる。もちろんキチンが分解され，その構成成分が生態系の中で循環していくという生態系の物質循環に必須の過程においても，キチナーゼが結晶性キチンを分解する活性を有するということが決定的に重要である。水溶性の酵素であるキチナーゼが，どうして結晶性の，あるいは不溶性のキチンを分解することが出来るのかという問題は，キチナーゼという酵素にとって本質的であるが故にいっそう興味深い。また，現在キチンからのキチンオリゴマーや*N*-アセチルグルコサミンの製造は，主として濃塩酸による加水分解を含む工程によって行われているが[4]，キチナーゼを利用したより環境への負荷が少ないより効率的な方法を研究・開発することは依然として重要である[5~7]。キチナーゼによる結晶性キチン分解メカニズムの解明は，キチンという巨大なバイオマスの有効利用を促進するためにも有益であろう。しかし，結晶性キチン分解のメカニズムを，分子レベルで解明するための研究はまさに緒についたばかりである。

4.2　微生物キチナーゼの結晶性キチン分解活性

微生物のキチナーゼの中には，キチンを含む生物への感染に利用されるものもあるなど[8]，その機能は一様ではないが，微生物キチナーゼは毎年大量に生産される分解しにくい強固なキチンを分解し，その成分を生態系の中で循環させる上で主要な役割を果たしていると言われている。従って，結晶性キチンを効率的に分解出来ることは，微生物キチナーゼにとって特に重要なことのように思える。しかし，微生物のキチナーゼのすべてが高い結晶性キチン分解活性を有してい

---

*　Takeshi Watanabe　新潟大学　農学部　応用生物化学科　教授

るわけではない。むしろ結晶性キチン分解活性が低いキチナーゼの方が，高いキチナーゼよりも数の上ではどちらかというと優勢のように見える。水溶性の基質に対して高い活性を示すが結晶性キチンをほとんど分解できないものや，どちらにもある程度の分解活性を示す中間的な性質のものもしばしば見られる。このようなキチナーゼの多様性は，キチンの様々な存在状態に対応することを可能にし，また異なる基質特異性を持ったキチナーゼの協同的な働きによる効率的なキチン分解を可能にするものと考えられている。

図１は*Bacillus circulans*と*Serratia marcescens*が生産するキチナーゼのドメイン構造をあらわしている[9~11]。*B. circulans*で結晶性キチン分解活性が高いのはキチナーゼA1で，C1やD1の結晶性キチン分解活性は非常に低い。また，*S. marcescens*ではキチナーゼAが最も良く結晶性キチンを分解し，ついでキチナーゼＢで，キチナーゼCはあまり結晶性キチンを分解しない。このように，一つの細菌が結晶性キチン分解活性の点で大きく異なる複数のキチナーゼを生産する。ここでは，結晶性キチン分解のメカニズムが比較的詳細に調べられている*B. circulans*のキチナーゼA1と*S. marcescens*のキチナーゼAの例を紹介する。結晶性キチン分解を詳細に調べるには，純度が高く結晶性の高いキチンを用いる必要がある。これらのキチナーゼの結晶性キチン分解活性の測定には，海底の熱水噴出口の近くに棲息するハオリムシ*Lamellibrachia satsuma*の棲管から得られるβ-キチン微小繊維が用いられている。電子線回折により，このβ-キチン微小繊維が高い結晶性を持っていることが確かめられている[12]。

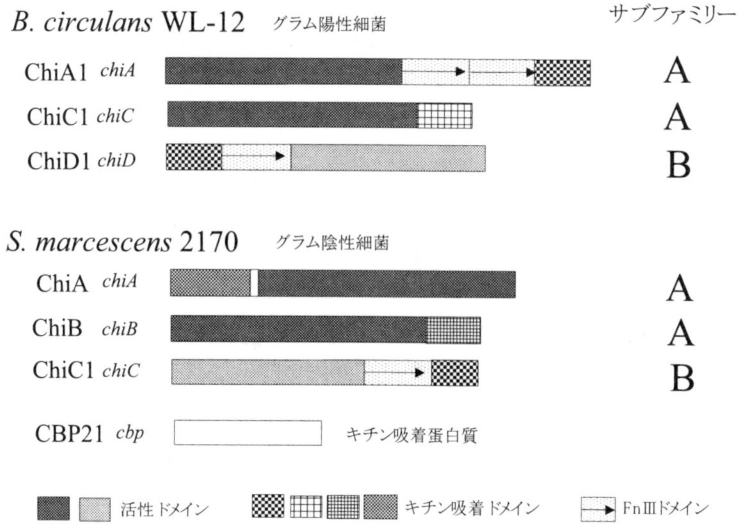

図１　*Bacillus circulans* WL-12と*Serratia marcescens*が生産するキチナーゼのドメイン構造

4.3 結晶性キチン分解におけるキチン吸着ドメインの重要性

キチン吸着ドメインを持つキチナーゼのすべてが高い結晶性キチン分解活性を有しているわけではない。また，次節で述べるように，活性ドメインそのものにも結晶性キチン分解に決定的に重要な構造があることがわかってきている。またフィブロネクチンタイプⅢ様ドメインのように機能は不明であるが，それが失われることによって不溶性あるいは結晶性キチン分解活性が顕著に低下するドメインもある[13]。従って，結晶性キチン分解活性が高いキチナーゼは，分子全体としてそれにふさわしい構造と機能を備えていると考えられる。とはいうものの，高い結晶性キチン分解活性を発現するためにキチン吸着ドメインを有すること（あるいはキチナーゼが結晶性キチンに吸着する活性を有すること）は重要である。結晶性キチンは水溶液中を拡散して来ない。キチナーゼが基質にアタックする頻度を上げるためには，酵素が基質であるキチン表面あるいはその近くに局在化する必要があり，キチン吸着ドメインがそれを可能にする。図2はキチン吸着ドメインの研究が最も進んでいる*Bacillus circulans* WL-12 のキチナーゼA1の例である。このキチナーゼのキチンへの吸着活性はほとんどキチン吸着ドメインに依存しており，キチン吸着ドメインを除去すると結晶性キチン分解活性は顕著に低下する[14]。しかし，この図に示すように，キチン吸着ドメインを失っても結晶性キチン分解活性が完全に消失するわけではない。分解されたβ-キチン微小繊維の形態学的な観察においても，キチナーゼA1の活性ドメインのみで処理したものも，キチナーゼA1分子全体で処理したものと区別はつかない。つまり，キチン吸着ドメインがなくても確かに結晶性キチンが分解されている。このことから，キチン吸着ドメインの存在そのものが結晶性キチン分解を可能にしているわけではなく，キチン吸着ドメインは，結晶性

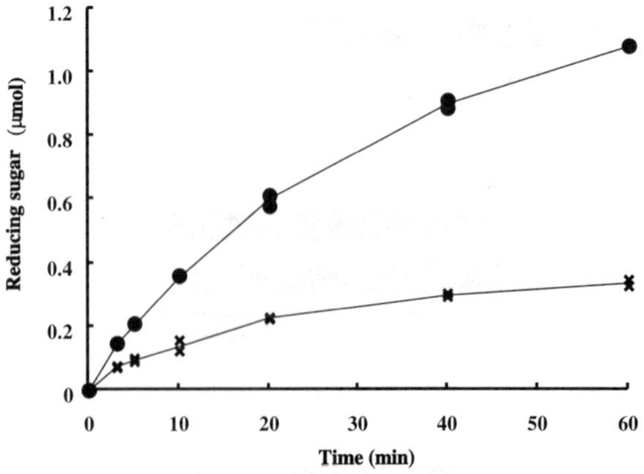

図2　β-キチン分解へのキチン吸着ドメイン欠失の影響
●キチナーゼA1，✖キチン吸着ドメインを欠失した変異キチナーゼA1。

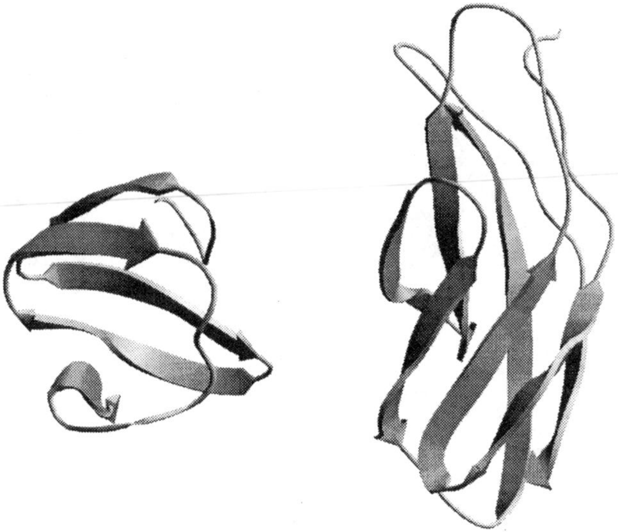

図3　キチナーゼA1のキチン吸着ドメイン(左)とFnIIIドメイン(右)の立体構造
板状の矢印がβ-ストランドを表している。

キチン分解活性を持つキチナーゼの活性ドメインが持っている結晶性キチン分解活性を飛躍的に高める役割を果たしていることがわかる。

糖質への吸着ドメイン（糖質結合モジュールCBM）は2004年1月現在34のファミリーに分類されている（http://afmb.cnrs-mrs.fr/CAZY/)。そのうち，キチン吸着ドメインは8つのファミリーに含まれている。その中で，このキチナーゼA1のキチン吸着ドメインはファミリーCBM 12に分類されている。このキチナーゼのキチン吸着ドメインは，図3の左に示すようにβシートからなる非常にコンパクトな構造を持ち[15]，結晶性あるいは不溶性のキチンにのみ結合し，キチンオリゴ糖などの水溶性基質とはまったく相互作用が観察されない点が非常に特徴的である[14]。参考までに，フィブロネクチンタイプⅢ様ドメインドメイン（FnⅢドメイン）の立体構造[16]も図3に示した。

4.4　結晶性キチンを分解するキチナーゼの活性ドメインの構造的特徴

4.4.1　深い基質結合クレフト

結晶性キチン分解活性が高いキチナーゼにはキチン吸着ドメインがあるだけでなく，活性ドメイン自体に結晶性キチン分解に非常に重要な構造と機能がある。これまでわかっている範囲では，

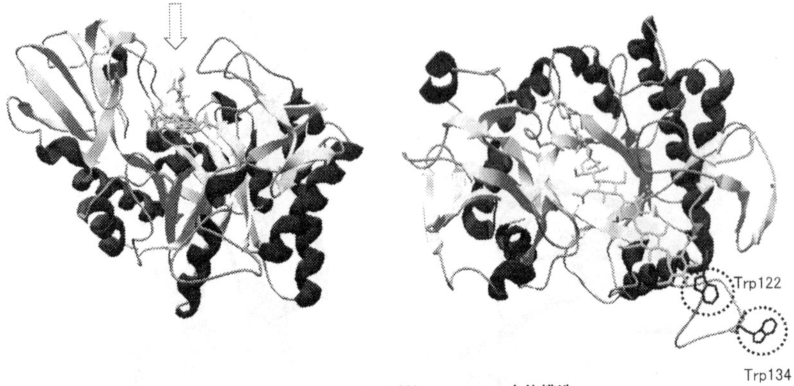

図4　キチナーゼA1活性ドメインの立体構造
らせん状の部分がαヘリックス，板状の矢印がβストランド。白抜きの矢印は深い活性クレフトに結合したキチンオリゴ糖を指し示している。点線で囲んだのは結晶性キチン分解に重要なトリプトファン残基。

結晶性キチン分解活性が高いキチナーゼは，ファミリー18のサブファミリーAに属しているキチナーゼの一部である。このようなキチナーゼの例として，*Bacillus circulans* WL-12 のキチナーゼA1の活性ドメインの立体構造を図4に示した[17]。キチナーゼA1はファミリー18に属するキチナーゼであるので，活性ドメインの基本構造は$(\beta/\alpha)_8$-TIMバレルである。図を見てわかるように，このキチナーゼの活性ドメインには$(\beta/\alpha)_8$-バレルの基本構造の上に深い活性クレフト（基質結合クレフト）がある。このクレフトは，2つの挿入ドメインβ-ドメイン1とβ-ドメイン2によって形成されており，触媒部位はこのクレフトの底に位置している。β-ドメイン1とβ-ドメイン2はTIMバレルのβ2とα2（β3に連結している），およびβ7とα7（β8に連結している）の間に挿入されている。このような深い活性クレフトの存在が，結晶性キチン分解活性が高いキチナーゼの活性ドメインに見られる第一の重要な特徴で，この深いクレフトは結晶性キチンから導かれたキチン鎖のプロセッシブな分解に重要であると考えられる。プロセッシブな分解とは生体高分子などを分解する際，酵素が基質に結合した状態のまま遊離せずに連続的に分解を行うことをいう。

4.4.2　活性ドメイン表面の芳香族アミノ酸残基

図5に示したように，*Bacillus circulans* WL-12 のキチナーゼA1の活性ドメイン表面には，基質結合クレフトに結合したキチンオリゴ糖の延長線上に並んだ2つのトリプトファン残基，Trp134とTrp122がある。これらの残基は活性ドメイン表面に露出しており，深い活性クレフトの入り口付近に位置している。キチン鎖を活性クレフトに導入するのにちょうど良い位置に位置

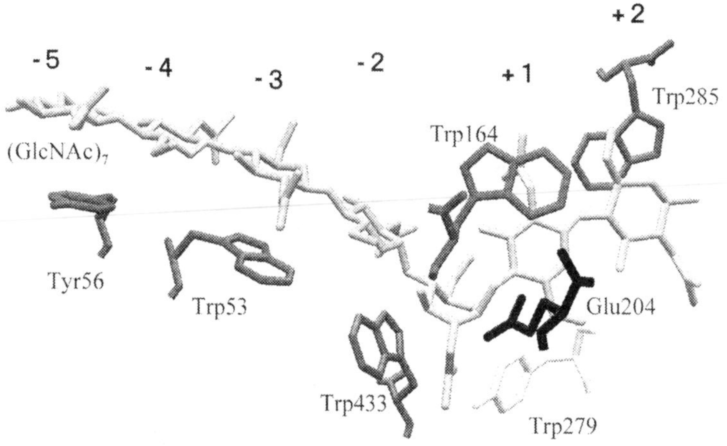

図5　活性クレフトに結合した(GlcNAc)$_7$と相互作用している芳香族アミノ酸残基
触媒残基のGlu204をGlnに置換した変異キチナーゼA1の活性ドメインを用いており，黒がGln204，うすい灰色が(GlcNAc)$_7$。

しているように見える。そこで，この2つの芳香族アミノ酸残基を部位特異的変異によってアラニンに置換する実験が行われ，水溶性基質分解と結晶性キチン分解への影響が比較された[18]。その結果，これら2つの芳香族アミノ酸残基のいずれの変異によっても結晶性キチン分解活性が大幅に低下した。これに対して，キチンオリゴ糖などの水溶性基質に対する分解活性は低下しなかった。そればかりか，グリコールキチンに対する分解活性は逆に有意に上昇していた。このような結果から，これらの露出したトリプトファン残基は結晶性キチン分解に大変重要な残基であることがわかり，また，その位置から結晶性キチンからのキチン鎖を基質結合クレフトに導く役割を果たしているものと推察された。

4.5　活性クレフト内部の芳香族アミノ酸残基の機能

触媒残基の部位特異的変位により不活性化されたキチナーゼA1の活性ドメインとキチンオリゴ糖との共結晶のX線結晶構造解析によって，活性クレフトに結合したオリゴ糖と疎水的相互作用（スタッキングインタラクション）している芳香族アミノ酸残基が見いだされた。すなわち，図5に示すサブサイト－5位のTyr56，－3位のTrp53，－1位のTrp433，＋1位のTrp164，＋2位のTrp285である。キチナーゼA1はファミリー18キチナーゼであるので，オキサゾリニウムイオン中間体を経て反応が進行する基質補助触媒（Substrate assisted catalysis）の反応機構[19]によって*N*-アセチルグルコサミン間のβ-1,4結合を切断すると考えられる。これらのアミノ酸残基のうち，Trp433は触媒反応によって切断される結合の非還元末端側のGlcNAcを保持・

固定する役割を持ち，オキサゾリニウムイオン中間体の形成に必須の残基であることが立体構造から予想された。従って，結晶性キチン分解のみならず触媒反応そのものに決定的な役割を果たしていると考えられる。その他の芳香族アミノ酸残基が結晶性キチン分解に重要な役割を果たしている可能性が考えられ，これらのアミノ酸残基のアラニンへの部位特異的変位が行われた[20]。その結果，Tyr56とTrp53の変異は結晶性キチン分解活性のみを低下させ，この2つのアミノ酸残基は結晶性キチン分解のためにのみ必要な残基であると考えられた。また，＋1位のTrp164と＋2位のW285の場合，それぞれ単独の変異は選択的に結晶性キチン分解活性を低下させたが，二重変異はすべての基質に対する分解活性を顕著に低下させた。一方，Trp433の変異は結晶性キチン分解活性だけでなく，すべての基質に対する分解活性を劇的に低下させ，立体構造から予測された通りに，触媒反応そのものに必須なアミノ酸残基であることが実証された。

興味深いことに活性ドメイン表面の芳香族アミノ酸残基や，クレフト内部の芳香族アミノ酸残基の変異によって，水溶性基質，特に高分子量の水溶性基質に対する分解活性の増加がしばしば観察された。このことは，結晶性キチン分解に重要なアミノ酸残基が水溶性基質分解にはむしろ妨害的に作用していることを示している。以上のように，活性ドメインには結晶性キチン分解に必要な構造と重要なアミノ酸残基があることがわかってきた。

4.6 β-キチン微小繊維分解のモルフォロジーと分解方向性

キチナーゼによる結晶性キチン分解が実際にどのように行われるのかを調べるために，*B. circulans*のキチナーゼA1や*S. marcescens*のキチナーゼAのβ-キチン微小繊維への作用が杉山らによって電子顕微鏡を用いて調べられた。その結果，キチナーゼによる処理によってβ-キチン微小繊維は，その片方の末端のみが分解を受け鋭く尖った針のような形状を示した[21]。その様子の一例を図6に示したが，分解を受けた末端は末端に行くに従って徐々に細くなり，末端が鋭

A)

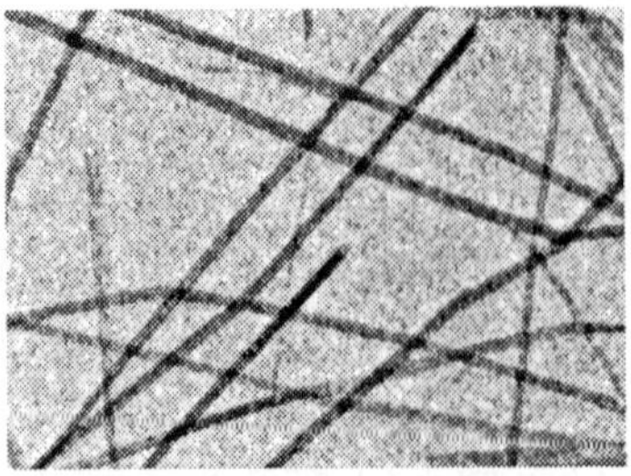

B)

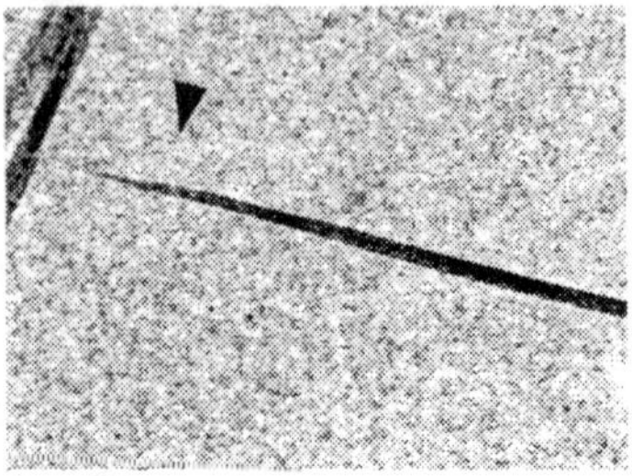

図6　キチナーゼA1で処理したβ-キチン微小繊維の形状
A：未処理のハオリムシキチン繊維，B：キチナーゼA1で分解されたβキチン微小繊維の末端。

く尖っていることがわかる。β-キチン微小繊維の片方の末端のみが分解を受けていることから，*B. circulans*のキチナーゼA1や*S. marcescens*のキチナーゼAはβ-キチン微小繊維を一方向からのみ分解していることがわかる。また，分解された末端の形状は，これらのキチナーゼがβ-キチンをプロセッシブに分解していることを強く示唆している。

β-キチンはキチン鎖が同方向に配向している。それでは*B. circulans*のキチナーゼA1や*S. marcescens*のキチナーゼAはβ-キチン微小繊維をキチン鎖の還元末端側から分解しているのであろうか，それとも非還元末端側から分解しているのであろうか？　この点を明らかにするために，還元末端を金コロイドで標識し，電子顕微鏡で観察する実験が杉山らによって行われた[22]。その結果，*B. circulans*のキチナーゼA1や*S. marcescens*のキチナーゼAはβ-キチン微小繊維を還元末端側から一方向に分解していることが実験的に証明された。

4.7　*Serratia marcescens*キチナーゼAの結晶性キチン分解モデル

*B. circulans*のキチナーゼA1は，構成するすべてのドメインの立体構造が明らかにされているが，それらのドメインが連結された分子全体としての立体構造はまだ明らかでない。一方，*S. marcescens*のキチナーゼAはN末端ドメインと活性ドメインのみからなるキチナーゼであるが，分子全体で結晶化に成功しており，分子全体の立体構造がA. Perrakisらによって解明されている[23]。そこで，*S. marcescens*のキチナーゼAを用いて，キチナーゼが分子全体としてどのように結晶性キチンを分解するのか，その機構を解析することが試みられた[24]。*S. marcescens*のキチナーゼAの活性ドメインの立体構造は*B. circulans*のキチナーゼA1のそれとよく似ており，図7に示したように，キチナーゼA1において結晶性キチン分解に重要であることが証明された芳香族アミノ酸残基に対応する芳香族アミノ酸残基がすべて存在していた。さらにそれらに加えて，活性ドメイン表面の2つの芳香族アミノ酸残基の延長線上に並んだ2つの芳香族アミノ酸残基が，N末端ドメイン上に見いだされた。そこで，キチナーゼAのN末端ドメイン上，および活性ドメイン上に露出した4つの芳香属アミノ酸残基，Trp69，Trp33と Trp245，Phe232の部位特異的変異の実験が行われ，高結晶性β-キチン微小繊維への吸着と分解への影響が詳細に調べられた。その結果，Trp69，Trp33，Trp245の変異は，結晶性β-キチンへの吸着活性を大幅に低下させることがわかった。一方，Phe232はキチンへの吸着には関与していないがやはり結晶性キチン分解に重要であり，この残基はキチン鎖を深い活性クレフトに導入する役割を果たしていると考えられた。また，野生型および変異キチナーゼAいずれも，キチン微小繊維の還元末端側を鋭く尖らせる様に分解し，プロセッシブな分解が強く示唆された。このような実験の結果とキチナーゼAの立体構造上の特徴，さらに*B. circulans*キチナーゼA1の結果をあわせて，次のような結晶性キチン分解のモデルが提案された[24]。

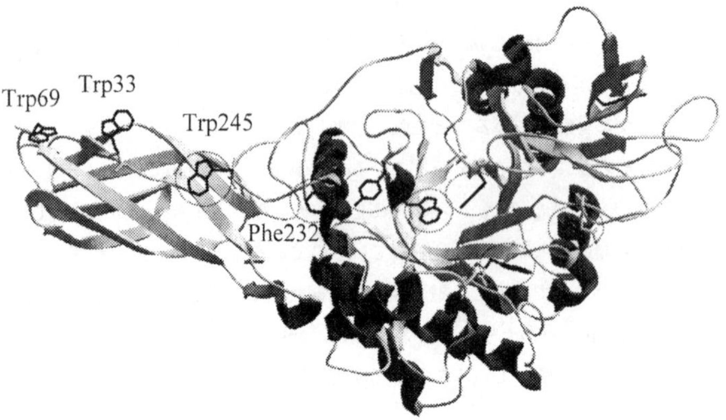

図7　*S. marcescens* キチナーゼAの立体構造と芳香族アミノ酸残基の位置
*B. circulans*キチナーゼA1で結晶性キチン分解に重要であることが示された芳香族アミノ酸残基に対応する残基を点線で示した。番号が付いている芳香族アミノ酸残基を部位特異的変位によって置換した。(PDB ID：1 EDQ)

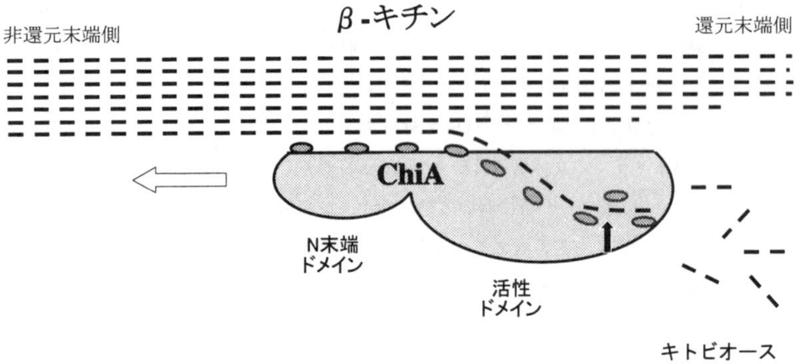

図8　セラチア・キチナーゼAによるβ-キチン分解のモデル
点線がキチン鎖を，小さな楕円がキチン鎖と相互作用する芳香族アミノ酸残基を表している。
左向きの白い矢印はキチナーゼAの進行方向，縦の矢印が切断部位。

① キチナーゼAはTrp69, Trp33, Trp245とβ-キチン表面上のキチン鎖とのインタラクションによって結晶キチン表面に吸着する。

② Trp69, Trp33, Trp245とインタラクトしているキチン鎖は，活性クレフト入り口近くに存在するPhe232に導かれてクレフト内部に導入される。

③ 深い活性クレフト内部に導かれたキチン鎖は，クレフト内部に存在する芳香族アミノ酸残

基と相互作用しながら，触媒部位に向かってクレフト内部をスライドする。

④　触媒部位では，還元末端から二番目の結合が連続的に分解されることによってキチン鎖のプロセッシブな分解が行われ，キトビオースを生成物として生ずる。

⑤　結果的に，キトビオースをキチン鎖の還元末端から遊離しながら，キチナーゼA自身はN末端ドメインを先頭にして，結晶性キチン表面を非還元末端方向に進んでいく。

キチナーゼの立体構造が解明されたことによって，キチナーゼにとって最も本質的な問題の一つである，結晶性キチン分解機構の分子レベルの研究がようやく可能になってきた。しかし，本章で紹介したことからもわかるように，これまでに行われた研究は立体構造から予測された特定のアミノ酸残基のいくつかの重要性が明らかにされたにすぎない。まだまだ多くのアミノ酸残基の関与があるに違いないし，一つ一つのアミノ酸残基に着目した研究だけでなく，今後は結晶性キチン分解に必要なさらに大きな構造にも注目する必要がある。さらに，β-キチンとα-キチンの分解機構の相違や，複数のキチナーゼの共同作業による結晶性キチン分解のメカニズムを解析して行く必要がある。

文　　献

1） Minke, R., J. Blackwell: *J. Mol. Biol.*, **120**, 167 (1978).
2） Gardner, K. H., J. Blackwell : *Biopolymers*, **14**, 1581 (1975).
3） Blackwell, J., *Biopolymers*, **7**, 281 (1969).
4） 坂井和夫，キチン，キトサンハンドブック，キチンキトサン研究会編，p. 209 (1995)
5） 碓氷泰市，キチン，キトサンハンドブック，キチンキトサン研究会編，p. 219 (1995)
6） 又平芳春，*New Food Industry*, **41**, 9 (1999)
7） Pichyangkura, R., S. Kudan, K. Kuttiyawong, M. Sukwattanasinitt, S. Aiba : *Carbohydr. Res.*, **337**, 557 (2002).
8） Gooday, G. G.: Chitin and chitinases, eds P. Jolles, R. A. A. Muzzarelli, p. 157, Birkhauser Verlag. (1999).
9） Suzuki, K., M. Taiyoji, N. Sugawara, N. Nikaidou, B. Henrissat, T. Watanabe: *Biochem. J.*, **343**, 587 (1999).
10） Suzuki, K., N. Sugawara, M. Suzuki, T. Uchiyama, F. Katouno, N. Nikaidou, T. Watanabe : *Biosci. Biotechnol. Biochem.*, **66**, 1075 (2002).
11） Alam MD. M., T. Mizutani, M. Isono, N. Nikaidou, and T. Watanabe : *J. Ferment. Bioeng.*, **82**, 28 (1996).
12） Sugiyama, J., C. Boisset, M. Hashimoto, T. Watanabe : *J. Mol. Biol.*, **286**, 247 (1999).

13) Watanabe. T., Y. Ito, T. Yamada, M. Hashimoto, S. Sekine, H. Tanaka : *J. Bacteriol.*, **176**, 4465 (1994).
14) Hashimoto, M., T. Ikegami, S. Seino, N. Ohuchi, H. Fukada, J. Sugiyama, M. Shirakawa, T. Watanabe : *J. Bacteriol.*, **182**, 3045 (2000).
15) Ikegami, T., T. Okada, M. Hashimoto, S. Seino, T. Watanabe, M. Shirakawa : *J. Biol. Chem.*, **275**, 13654 (2000).
16) Jee, J. G., T. Ikegami, M. Hashimoto, T. Kawabata, M. Ikeguchi, T. Watanabe, M. Shirakawa : *J. Biol. Chem.*, **277**, 1388 (2002).
17) Matsumoto, T., T. Nonaka, M. Hashimoto, T. Watanabe, Y. Mitsui : *Proc. Japan Acad.*, **75**, 269 (1999).
18) Watanabe, T., A. Ishibashi, Y. Ariga, M. Hashimoto, N. Nikaidou, J. Sugiyama, T. Matsumoto, T. Nonaka : *FEBS Lett.*, **494**, 74 (2001).
19) Tews, I., A. C. Terwisscha van Scheltinga, A. Perrakis, K. S. Wilson, B. W. Didijkstra : *J. Am. Chem. Soc.*, **119**, 7954 (1997).
20) Watanabe, T., Y. Ariga, U. Sato, T. Toratani, M. Hashimoto, N. Nikaidou, Y. Kezuka, T. Nonaka, J. Sugiyama : *Biochem J.*, **376**, 237 (2003).
21) Sugiyama, J., C. Boisset, M. Hashimoto, T. Watanabe: *J. Mol. Biol.*, **286**, 247 (1999).
22) Imai, T., T. Watanabe, T. Yui, J. Sugiyama: *FEBS Lett.*, **510**, 201 (2002).
23) Perrakis, A., I. Tews, Z. Dauter, A. B. Oppenheim, I. Chet, K. S. Wilson, C. E. Vorgias : *Structure*, **2**, 1169 (1994).
24) Uchiyama, T., F. Katouno, N. Nikaidou, T. Nonaka, J. Sugiyama, T. Watanabe : *J. Biol. Chem.*, **276**, 41343 (2001).

第8章　バイオ農林業分野

1　バイオ農業新素材としてのキトサンとキトサナーゼ

内田　泰*

1.1　はじめに

近年，農業の集約化が進行する中で，長い間農薬や化学肥料などを多量に用いた結果，圃場の生態系や人体に及ぼす影響が問題となってきている。その結果，自然界でキチン，キトサンの供給源であった昆虫が減少し，土壌中の微生物の数や種類にも大きく変化し，農業生産における環境にも多大の問題を提起している。農業分野においては，従来からカニやエビなどの甲殻類の殻を乾燥，粉砕したものが肥料として用いられてきた。

このような現状において，キチン，キトサンの農業分野への利用を考えると，キトサンが抗菌作用，土壌改良効果，植物生長促進作用，自己防衛機構などの様々な機能を有することが報告されているため，天然性農薬あるいはバイオ農業新素材としての開発が期待されている。

本稿では，キトサンの抗菌性とそれらを利用した農業分野への利用，微生物キトサナーゼ処理によるキトサンの軽度分解物とキトオリゴ糖の調製と抗菌活性の変化などを中心に述べる。さらに，キトサナーゼと植物病原真菌性抗生物質を生産する*Bacillus amyloliquefaciens* UTKを用いた微生物農薬への試みについて，筆者らの研究を中心に解説する。

1.2　キトサンの抗菌性

1.2.1　キトサンの抗細菌性

キトサンはその分子内に遊離のアミノ基を有し，正に荷電しているバイオポリカチオンの性質を有している。微生物の表面は一般に負に荷電しているので，キトサンは微生物の細胞表面を中和撹乱する。したがって，キチンよりもキトサンが微生物の増殖を阻止すると推定される。

筆者らはキトサナーゼを生産する微生物を探索し，酵素の精製と性質を研究し[1]，その有効利用を試みる中で，キトサン，キトサン軽度分解物及びキトオリゴ糖に抗細菌作用を有することを初めて見いだした[2,3]。図1は大腸菌（*Escherichia coli*）の増殖に及ぼすキトサンの影響を示したもので，ブイヨン培地（pH6.0）にキトサンを0.01%添加すると対照区に比較して2日間増殖が遅れ，0.02%以上の濃度で大腸菌の増殖が完全に阻害された[4]。このようなキトサンの細菌

＊　Yasushi Uchida　佐賀大学　農学部　応用生物科学科　生物資源利用化学講座　教授

増殖抑制効果は大腸菌の外にも見られ，緑膿菌（*Pseudomonas aeruginosa*），枯草菌（*Bacillus subtilis*）や黄色ブドウ球菌（*Staphylococcus aureus*）のような病原性と非病原性細菌の増殖も顕著に阻害した。このようにキトサンは細菌に対しては比較的広い抗菌スペクトルを示し，抗細菌剤としては優れたものと言える[4,5]。

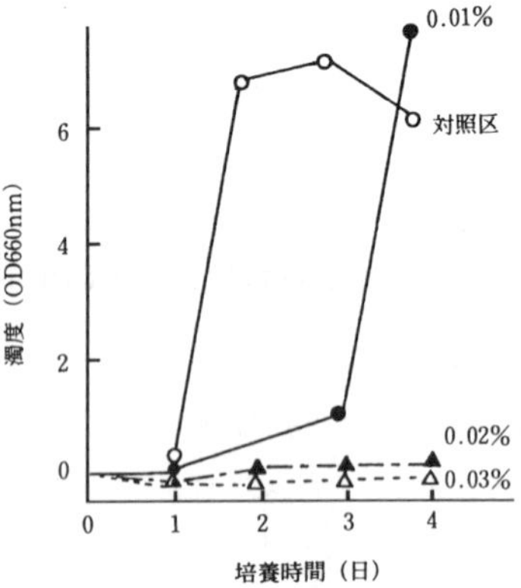

図1　大腸菌の増殖に及ぼすキトサンの影響

1.2.2　キトサンの抗カビ性

細菌類とは形態や分類学のうえでも異なる位置にある真菌類（カビ，糸状菌）の生育に対して，キトサンはどのような影響を及ぼすかを調べた。カビの一種である*Fusarium*属菌は植物病原菌としてよく知られている。野菜類に大きな被害を与える萎黄病菌（*Fusarium solani*）の増殖に及ぼすキトサン濃度の影響を調べ写真1に示した。濃度の増加とともにカビの増殖は抑制さ

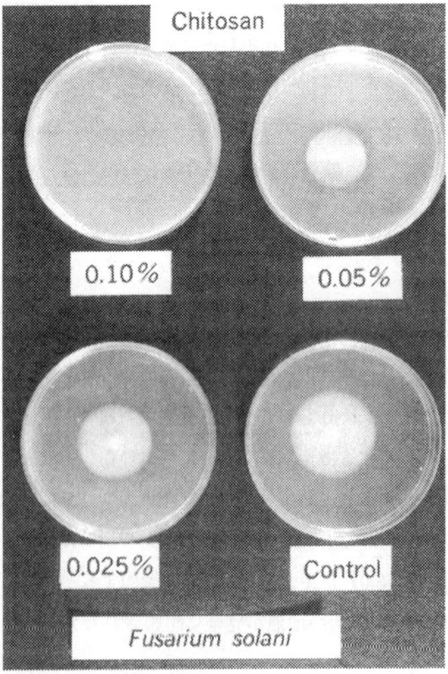

写真1　*Fusarium solani*の増殖に及ぼすキトサンの影響

表1　*Fusarium solani*の増殖に及ぼすキトサン濃度の影響

キトサン濃度（%）	キトサン添加における増殖の割合（%）		
	3日後	4日後	6日後
対照区	100	100	100
0.025	84	87	92
0.050	17	35	54
0.100	0	0	0

培養：25℃，脱アセチル化度：99%

表2　キトサンによる各種植物病原真菌に対する増殖抑制試験

植物病原真菌	病　害　名	対照区を100としてキトサン0.1%添加における増殖の割合（%）
Botrytis cinerea	イチゴ灰色カビ病	26
Cochliobolus miyabeanus	イネゴマ葉枯病	25
Diaporthe citri	カンキツ黒点病	16
Elsinoe fawcetti	カンキツそうか病	58
Gibberella zeae	コムギ類赤カビ病	24
Nakataea irregulare	イネ小黒菌核病	57
Pyricularia oryzae	イネいもち病	61
Alternaria kikuchiana	ナシ黒斑病	45
Venturia nashicola	ナシ黒星病	27

ポテトデキストロース培地寒天平板使用，27℃4日間培養後コロニーの直径測定。
キトサンは片倉チッカリン（脱アセチル化度81%）を使用。

れ，キトサン0.1%の添加で生育は完全に阻止されていた。写真に見られるように*Fusarium*属のカビは円形のコロニーを形成して増殖するので，直径を測定しキトサン添加における増殖の割合を示したのが表1である。表から明らかなように，キトサンは顕著にカビの増殖を抑制し，0.1%の濃度で6日間生育を完全に阻害した。

キトサンは他の*Fusarium*属の萎ちょう病菌（*Fusarium oxysporum*）とタマネギ乾腐病菌（*Fusarium oxysporum* cepae）に対しても同じように抗カビ作用を示した。*Fusarium*属以外のカビに対しては，キトサンの抗カビ力はやや弱く，例えばイチゴ灰色カビ病（*Botrytis cineria*）などに対しては，0.1%キトサン添加で完全に生育阻害は示さなかった。表2にその結果を示すが，多くの植物病原性真菌に対しても，かなりの程度の増殖抑制効果が認められた[6]。しかし，*Rhizopus*属，*Mucor*属，*Penicillium*属，*Aspergillus*属等のカビに対しては，キトサン0.1%程度では抑制効果は見られなかった[7]。このようにキトサンの抗カビスピクトルは植物病原真菌に特異的で，抑制作用はカビの細胞壁の化学組成に左右すると推定される。

1.3 キトサン分解物及びオリゴ糖の抗菌性

次に，キトサンをキトサナーゼにより分解して，低分子化した分解物とオリゴ糖を調製し，その抗菌活性を比較検討することは増殖抑制機構を知るうえで重要である。そのため筆者らはキトサン分解酵素を生産する*Bacillus* sp. No. 7-Mを自然界より分離し，キトサナーゼを精製し，その性質を調べている[1,8]。このキトサナーゼを用いて種々の分解度の異なるキトサン軽度分解物を調製し，分解の度合は酵素反応により生成した全還元糖量mg/gで表している。まず，キトサン分解物のカビに対する作用を調べた。植物病原性のカビ2株に対するキトサン分解物のMIC（最小増殖阻止濃度）をポテトーグルコース寒天培地を用いて求めた。その結果，図2に示すように，いずれのカビにおいても，わずかにキトサンを分解した軽度分解物（50mg 還元糖量/gキトサン）のMICが最も低く，抗カビ力が最大であった。この軽度分解物は用いたキトサン（分子量約20万）を推定で4ヵ所β-1,4結合を切断し，分子量約4～5万の標品である。

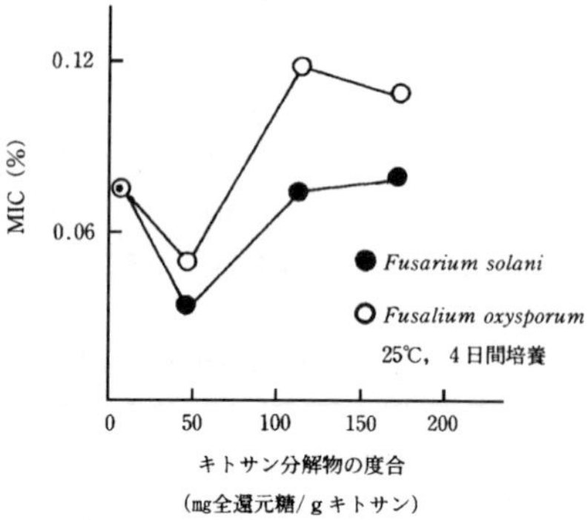

図2　植物病原菌に対するキトサン分解物の最小阻止濃度（MIC）

キトサンは希薄な有機酸には溶けるが，水に不溶である。それに対してキトオリゴ糖は水に可溶となり，また可溶性キトサン特有の苦味，渋味も感じられなくなる。前述したキトサナーゼを一定条件でキトサンに作用させると，構成糖であるD-グルコサミンの単糖を生成させることなく重合度2～8のキトオリゴ糖を著量に生成した[4]。キトオリゴ糖の免疫賦活効果や抗腫瘍活性さらに植物防御機構活性を示す最小単位は六糖であると報告されている[9]。したがって四～八糖を主体とするキトオリゴ糖を調製して，抗菌性を調べ表3に示した。

表3　キトサン，キトサン分解物，キトサンオリゴ糖の細菌とカビに対する最小阻止濃度（MIC）

微　生　物	MIC（%）		
	キトサン	分解物（50mg全還元糖量mg/g）	オリゴ糖（I）（500mg全還元糖量mg/g）
E. coli	0.025	0.025	0.500
P. aeruginosa	0.040	0.020	0.600
B. subtilis	0.050	0.020	0.600
S. aureus	0.050	0.025	0.600
Fusarium solani	0.070	0.035	NE
F. oxysporum	0.090	0.050	NE
F. oxysporum cepae	0.080	0.035	NE

NE：1.0%で添加で効果無し

キトサンの抗細菌性と抗カビ性のまとめとして，未処理（天然性）キトサン（分子量約20万），軽度分解物（分子量4～5万），オリゴ糖（六～八糖主体）の細菌4株と植物病原性カビ3株に対するMICを求めた。表3から明らかなように，抗菌力の強さはキトサン軽度分解物，未処理キトサン，キトオリゴ糖の順序であった。キトオリゴ糖のMICの値は大きく，抗菌力の強さは他の二者に比較して約十分の一以下であるが，オリゴ糖は水に可溶であり，エリシェータ活性等[7)]を有する食品素材や農業分野におけるバイオ新素材としての有効利用が期待される。

キトサンの抗カビ活性の作用機構としては，カビの菌糸体をキトサンで処理すると，細胞内から紫外部吸収物質などが漏洩することなどをすでに明らかにしている[2)]。このことから，キトサンがカビの細胞表層部と反応し，細胞透過性を増大させることが抗カビ作用機構の一つの要因であると示唆される。

1.4　キトサンの農業分野への利用

これまで述べてきたように，キトサンとその分解物は細菌や植物病原真菌類に対して増殖抑制作用を有しているので，土壌改良剤や天然性農薬としての開発が期待される。実際多くの企業が，農業用キトサン溶液を，表面散布，土壌灌水，種子浸漬等を行うことにより，病害抑制，病状拡大抑止，発育発根促進，農薬使用軽減，増産，良品生産などに効果があるとして，商品化し販売している。

キトサンは天然性物質であり，自然界で分解されるので，残留性の問題は低いと考えられる。事実，土壌中にはキチン，キトサン分解酵素を生産する微生物が多く見られ，昆虫の死骸が蓄積すると，さらに人為的にカニ，エビ殻，オキアミなどのキチン質に富むものを土壌中に添加すると，キチナーゼやキトサナーゼを生産する放線菌などが増加する。したがって，高分子のキチンやキトサンを散布すれば，自然界でも低分子化が進み，分子量の各段階でのこれらの化合物が種々の植物病原性微生物の生育を抑えることも可能であろう。

次に，キトサン及びその誘導体による植物生長促進効果のメカニズムについては，十分な解明がなされているとはいえないが，キトサンによる植物細胞の活性化を示唆するいくつかの報告がなされている。例えば，トマトの子葉にキトサンを与えると，プロテアーゼ阻害物質を誘導することが観察され[10)]，ダイズではその細胞培養液にキトサンを加えると，細胞壁構成成分のひとつであるβ-グルカンの生合成が高まる[11)]。エンドウでは，そのさやをキトサンに接触させると，*Fusarium*菌に感染させた時と同様に病原抵抗性タンパク質が発現されるという[12)]。

植物はその構成成分としてキチンやキトサンを含有していないにもかかわらず，それらの分解酵素であるキチナーゼやキトサナーゼをごく僅かではあるがもっている。その役割については不明な点が多いが，植物は細胞壁にキチンやキトサンをもつ昆虫や病原菌が攻撃したとき，キチナーゼ等を誘導して病原菌等の植物体内への侵入を防ぎ，病気への感染から防御していると考えられている[13~15]。

このようなキトサンによる植物の生長促進効果及び外敵に対する自己防衛機構の活性化機能に注目し，次田はキトサンの農業分野への利用について，ポット試験と圃場試験を含めた一連の研究を推進してきた[16]。圃場試験におけるキトサンの各種作物への栽培適用性を検討してきたが，バレイショについては，キトサン土壌混和，キトサン浸漬及びキトサン付着の３種のキトサン処理を試みた。その結果，いずれのキトサン処理区においても収量が４割以上増加し，１個40ｇ以上の上イモ総重量及び総個数を比較してみると，無処理区に比べて，４～６割近く増加していた[17]。

また，千布，芝山らはハツカダイコンの生育，特に根の生長に及ぼすキトサン混和処理の影響を調べ，太い１次側根及び２次側根の発生に大きな差異が認められ，処理区ではその発生数が明らかに多くなることを報告している[18]。

1.5 キトサナーゼ及びイツリン生産細菌による微生物農薬への利用

1.5.1 キトサナーゼ生産細菌

先に，我々の研究室では白癬菌（*Trichophyton mentagrophytes*）の増殖を顕著に阻止する拮抗微生物を自然界より分離した。本菌はグラム陽性の胞子を形成する細菌で，形態学及び生理学的性質から*Bacillus amyloliquefaciens* UTKと同定され，この細菌が構成的に活性の強いキトサナーゼを生産することを明らかにした[19]。UTKキトサナーゼはGlc-Glc及びGlcNAc-GlcNの結合を切断するsubclass Ⅰのグループに分類され，アミノ酸配列分析よりfamily46に属することもすでに報告した[20,21]。キトサナーゼを用いたバイオ農業の研究は，キチナーゼと比較するとその報告は少なく，キトサナーゼの農業分野への有効利用は今後の研究に待たれる。

1.5.2 UTKによるイツリンの生産と化学構造及び抗真菌活性

筆者らはキトサナーゼ生産菌UTKが植物病原真菌の増殖を顕著に阻害し，７つのα-アミノ酸とβ-アミノ脂肪酸からなる環状のリポペプチドの抗真菌抗生物質イツリンを生産することを見い出した[22]。図３にイツリンの構造を示したが，Rは炭素数３～６からなるアルキル基を示す。

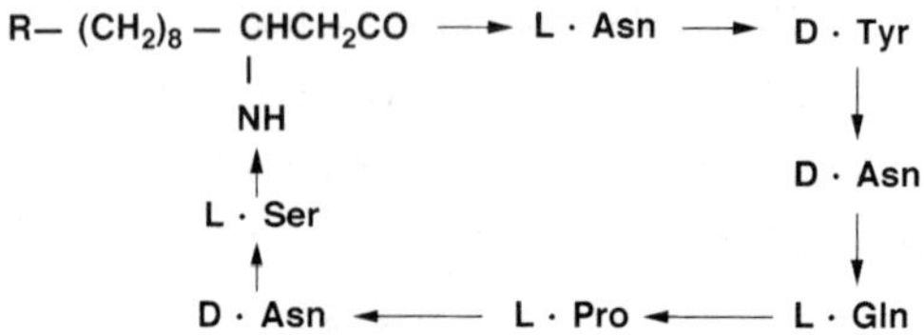

図３ イツリン（Itulin）の構造式

UTKをグルコース4.0%，ペプトン1.0%，寒天0.1%（あるいはゲーランガム0.1%），大豆カゼイン0.5%，塩化マンガン125ppmを含む培地（pH7.2）で振盪培養した時に，イツリンの高い生産性が得られた。

イツリンの抗菌スペクトルは真菌(カビ，糸状菌)に特異的で広いが，細菌や酵母に対しては増殖阻止活性は示さなかった。正田らは*Bacillus subtilis*が生産するイツリンについて多くの報告を行っているが，彼らのイツリンは真菌のみならず酵母や細菌に対しても抗菌性を示している[23]。

UTKイツリンは植物病原真菌のうち，萎ちょう病菌（*Fusarium solani*），タマネギ乾腐病菌（*Fusarium oxysporum* cepae），灰色カビ病菌（*Botrytis cinerea*），イネいもち病菌（*Phricularia oryzae*），イネ紋枯病菌（*Rhizoctonia solani*），海苔赤腐病菌（*Pythium porphyrae*），キュウリ炭病菌（*Colletorichum lagenarium*），リンゴ白紋羽病菌（*Rosellinia necartrix*），リンゴ紫紋羽病菌（*Helicobasidium mompa*），リンゴ腐らん病菌（*Valsa ceratosperma*），リンゴ斑点落葉病菌（*Alternaria mali*）等に対して抑制効果が顕著で，イツリンのMIC（μg/ml)は1.2〜25の値を示した[24]。表４に主な植物病原真菌に対するイツリンの抑制効果を示した。

表４　植物病原真菌に対するイツリンの抑制効果

テスト病原菌	病害名	効果
Alternaria alternata	リンゴ斑点落葉病	◎
Alternaria solani	トマト輪紋病	△
Botryosphaeria sp.	リンゴ輪紋病	◎
Botrytis cinerea	キュウリ灰色かび病	◎
Cercospora solani	テンサイ褐斑病	○
Colletotrichum lagenarium	キュウリたんそ病	◎
Fusarium graminearum	コムギ赤かび病	◎
Fusarium nivale	コムギ赤かび病	◎
Fasarium oxysporum		
f. sp. *cucumerium*	キュウリつる割病	○
f. sp. *raphani*	ダイコン萎黄病	○
f. sp. *tulipae*	チューリップ球根腐敗病	○
Gibberella fujikurol	イネばか病	○
Glomerella cingulata	リンゴたんそ病	○
Helicobasidium mompa	リンゴ紫紋羽病	△
Helminthosporium oryzae	イネごま葉枯れ病	◎
Monilinia fructicola	もも灰星病	○
Penicillium italicum	カンキツ青かび病	○
Phytophthora melonis	キュウリ疫病	◎
Pyricularia oryzae	イネいもち病	◎
Rhizoctonia solani	イネ紋枯病	○
Stereum purpureum	リンゴ銀葉病	○
Rosellinia necartrix	リンゴ白紋羽病	○

◎ 10ppmで顕著な効果あり
○ 50ppmで顕著な効果あり
△ 50ppmで効果あり

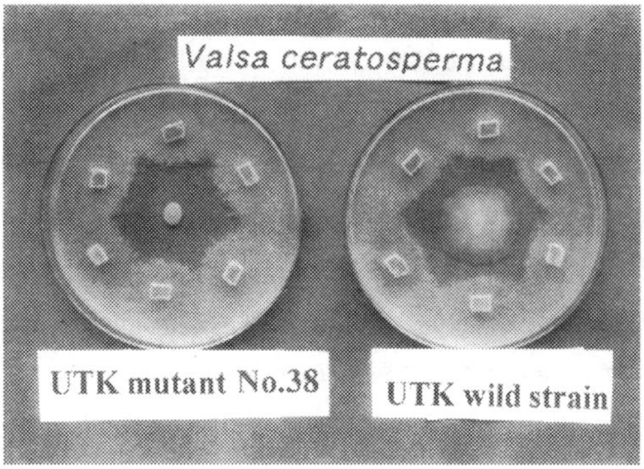

写真2　UTK野生株とストレプトマイシン耐性変異株によるリンゴ腐らん病原真菌に対する増殖阻止

本UTK株を微生物農薬として開発するには，培養液中に比較的多量のイツリンを生産することが望ましい。そこでイツリンの生産量を上げる目的で，UTK野生株を*N*-メチル-*N*´-ニトロ-*N*-ニトロソグアニジンで処理し，ストレプトマイシン耐性変異株を得た。ストレプトマイシン3,000〜7,000ppm耐性変異株は，写真2に示した様に抗真菌活性も増大し，培養液1リットル当り800〜1,000mgのイツリンを生産するようになった。

次に，本UTK株を微生物農薬として開発するために，病原菌に感染した果樹を対象に圃場試験を行うことが得策であると考えられる。そこでリンゴの二大病原真菌で，根に発生する白紋羽病菌と枝幹部に感染する腐らん病菌に対して，青森県のリンゴ農園で圃場試験を開始した。まず，UTKの培養液を紋羽病菌が発生したリンゴ農園の中耕時に土壌混和すると，病原菌の増殖を著しく抑制することが確かめられた。さらに，春先に紋羽病菌に感染したリンゴの樹木の根元を中心に，UTKの培養液を1本の木当り2〜4 ℓ とキトサンを共に施用したところ，治療した樹木は新根と新梢がでてきて，秋の収穫時には非感染のリンゴ樹木とほぼ同じ生産量を示した。リンゴの枝幹部に発生する腐らん病は古くて新しい病気といわれ，写真3のように明治以来土巻き処理が行われてきている[25]。この

写真3　リンゴ腐らん病治療の土巻き処置

使用例

<u>栽培鉢の場合</u>

表土に施用

5号サイズで大サジ4～5杯程度が目安

<u>培養土の場合</u>

培養土に対して1～2%を目安に混合

(100L 相当に2kg で十分)

培養土 10トンに対して100～200kg

を施用

<u>圃場土壌の場合</u>

1アール当り100～200kg 施用

写真4　*Bacillus* UTK－イソライト複合体と土壌に対する施用量の基準

土の中にUTKの培養液を混和し，微生物農薬としての実証試験を行い，顕著な治癒効果が認められた。

現在は，UTK株を微生物農薬として商品化し，流通させる場合を考慮して，培養液を各種農業鉱物資材に吸着させることを試み，写真4に示すような*Bacillus* UTK-イソライト複合体を調製している。これらの複合体を樹木ではリンゴ及び梅の木の紋羽病に対して，さらにレタス等の野菜の種々の植物病に対する防除・治療試験を圃場レベルで継続中で良い結果を得ている。*Bacillus* UTKは，もともと土壌微生物であり，キトサナーゼを生産する特徴も有し，写真5に示したように，ビオラ苗のポット移植時にUTK-イソライト複合体を土に対して5%の割合で施用したところ，顕著な発根促進効果が観察された。

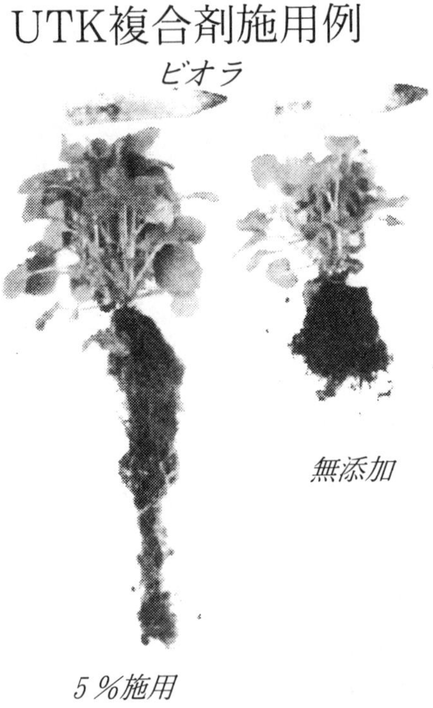

写真5　ビオラ苗に対する*Bacillus* UTK-イソライト複合体の発根促進効果

1.6　おわりに

これまで述べたように，キトサンが抗細菌性と抗カビ作用を有し，さらに植物生長促進作用等の新機能も兼ね備えていることから，農業分野への利用が可能となった。さらにキトサナーゼで分解したキトサン軽度分解物（分子量4～5万）が抗菌力が最大であることから判断して，キトサンとキトサナーゼ生産微生物を同時に添加すること，あるいはキトサン軽度分解物を調製することにより，バイオ農業新素材の創製に道を開くことになると考えられる。

また，抗真菌性抗生物質イツリンとキトサナーゼを同時に生産する*Bacillus amyloliquefaciens* UTKは，リンゴ紋羽病や腐らん病など多くのカビに起因する植物病の抑制と治療に効果を示す微生物農薬としての実用化が期待される。

文　　献

1）Y. Uchida *et al.*, Methods in Enzymology, **161**, Biomass Part B, Academic Press, Inc, p.501（1988）
2）内田　泰，フードケミカル，**No.2**，22（1988）
3）内田　泰，日添協会報，**7**，9（1988）
4）内田　泰，キチン，キトサンの応用，キチン・キトサン研究会編，技報堂，p.71（1990）
5）内田　泰，化学工業，**42**，794（1991）
6）横山　勉ほか，フードケミカル，**No.4**，27（1989）
7）内田　泰，キチン・キトサンハンドブック，キチン・キトサン研究会編，技報堂，p.301（1995）
8）Y. Uchida *et al.*, *Bull. Fac. Agr. Saga Univ*, **66**, 105（1989）
9）S. Suzuki *et al.*, Chitin in Nature & Technology, eds, by R. A. A. Muzzarelli *et al.*, Plenum Press, New York, p.485（1986）
10）M. Walker-Simmons *et al.*, *Biochem. Bioohys. Res. Commun.*, **110**, 194（1983）
11）H. Kohle *et al.*, *Plant Physiol.*, **77**, 544（1985）
12）L. Hadwiger *et al.*, *Physiol. Plant Pathol.*, **23**, 152（1984）
13）F. Mauch *et al.*, *Plant Physiol.*, **76**, 607（1984）
14）D. Roby *et al.*, *Plant Physiol.*, **81**, 228（1986）
15）W. S. Pierpoint, *Phytochem.*, **22**, 2691（1983）
16）次田隆志，食品工業，**33**（No.20），28（1990）
17）次田隆志，キチン，キトサンハンドブック，キチン・キトサン研究会編，技報堂，p.440（1995）
18）千布寛子ほか，日作紀，**68**，199（1999）
19）Y. Uchida *et al.*, *Bull. Fac. Agr. Saga Univ*, **77**, 53（1989）
20）K. Seki *et al.*, Advances in Chitin Science, eds., A. Domard *et al.*, Jacques Andre Publisher, France, **2**, 284（2000）
21）K. Seki *et al.*, *Bull. Fac. Agr. Saga Uni.*, **85**, 109（2000）
22）内田　泰ほか，農化誌（農芸化学講演要旨集），**66**，306（1992）
23）正田　誠，*Bio Industry*, **14**, 21（1997）
24）内田　泰，キチン・キトサン研究，**9**，158（2003）
25）原田幸雄，キノコとカビの生物学，中公新書，p.119（1993）

2　植物キチナーゼを用いたバイオ農薬の開発

松田英幸[*1]，古賀大三[*2]，小村洋司[*3]，吉川貞樹[*4]，山本一成[*5]

2.1　はじめに

現代農業においては，農作物を害する病害虫の防除などに化学農薬を用いているが，環境負荷型農薬への長期に渡る過度の依存から，環境汚染や食品の安全性，および健康に対する弊害が広がってきた。世界各国，特に先進国では化学農薬の使用の制限と環境修復に大規模に取り組むと同時に，生物農薬などの代替農薬の開発が進められているが，有効な病害防除技術の開発には至っていないのが現状である。

一般に野生植物は，病害虫や外敵に対する生体防御機能を発達させて進化し，生態系のバランスに依存して健全に成長してきた。このような生体防御機能は，化学農薬に依存する現代農業では無視され，利用されてこなかった。自然界には病気に弱い植物や，反対に大変強い植物がある。そこで，われわれは，病気に強い植物の生体防御機能を活かして，新たな病害防除技術の確立を目的に，病原菌細胞壁分解酵素（キチナーゼやグルカナーゼ等の生体防御酵素）を利用した，化学農薬に替わる安全なバイオ農薬の研究開発を目指した。それにより持続的環境修復型農業の発展に貢献することを目的とする。

病気に強いある種の植物は，病原菌が接近すると病害抵抗性を誘導するエリシター（キチン，キトサン，β-1,3-グルカン等）によって細胞を活性化すると共に，病原菌の細胞壁を分解する酵素，例えばキチナーゼやβ-1,3-グルカナーゼを誘導生産し，病原菌の細胞壁を破壊する。さらに，抗菌物質であるファイトアレキシン等を誘導分泌することで死に至らしめる[1~3]。このような働きは，植物における生存の基本戦略であり，遺伝子がその情報を持っているとされている。これまでの研究から，抗菌活性の強いキチナーゼが，土壌中の無数の微生物に囲まれて病害微生物に強い抵抗性を示す根菜類に存在し，その中でもヤマイモ（*Dioscorea opposita* Thunb）に存在するキチナーゼE等が，特に強い抗菌活性を保持していることが分かった。

本稿では，バイオ農薬開発に挑戦する共同研究の成果から①ヤマイモキチナーゼＥの抗菌活性とその特性，②ヤマイモキチナーゼＥ遺伝子の微生物細胞における大量発現，③微生物生産ヤマ

＊1　Hideyuki Matsuda　島根大学　生物資源科学部　教授
＊2　Daizo Koga　山口大学　農学部　生物機能科学科　環境生化学講座　教授
＊3　Youzi Omura　山陰建設工業㈱　代表取締役社長
＊4　Sadaki Kikkawa　山陰建設工業㈱　バイオ事業部　次長
＊5　Ichinari Yamamoto　山陰建設工業㈱　バイオ事業部　主任研究員

イモキチナーゼＥのイチゴ栽培への応用について，分かり易く紹介する。

2.2　ヤマイモキチナーゼEの抗菌活性とその特性

ヤマイモの塊茎には，その酵素抽出物の電気泳動およびキチナーゼの活性染色の結果，約10個のキチナーゼが存在することが明らかとなった。これらキチナーゼ（アイソザイム）の植物における役割を明らかにするため，カラムクロマトグラフィーにより精製し，それぞれの性質を調べた。とくに生物学的役割を知る目的で，植物の病原菌に対する抗菌力としてフザリウム菌に対する溶菌活性を調べた。すなわち，浸透圧を等調にすることで病原菌の細胞壁がキチナーゼで溶解されて生じる裸の細胞（プロトプラスト）を安定化させて，そのプロトプラストの数の違いから溶菌活性を比較した。この結果，キチナーゼアイソザイムの中の３種（キチナーゼＥを含む）には，フザリウム菌に対して高い溶菌活性を持つこと，また，この溶菌活性はβ-1,3-グルカナーゼ（Zymolyase®-20Tを使用した）との協奏作用によることが明らかとなった(写真１)[4]。つぎに，この３種のキチナーゼが，外界から侵入する病原菌に対する生体防御酵素であるかどうかを明らかにするため，ヤマイモのカルスを用いたキチナーゼの誘導実験を行なった。この結果，それらキチナーゼアイソザイムは，フザリウム菌もしくは病原菌の細胞壁を構成しているキチン，キトサンのオリゴ糖により誘導されることが明らかになった[5]。以上の結果から，植物キチナーゼは，病原菌に対する生体防御酵素として，病原菌の感染によって誘導され，病原菌の細胞壁を溶解することによって自己防御を行なうと考えられた。

植物キチナーゼを用いたバイオ農薬の開発

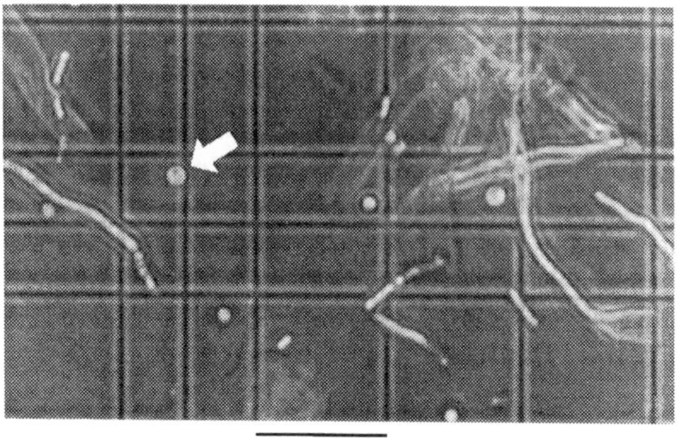

写真１　ヤマイモキチナーゼＥの抗菌活性
ヤマイモキチナーゼＥとZymolyase-20Tを含む溶液で*F. oxysporum*を処理した後，生じたプロトプラストを顕微鏡で観察した。

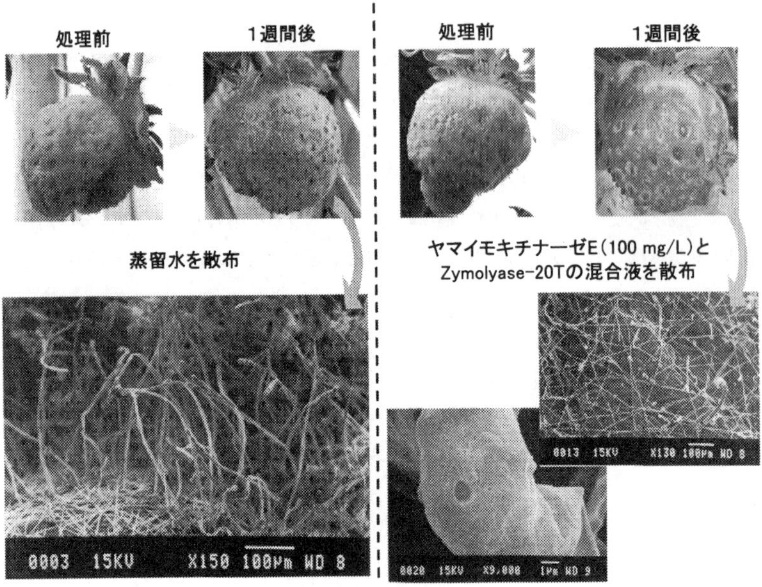

写真２　イチゴうどんこ病に対するヤマイモキチナーゼＥの効果

これら溶菌活性の高いキチナーゼの特徴は，耐熱性が70℃以上と高く，pH安定性はpH５～11の範囲で，特にアルカリ側に強く，安定性に優れていることである。そこで，溶菌活性ならびに安定性に優れたヤマイモキチナーゼＥに着目し，農薬としての利用について調べた。

人為的にうどんこ病菌をイチゴに感染させ，菌叢の見られる葉および果実にヤマイモキチナーゼEを含む溶液を散布した。散布するとすぐに表面の白い粉（分生胞子）がなくなり，１週間後に走査型電子顕微鏡でうどんこ病菌を観察すると，その菌糸体の表面がぼろぼろに壊れ，さらに穴まで観察された(写真２)。２週間まで追跡調査をしたが，うどんこ病の再発は見られなかった。一方，コントロールとして，滅菌蒸留水を散布した場合は，著しくうどんこ病菌が増殖した。これらの実験では，100mg÷Lと比較的高い濃度のヤマイモキチナーゼＥの溶液が滴る程度に散布した。しかし，感染初期ではその1÷10のキチナーゼの量でも十分効果を示すことがわかった。また，ヤマイモキチナーゼＥのみでも防除効果が見られたが，β-1,3-グルカナーゼが共存した方がより効果があった。

このヤマイモキチナーゼＥは，分子量33,500，等電点3.8であり，高分子基質(グリコールキチン）に対しては，pH4.0と7.5に２つの至適pHを有するが，キチンオリゴ糖に対してはpH3.5のみに至適pHを示し，ファミリー18キチナーゼに特異的な阻害剤アロサミジンには阻害されない性質を持つ[6]。酵素反応機構としては，Inverting mechanismで加水分解を行なう反応様式を示す[7,8]。また，低分子基質であるキチンオリゴ糖に対しては基質阻害を示すが，高分子のグリコールキチンに対しては示さない[9]。このことは，キチナーゼEにとってキチンオリゴ糖は基質と言うよりむしろ生成物と考えられる。すなわち，病原菌の細胞壁を構成する高分子キチンをターゲットにしていると考えられる。分類的には，これらのデータとアミノ酸配列の類似性からファミリー19でクラスⅣに属することがわかった[10]。

このキチナーゼの全アミノ酸配列を知るため，部分的アミノ酸の配列を基にヤマイモキチナーゼE遺伝子のクローニングを行なった(現在投稿中，GenBank，accession number: AB102714)。その塩基配列から推定したアミノ酸配列を(図1)に示す。その塩基配列から推定したアミノ酸配列は，ヤマイモキチナーゼEのタンパク質から得られていたアミノ酸配列と大きな差違はみられなかったが，分泌シグナルには開始アミノ酸であるMetが2つ見られ，どちらのMetからタンパク質が翻訳されるかは未だ不明である。精製したヤマイモキチナーゼEは分泌シグナルが除去される時にピログルタミン酸になっていたが，この配列データからN末端はグルタミンであることがわかった。さらに，C末端側のアミノ酸配列がこれまで報告されたクラスⅣキチナーゼと異な

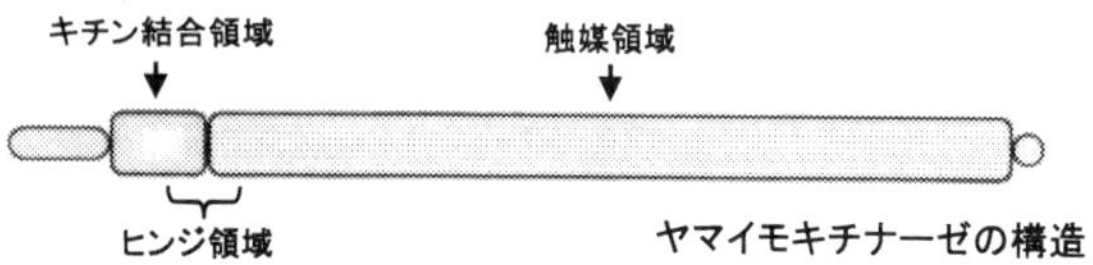


```
1    ATG CAT TCA TTT AGA ATG ATA TTC CTT GAA GCT CTC CTC ATC GCC GGA GTT CTC TCC GGT
      M   H   S   F   R   M   I   F   L   E   A   L   L   I   A   G   V   L   S   G
61   CTC TTC TCC AGC TCT GCC GTG GCA CAA AAC TGC CAG TGC GAC ACC ACC ATC TAC TGC TGC
      L   F   S   S   S   A   V   A   Q   N   C   Q   C   D   T   T   I   Y   C   C
121  AGC CAG CAT GGC TAC TGC GGC AAC AGC TAC GAC TAT TGT GGA CCG GGA TGC CAA GCC GGT
      S   Q   H   G   Y   C   G   N   S   Y   D   Y   C   G   P   G   C   Q   A   G
181  CCT TGT TTG GTT CCT TGC GAA GGA AAC GGC ACC TTA ACA GTT AGT GAT ATT GTA ACA CAG
      P   C   L   V   P   C   E   G   N   G   T   L   T   V   S   D   I   V   T   Q
241  GAC TTT TGG GAC GGA ATT GCA TCA CAA GCC GCT GCC AAC TGT TCC GGT AAA GGC TTC TAC
      D   F   W   D   G   I   A   S   Q   A   A   A   N   C   S   G   K   G   F   Y
301  ACC CTG TCT GCC TTC TTA GAA GCC GTT TCG GCT TAC CCT GGC TTT GGC ACC AAA TGC ACC
      T   L   S   A   F   L   E   A   V   S   A   Y   P   G   F   G   T   K   C   T
361  GAC GAA GAC AGA AAG AGA GAG ATT GCA GCT TAC TTC GCC CAT GTC ACC CAT GAA ACT GGA
      D   E   D   R   K   R   E   I   A   A   Y   F   A   H   V   T   H   E   T   G
421  CAT TTA TGT TAC ATT GAA GAA AGA GAT GGA CAC GCT AAT AAC TAC TGT CTA GAA AGC CAA
      D   L   C   Y   I   E   E   R   D   G   H   A   N   N   Y   C   L   E   S   Q
481  CAG TAT CCA TGC AAT CCT AAC AAG GAG TAC TTC GGA CGT GGA CCT ATG CAG CTC TCA TGG
      Q   Y   P   C   N   P   N   K   E   Y   F   G   R   G   P   M   Q   L   S   W
541  AAC TAC AAC TAC ATC GAC GCC GGC AAG GAG CTC AAC TTC GAC GGC TTG AAT GAT CCG GAC
      N   Y   N   Y   I   D   A   G   K   E   L   N   F   D   G   L   N   D   P   D
601  ATA GTC GGC CGT GAC CCC ATC CTC TCC TTC AAG ACT TCT CTC TGG TAT TGG ATA AGG AAA
      I   V   G   R   D   P   I   L   S   F   K   T   S   L   W   Y   W   I   R   K
661  GGG GTG CAA TAC GTC ATA CTT GAT CCG GAC CAG GGC TTC GGA GCC AGC ATC AGA ATC ATC
      G   V   Q   Y   V   I   L   D   P   D   Q   G   F   G   A   S   I   R   I   I
721  AAC GGC GGC CAA GAG TGT GAT GGC AAG AAC ACC GCC CAG ATG ATG GCG CGT GTG GGA TAC
      N   G   G   Q   E   C   D   G   K   N   T   A   Q   M   M   A   R   V   G   Y
781  TAC GAG CAA TAT TGT GCC CAG CTT GGT GTC TCT CCT GGC AAT GAT CTC ACT TGT GTC ACT
      Y   E   Q   Y   C   A   Q   L   G   V   S   P   G   N   D   L   T   C   V   T
841  AGT AAC CTG GCT GTT AGT TAG
      S   N   L   A   V   S  ***
```

Bases　1 to 84：分泌シグナル
Bases　85 to 162：キチン結合領域
Bases　163 to 834：触媒領域
Bases　835 to 858：液胞シグナル

図1　ヤマイモキチナーゼEのアミノ酸配列

り，付加的な8つのアミノ酸が見られた。これについては，現在液胞シグナルの可能性として，検討中である。

2.3 ヤマイモキチナーゼE遺伝子の微生物細胞における大量発現

植物由来のヤマイモキチナーゼEの農薬としての実用化が期待されたことで，その大量生産を視野に入れた研究開発を行った。高い生産性と農薬原体までの精製を考慮し，微生物細胞での分泌発現系で大量発酵生産することを目指した(図2)。宿主には，大腸菌，メタノール資化性酵母*Pichia pastoris*および枯草菌*Brevibacillus brevis*の3種を用い，最も効率の良い発現系を用いる事とした。大腸菌発現系では，キチナーゼ生産菌*Enterobacter* sp. G-1由来のキチナーゼ[11, 12]分泌シグナル配列を組み込んだヤマイモキチナーゼE遺伝子を，プラスミドベクターpQE60にサブクローニングし，大腸菌XL1-blueを形質転換した。ヤマイモキチナーゼEの発現をWestern Blot法で確認できたが，大部分は封入体として菌体内に存在していた。封入体では酵素活性が確認出来ず，一層の工夫が必要と判断した。

そこで，新たな高発現系として，新属新菌のキトサナーゼ分泌菌*Matsuebacter chitosanotabidus* sp. 3001由来のキトサナーゼA[13~15]分泌シグナル配列を組み込んだヤマイモキチナーゼE遺伝子をプラスミドベクターpBAD/Myc-Hisにサブクローニングし，大腸菌LMG194を形質転換した。ヤマイモキチナーゼEの分泌発現をWestern Blot法で確認できたが，酵素活性は確認出来なかった[16]。これは高等植物由来の抗菌性酵素を大腸菌で発現させているために，フォールディ

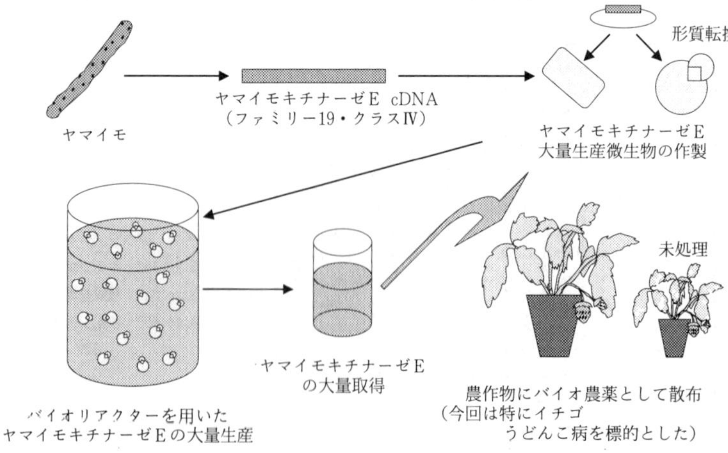

図2　バイオ農薬の開発戦略

ングが不完全になることなどが起きるためと考えられた。

*P. pastoris*を用いたヤマイモキチナーゼＥ遺伝子の発現系では，ヤマイモキチナーゼＥが培養上清へ分泌生産されていることをWestern Blot法で確認した。発現したタンパク質は翻訳後修飾による糖鎖付加が認められ，エンドグリコシダーゼＨ処理をすることにより糖鎖を除去すると，植物由来ヤマイモキチナーゼとほぼ同じ位置にバンドが認められた（写真３）。糖鎖の有無に拘わらずキチナーゼ活性を有することを活性染色で確認した。この糖鎖を除去したヤマイモキチナーゼＥの分子量はSDS-PAGEの結果から植物由来ヤマイモキチナーゼＥとほぼ同一のものであることが分かった[17]。

そこで，植物由来のヤマイモキチナーゼＥ，*P. pastoris*発現系由来の糖鎖付加ヤマイモキチナーゼＥ，およびそのエンドグリコシダーゼＨ処理による糖鎖除去酵素について，グライコールキチンに対するそれぞれの至適pHを比較した。

植物由来のヤマイモキチナーゼＥは，上述のように4.0および7.5に２つの至適pHを持っている。糖鎖が付加された酵素では，至適pHは6.0を示し，pH4.0および7.5においても比較的高い活性を保持していた。エンドグリコシダーゼＨ処理した酵素は，至適pHは4.0にシフトし，未処理酵素の活性よりも広いpH領域で強い活性を示した。これは，付加された糖鎖が酵素の至適pHおよび酵素活性の発現に関与していることを示唆している。糖鎖付加による酵素機能への影響について，酵素タンパク質の糖鎖結合部位に変異を導入した変異酵素を用いてさらに詳細に検討している。

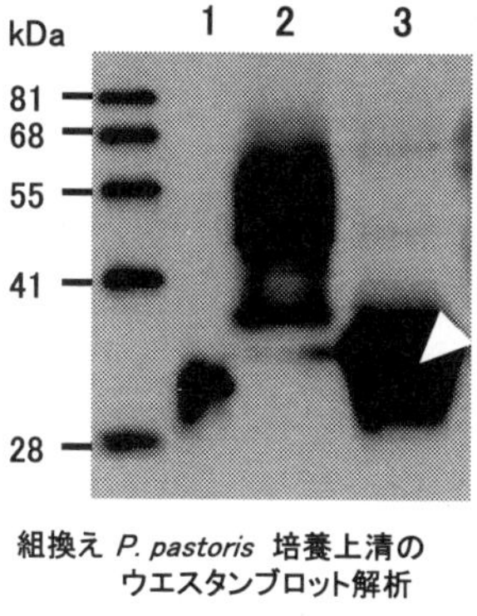

組換え *P. pastoris* 培養上清の
ウエスタンブロット解析

1：ヤマイモから精製したキチナーゼE
2：培養上清
3：培養上清をEndoH処理し糖鎖を切断

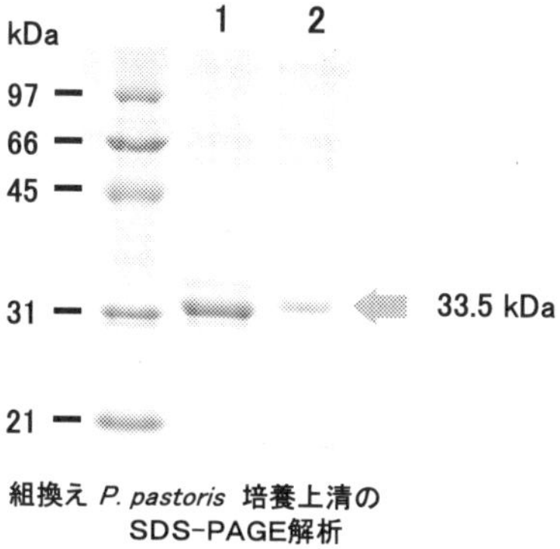

組換え *P. pastoris* 培養上清の
SDS-PAGE解析

1：ヤマイモから精製したキチナーゼE
2：培養上清をEndoH処理し糖鎖を切断

写真３　*P.pastoris*発現系におけるヤマイモキチナーゼＥの発現とEndo H処理による糖鎖除去

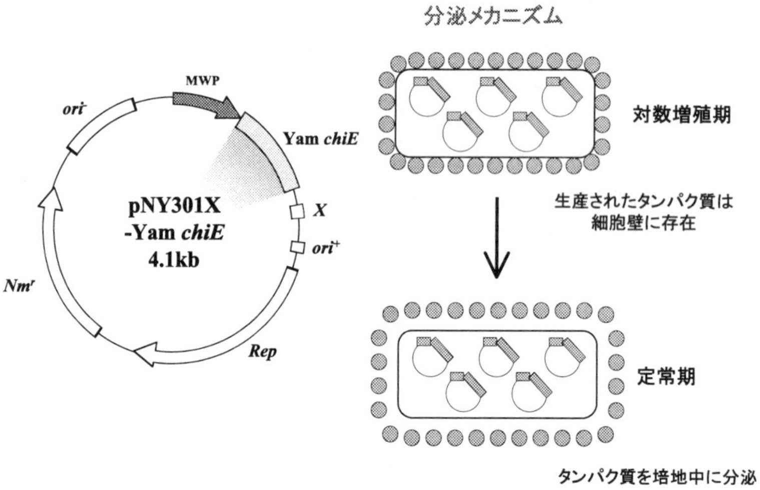

図3　高発現系プラスミドを用いた菌体外分泌の枯草菌大量生産系

*P. pastoris*を用いたヤマイモキチナーゼＥの発現系において，糖鎖付加型ではあるが，安定したヤマイモキチナーゼＥの分泌発現が確認できたため，90Ｌ培養槽へのスケールアップを試みた。培養条件ならびに誘導条件の検討の結果，グルコース誘導開始後60時間で培養上清１Ｌ中に約75 mgの発現量を確認することができた。しかしながら実用化レベルにはほど遠く，*P. pastoris*発現系を用いた大量生産は断念した。

枯草菌発現系では，この形質転換体の培養液中に約４mg/Lの活性型ヤマイモキチナーゼＥが分泌生産されることを確認した。その発現量はごく微量ではあるが，枯草菌の系では翻訳後修飾がほとんど起こらないため，天然の物とほぼ同じヤマイモキチナーゼＥを生産出来るという点においては，十分に期待される[18]。

現在，枯草菌の高発現系（図３）を使い，同酵素を更に効率よく生産させるため，MES等の発現強化因子を用いた検討を進めている。

2.4　微生物生産ヤマイモキチナーゼＥのイチゴ栽培への応用

組換え*P. pastoris*の培養上清から抽出したヤマイモキチナーゼＥの溶液をうどんこ病に感染したイチゴの葉に処理した試験で防除効果が確認(写真４)できたことから，イチゴうどんこ病罹病苗に対しても同様の試験(ポット特性試験)を行った。ヤマイモキチナーゼＥとZymolyase® 20Tとの混合溶液を罹病部に散布した試験で，処理後１週間で菌叢が消失したことによる治療効果が

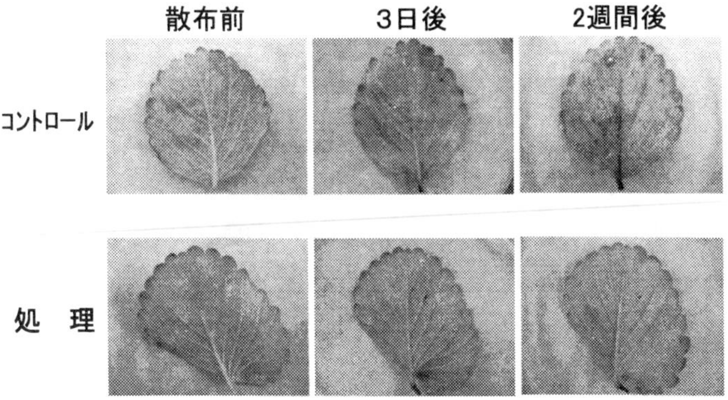

写真4　組換え*P. pastoris*生産ヤマイモキチナーゼＥを用いた薬効試験

認められた。この試験では，ヤマイモキチナーゼＥの濃度を300mg/Lにすることで，その有効性が見られた。また，同様の試験を島根県農業試験場で実施した。この試験では，無処理区と比較して防除効果は認められたが，効果はやや低く，褐色薬剤の付着による葉表裏面の汚斑や黒ずみがみられたという結果を得た。この試験に使用した薬剤は，YPD培地を使用した培養液を硫安沈殿程度の精製法で調製しており，ヤマイモキチナーゼＥの濃度が130mg/Lの溶液を使用したため，汚れが生じ，防除効果がやや低いという結果になったと考えられる。今後は，農薬としての剤型を決める上でも精製方法，病害予防もしくは防除に対する有効濃度ならびに使用方法について詳細に調べる必要がある。

また，㈱日本バイオリサーチセンターにおいて組換え*P. pastoris*生産ヤマイモキチナーゼＥのマウスを用いた単回経口投与毒性試験を行った。この試験では，ヤマイモキチナーゼＥの500および2000mg/kgをCrj:CD-1(ICR)系マウスの雌雄に１回経口投与して，その毒性を検討した。その結果，雌雄ともに死亡発現は認められず，最小致死量は2000mg/kg以上と判断された。一般状態，体重推移および剖検においても，ヤマイモキチナーゼＥ投与による影響は認められなかった。

ヤマイモキチナーゼＥは，元来「古くより食経験の豊富なヤマイモ」に存在する生分解性の安全な機能性酵素タンパク質成分である。環境への汚染や人体への毒性のない特色あるバイオ農薬の一つとして，その幅広い利用が強く期待される。

なお，イチゴ栽培におけるうどんこ病及び灰色カビ病の発生と防除面積および農薬使用状況などを示す(図４)[19]。延防除面積は作付面積あたり2.1もしくは3.6倍にもなり，長期にわたる連用は農薬耐性病原微生物の出現や，毒性の残留，環境汚染の拡散の危険性が懸念される。

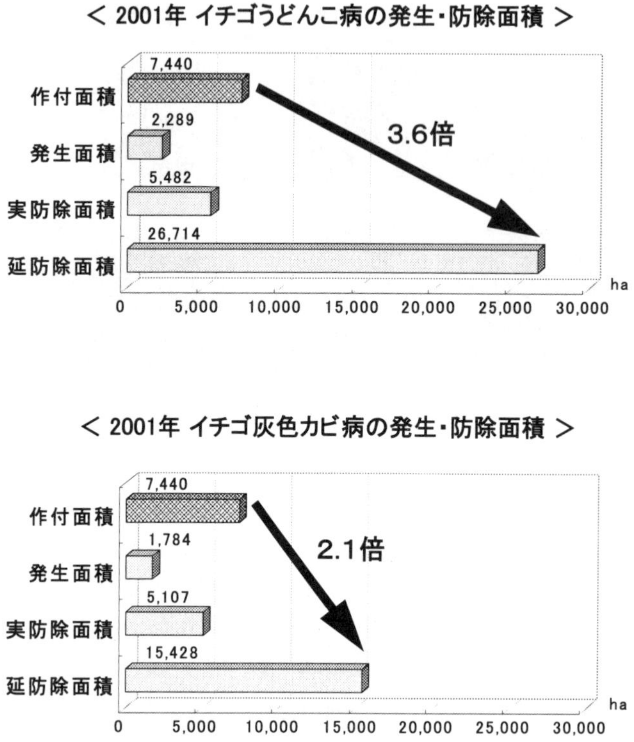

図4　イチゴ栽培における農薬の使用状況

2.5　おわりに

本研究は，化学農薬に替わる安全なバイオ農薬の開発を目指した先駆的な挑戦であり，微生物生産された抗菌活性の強いヤマイモキチナーゼEの安全性およびイチゴうどんこ病菌の防除効果が確認されたことから実用化への期待が膨らむ。今後は本稿で取り上げているようにβ-1,3-グルカナーゼや，その他の機能性酵素の併用などによって，バイオ農薬の防除効果の強化と持続性並びに適用しうる病害微生物種および作物種の拡大を目指したい。研究成果は，国内外の学会や雑誌に発表し，いくつかの特許も出願済みである。新聞にも紹介され，世界各国の薬品メーカーから問い合わせが相次ぎ，次世代農薬の一つとしての期待の高さが伺える。圃場などでの具体的な成果を上げると共に，産業としての発展が期待されるところである。その為にも農林水産省の指導を受けて，農薬登録を実現させることが大切である。

最後に，本研究は文部科学省産学官連携イノベーション創出事業費補助金（独創的革新技術開発研究提案公募制度）によって，山口大学，島根大学および山陰建設工業㈱の協力によって行われた。 関係各位に感謝の意を表する。

文　献

1） 古賀大三，植物キチナーゼの生物学的役割，p22-31,キチン・キトサン研究会編，キチン，キトサンハンドブック，技報堂，p22-31（1995）

2） 松田英幸，川向誠，中川強，小村洋司，中尾貞仁，太田ゆかり，微生物処理キトサンの生化学的特性と生理機能，p29-64，微生物処理キトサンの生物生産における効果，65-80，微生物処理キトサン研究会編，農業新素材バイオキトサン所収，大成出版社，（1991）

3） 岸國平ほか，植物病理学辞典，養賢堂　p447-495（1995）

4） Y. Arakane, H. Hoshika, N. Kawashima, C. Fujiya-Tsujimoto, Y. Sasaki and D. Koga: Comparison of chitinase isozymes from yam tuber. Enzymatic factor controlling the lytic activity of chitinases. *Biosci. Biotechnol. Biochem.*, **64**, 723-730（2000）.

5） D. Koga, T. Hirata, N. Sueshige, S. Tanaka and A. Ide: Induction patterns of chitinases in yam callus by inoculation with autoclaved *Fusarium oxysporum*, ethylene, and chitin and chitosa oligosaccharides. *Biosci. Biotech. Biochem.*, **56**, 280-285（1992）.

6） S. Karasuda, S. Tanaka, H. Kajihara, Y. Yamamoto and D. Koga: Plant chitinase as a possible bicontrol agent for use instead of chemical fungicides. *Biosci. Biotechnol. Biochem*. **67**, 221-224（2003）.

7） T. Fukamizo, D. Koga, and S. Goto: Comparative biochemistry of chitinases-anomeric form of the reaction products. *Biosci. Biotechnol. Biochem*. **59**, 311-313,（1995）.

8） D. Koga, T. Yoshioka and Y. Arakane: HPLC analysis of anomeric formation and cleavage pattern by chitinolytic enzyme. *Bioscsi. Biotechnol. Biochem.*, **62**, 1643-1646（1998）.

9） D. Koga, T. Tsukamoto, N. Sueshige, T. Utsumi and A. Ide: Kinetics of chitinase from yam, *Dioscorea opposita* THUNB. *Agric. Biol. Chem.*, **53**, 3121-3126（1989）.

10） Daizo Koga, Masaru Mitsutomi, Michiko Kono and Masahiro Matsumiya: Biochemistry of chitinases. Chitin and Chitinases. edited by P. Jolles and R.A.A. Muzzarelli, pp111-123, Birkhauser Publishing Ltd. Basel, Switzerland,（1999.8）

11） Jae Kweon Park, Takashi Okamoto, Yukikazu Yamasaki, Katsunori Tanaka, Tsuyoshi Nakagawa, Makoto Kawamukai and Hideyuki Matsuda. Molecular cloning, nucleotide sequencing, and regulation of the chiA gene encoding one of chitinases from *Enterobacer* sp. G-1. *J. Ferment Bioeng*. **84**, 493-501(1997)

12） Jae Kweon Park, Kenji Morita, Ikuo Fukumoto, Yukikazu Yamasaki, Tsuyoshi Nakagawa, Makoto Kawamukai and Hideyuki Matsuda. Purification and characterization of the chitinase (ChiA) from *Enterobacter* sp. G-1. *Biosci. Biotech. Biochem.* **61**, 684-689 (1997)

13) Jae Kweon Park, Kumiko Shimono, Nobuhisa Ochiai, Kazutaka Shigeru, Masako Kurita, Yukari Ohta, Katsunori Tanaka, Hideyuki Matsuda, and Makoto Kawamukai. Purification, characterization, and gene analysis of a chitosanase (ChoA) from *Matsuebacter chitosanotabidus* 3001. *J. Bacteriol*. **181**, 6642-6649 (1999)

14) Kumiko Shimono, Hideyuki Matsuda, and Makoto Kawamukai. Functional expression of chitinase and chitosanase, and their effects on morhphologies in the yeast *Schizosaccharomyces pombe. Biosci. Biotech. Biochem*. **66**, 1143-1147 (2002)

15) Kumiko Shimono, Kazutaka Shigeru, Akiho Tsuchiya, Noriko Itou, Yukari Ohta, Katsunori Tanaka, Tsuyoshi Nakagawa, Hideyuki Matsuda, and Makoto Kawamukai. Two glutamic acids in chitosanase A from *Matsuebacter chitosanotabidus* 3001 are the catalytically important residues. *J. Biochem*. **131**, 87-96 (2002)

16) 香川隆，野黒美俊介，秦淳也，田中克典，中川強，川向誠，古賀大三，松田英幸，ヤマイモキチナーゼE遺伝子の微生物細胞における高発現，日本農芸化学会中四国支部大会講演要旨集，p45 (2002)

17) 野黒美俊介，香川隆，秦淳也，田中克典，中川強，川向誠，松田英幸，*P. pastoris*発現系を用いたヤマイモキチナーゼE遺伝子の大量発現，日本農芸化学会大会講演要旨集，p26 (2003)

18) 香川隆，野黒美俊介，秦淳也，田中克典，中川強，川向誠，古賀大三，松田英幸，ヤマイモキチナーゼE遺伝子の微生物細胞における大量発現系と細胞外分泌系の開発，日本キチン・キトサン研究 9，146-147 (2003)

19) 農林水産省生産局生産資材課・植物防疫課，農薬要覧2002，日本植物防疫協会，p653-654 (2002)

3　人工樹皮：キチンによる樹木皮組織の創傷治癒

平野茂博*

3.1　はじめに

キチン｛(1→4)-N-アセチル-β-D-グルコサミナン｝は，昆虫外皮，植物病原菌の細胞壁などの主な構成成分であるが，植物組織に含まれていない。それにも関わらず，キチンを生物分解する酵素のキチナーゼ(EC 3.2.1.14)が，一般植物の細胞内外や組織に存在する[1)]。自然界において植物と昆虫の接触が，植物キチナーゼで昆虫表皮キチンが分解され，生成するキチンオリゴ糖が植物細胞を活性化，生育促進，植物の耐病性と収穫量を高めている。この生物機能の利用が農林業分野で注目されている[2)]。

本節では，常緑樹と落葉樹の樹皮キチナーゼの季節変動，木質部と葉の組織中のキチナーゼ活性，樹木の皮組織中でのキチンの消化をもとに，樹木の樹皮組織の創傷治癒を促進する「人工樹皮」の開発動向を述べる[3)]。

3.2　樹木皮組織の創傷被覆材

樹皮創傷の被覆材は，キチンを基材とした綿，不織布，膜，スポンジ，微粉末を用いる。さらにセルロース，リグニン，ゴム，無機塩などにキチンを混ぜたものが用いられる[3)]。ここでは，キチン膜，キチンスポンジ布，キチン綿などを樹皮創傷被覆材（人工樹皮）として用いた。

a）キチン綿と不織布

キチン綿はキチンの長繊維を短く切断し短繊維，また，不織布はキチン繊維から織り，それぞれ樹皮創傷の大きさに切断して用いる[4)]。

b）キチン膜とキチンスポンジ布

キトサンを溶解した2％酢酸水溶液・メタノール(21:2, v/v)混液に，無水酢酸（3モル/GlcN)を加え，室温に放置すると，透明なN-アセチルキトサン（キチン）ハイドロゲルが生成する。これを蒸留水中で透析し，適当な大きさと厚さに切る。これを風乾するとキチン膜（厚さ27～75μm)，また凍結乾燥するとキチンスポンジ(厚さ0.5～1.0mm)が，それぞれ得られ，人工樹皮として用いる(図1)。

3.3　樹木のキチナーゼ活性

表1は，秋季における二，三の常緑樹と落葉樹の樹木皮，木質部と葉のそれぞれの組織キチナーゼ活性の代表的な値を示す。樹木のキチナーゼ活性は，落葉樹にて，樹皮＞葉＞木質，常緑樹に

---

*　Shigehiro Hirano　キチン・キトサンR＆Dセンター；鳥取大学　名誉教授

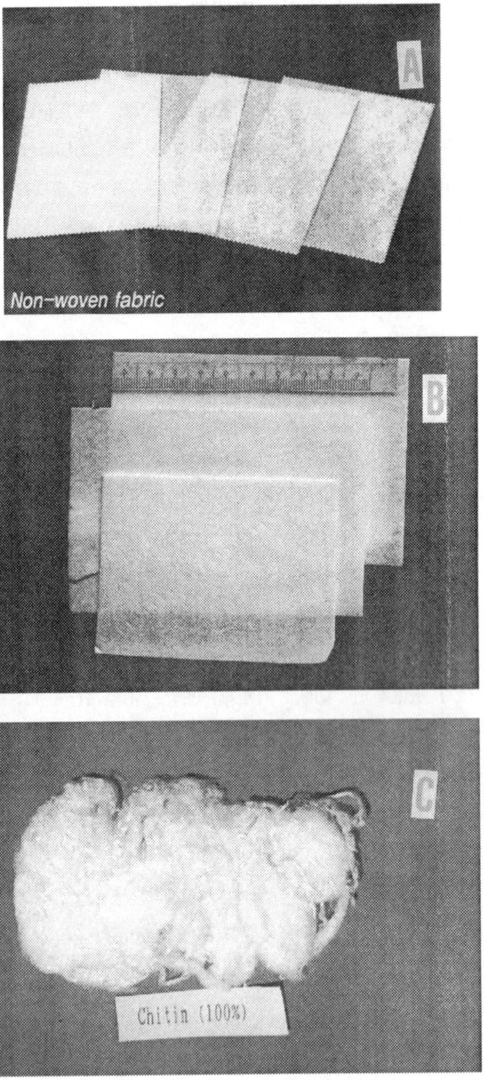

図1　樹皮の代表的な創傷皮被覆材（人工樹皮）
A：キチン不織布，B：キチンスポンジ布，C：キチン綿

表1　落葉樹と常緑樹の樹皮，木質部，葉に於けるキチナーゼ活性

落葉樹		樹皮	木質部	葉	常緑樹		樹皮	木質部	葉
ｿﾒｲﾖｼﾉA	(枝)	18	4.0	n.d.	ｷﾝｷﾞｮﾂﾊﾞｷ	(枝)	20	1.0	26
	(幹)	0.7	0.6	n.d.		(幹)	微量	微量	1.2
ｿﾒｲﾖｼﾉB	(枝)	29	2.4	9.0	ｶｸﾚﾐﾉ	(枝)	12	1.4	20
	(幹)	0.8	微量	微量		(幹)	0.4	0.1	21
ﾕﾘﾉｷ	(枝)	36	1.0	13	未知	(枝)	13	1.0	21
	(幹)	0.9	微量	微量		(幹)	0.6	微量	1.3
ﾔﾏﾓﾐｼﾞ	(枝)	8.0	微量	微量	ﾋﾉｷ	(枝)	2.0	1.0	12
	(幹)	0.3	微量	微量		(幹)	0.5	0.2	0.8
ｽｽﾞｶｹﾉｷ	(枝)	16	3.0	8.0	未知	(枝)	11	1.0	1.0
	(幹)	0.7	n.d.	0.9		(幹)	0.5	微量	0.8
ﾔﾌﾞｺｳｼﾞ	(枝)	15	微量	11					
	(幹)	0.6	微量	1.1					

て，樹皮≧葉＞木質の傾向を示し，外界に接する樹木外皮ほど高いことを示す。これは，樹木が外界から攻撃してくる病害虫の外皮キチンを分解して，それらを防ぐ樹木の自己防御機能によると思われる。樹木の樹皮と葉の両組織キチナーゼ活性は，一般に夏期に高く冬季に低い季節変動を示す。とりわけ，落葉樹は常緑樹に比して，このキチナーゼ活性は，四季により大きく変動する（図2）。

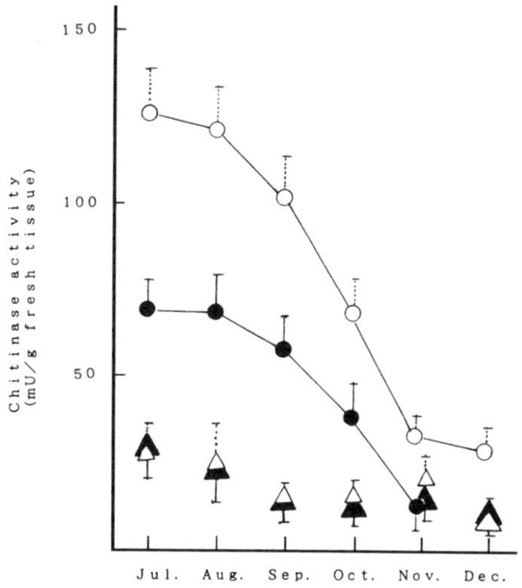

図2　落葉樹と常緑樹に於ける樹皮と葉のキチナーゼ活性の時季変動
ソメイヨシノBとユリノキ（落葉樹）の樹皮（○）と葉（●）。
キンギョツバキとカクレミノ（常緑樹）の樹皮（△）と葉（▲）。

落葉樹は，春期に芽生え夏期にわたり生育し，これらの時期に樹皮や葉の組織に高いキチナーゼを分泌し，植物病原菌のキチン細胞壁を分解して，その感染を自己防御している。秋と冬期に樹皮と葉の両組織キチナーゼ活性は低下して落葉する。一方，落葉しない常緑樹の樹皮と葉の両組織のキチナーゼ活性は，落葉樹のそれらに比して低く季節変動も少ない。常緑樹は四季を通じて硬い葉や樹皮組織により植物病原菌の感染を防いでいると思われる。落葉樹は，春期における新しい若い柔らかい芽や葉組織に，自分でキチナーゼ活性を高めて，病原菌の感染を防いでいる。

3.4　樹木組織におけるキチナーゼ活性の賦活

樹皮の創傷部をキチン膜，N-プロピオニルキトサン膜，キチンスポンジ布，キチン綿にて被覆すると，周辺の樹皮キチナーゼ活性が未被覆（対照）に比して，1週間後にツバキにて2倍，サクラにて4週間後に3.5倍に高くなる。被覆したキチン膜は，被覆後4～24週間で消化される。生成するキチンオリゴ糖が樹木細胞のエリシターとなり，樹皮組織キチナーゼ活性が高くなる。

キチン膜の添付後13週間で，創傷周辺の樹皮組織のキチナーゼ活性は，添付しないものに比して3～4倍高くなる（表2）。この樹皮組織のキチナーゼ賦活は，30％以上のキチンを含む複合材（キチン－セルロース，キチン－セルロース－ゴム，キチン－$CaCO_3$－ゴム，キチン－ゴム，キチン－デンプン－ゴム）の被覆においても同様に見られる。しかし，キトサン，セルロース，デンプン，ゴムや炭酸カルシウムなどの素材被覆にて，樹皮組織キチナーゼは活性化されず，そのキチナーゼ活性は被覆しないものと殆ど変わらない（表3）。

表2　二，三の樹木の樹皮創傷部をキチン膜で被覆したものと被覆しないものの創傷周辺の樹皮組織のキチナーゼ活性

樹木	被覆後経過（週）	ｷﾁﾅｰｾﾞ活性（mU/mg ﾀﾝﾊﾟｸ）[a) 被覆]	非被覆（対照）
ｶｸﾚﾐﾉ	4	6.1	2.0
	7	5.3	3.7
ｷﾝｷﾞｮｳﾂﾊﾞｷ	1	2.2	1.2
	13	3.9	1.0
ﾔﾏﾓﾐｼﾞ	13	3.5	微量
ｿﾒｲﾖｼﾉA	4	4.5	1.3
	9	8.1	3.8
ﾔﾌﾞｺｳｼﾞ	4	2.0	微量
	9	0.6	微量
	13	0.5	微量

a）酵素単位（U）

表3　キンギョツバキの樹皮創傷の被覆材と賦活されるキチナーゼ活性相関[a)]

樹皮創傷の被覆材	キチナーゼ活性（mU/mg タンパク）
キチン－セルロス	3.8
キチン－セルロス－ゴム	3.8
キチン－$CaCO_3$－ゴム	3.6
キチン－ゴム	3.4
キチン－デンプン－ゴム	3.0
キチン	3.6
キトサン－セルロス	1.0
キトサン－ゴム	0.8
セルローズ	0.8
キトサン	0.9
ゴム	0.8
非被覆	0.9

a）キチンを含まないものを対照に，30％キチンを含んだ複合スポンジ布で創傷を被覆し，9週間後における創傷組織周辺の樹皮組織キチナーゼ活性を示す。

3.5　樹皮下におけるキチン膜の消化

樹木幹上にて，樹皮を正四面体状(約3 × 3 cm)の三辺をナイフで切り，一辺を樹皮に付ける。開いた樹皮と木質部の間に，キチン，キトサンまたはN-プロピオニルキトサンのそれぞれ膜(約3 × 3 cm，厚さ27～75 μm)を挿入する。ヒノキの樹皮にて，キチン膜は17週間後に，N-プロピオニルキトサン膜は24週間後に完全に消化された。しかし，この消化期間は樹木の種類と樹齢，時季，膜厚などにより異なる。キチン膜は，若いサクラ樹皮下で9週間，老いたサクラ樹皮下で24週間で消化される(表4)[5]。一方，キトサン膜は31週間経過しても全く消化されない。

表4　キチン膜とN-プロピオニルキトサン膜の二，三の樹木の樹皮下における消化

	樹木	挿入後の消化期間(週)
キチン膜		
	カクレミノ	8
	キンギョツバキ	5
	ヒノキ	17
	ヤマモミジ	13
	ソメイヨシノA	4
	ソメイヨシノB(若)	9
	ソメイヨシノB(老)	24
N-プロピオニルキトサン膜		
	ヒノキ	24
	ソメイヨシノB(若)	9

3.6　樹皮の創傷治癒

樹木の幹にて，木質部に傷を付けないように表皮組織をほぼ正方形(一辺3～6 cm)に人為的にナイフで切取り人為的な創傷を付ける。同じ大きさのキチン膜またはキチンスポンジ布を用いて裸になった木質部を被覆し，その上を紙片で覆い，最後にガムテープにて樹木に固定化する。対照として，別に作った樹木創傷は被覆しないで木質部を露出させ放置する。

図3は，ツバキ樹皮の創傷組織の治癒状況を示す。キチン膜を被覆して3年後に，創傷は殆ど治癒し，平滑な新しい樹皮組織が現れ，新しい樹皮が再生している。対照として，被覆しない創傷にて，傷周辺から部分的な粗な樹皮が自然治癒により再生している。そして，創傷の中心部には，未だ樹皮組織の無い木質部が見られる。

樹皮創傷の被覆に用いたキチン膜は，樹皮組織の細胞から細胞外に分泌されるキチナーゼでオリゴ糖に分解される。生成するキチンオリゴ糖が，樹皮組織細胞を活性化し，セルロース合成を高め，ファイトアレキシンである一連の抗菌物質の生産，フェニルアラニンアンモニアリアーゼの活性化によるリグニン形成[6]，キチナーゼなど，樹木自身の病原菌にたいする自己防御機能を

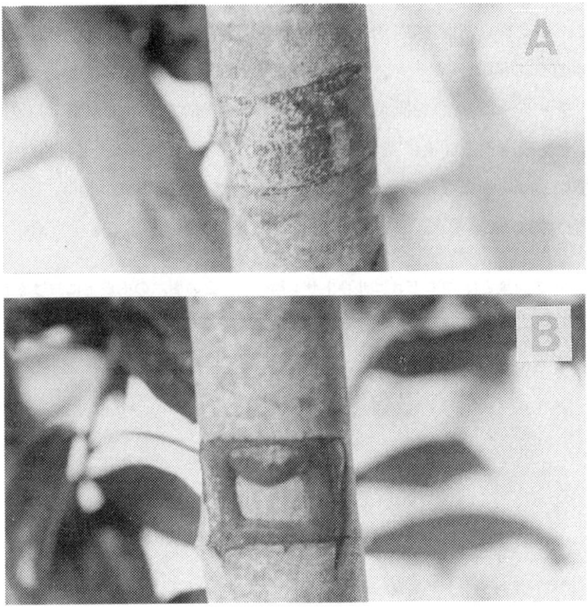

図3　キンギョツバキの樹皮の創傷組織治癒（処理後3年経過）
A：樹皮創傷をキチン膜で被覆。B：未被覆（対照）

たかめている[7]。その結果，樹皮の再生と創傷の治癒が促進されていると考えられる。

キチンの人工樹皮は，天然記念樹木が台風や盆栽の事故などで受けた樹皮創傷の治癒のみならず，地球の生態系保全の観点から一般の農林業の分野で広く利用できると思われる。

文　　献

1） a)キチン，キトサン研究会編，“最後のバイオマス　キチン，キトサン”技法堂出版，東京，1990; b)キチン，キトサン研究会編，“キチン，キトサンの応用”技法堂出版，東京，1990; c)キチン・キトサン研究会編，“キチン，キトサン ハンドブック”技法堂出版，東京，1995

2） a) Inui, H., Yamaguchi, Y., Ishigami, Y., Kawaguchi, S., Yamada, T., Ihara, H, Hirano, S., *Biosci. Biotechnol. Biochem.*, **60**, 1956-1961 (1996); b) Inui, H., Yama-

guchi, Y., Matsuo, M., Hirano, S., *Biosci. Biotechnol. Biochem.*, **61**, 975-978 (1996)
3) Hirano, S., Kitaura, S., Sasaki, N., Sakaguchi, H.,Sugiyama, M., Hashimoto, K., Tanatani, A., *J. Environ. Polm. Degrad.*, **4**, 261-265 (1996)
4) 平野茂博, バイオインダストリー, **19**, 62-70 (2002)
5) Hirano, S, Zhann, M., *J. Marine Biotechnol.*, **3**, 130-131 (1995)
6) Inui, H., Yamaguchi, Y., Matsuo, M., Hirano, S., *Biosci. Biotechnol. Biochem.*, **61**, 975-978 (1997)
7) Hirano, S., "Industrial Biotechnological Polymers", ed. Gegelein, C.G., Carraher, C.E. Jr., Technomic, Lancaster, pp.189-203 (1995)

第9章　医薬・医療分野

伊藤充雄*

1　キトサンを結合材とした自己硬化型骨形成材

1.1　はじめに

現在，骨補填材としてハイドロキシアパタイト顆粒が使用されているが，顆粒が移動することによっての弊害や[1~5]，骨補填材においては，補填材自身が生体内で崩壊と分解吸収に時間がかかると骨形成を阻害し，骨伝導が早期に得られないことを報告した[6]。

キトサンは脱アセチル化度によって機械的性質や生体内での吸収速度や反応が異なる[7~10]。生体内では脱アセチル化度の低いキトサンフィルムの炎症性反応が強く，肉芽組織形成も旺盛であり，骨に対する反応は骨吸収を誘発する傾向が認められた[9,10]。近年，キチン・キトサンは，生体材料として吸収性縫合糸，人工皮膚，骨補填材や歯科用セメントの開発や研究が多くなされている[6~12]。またキチン，キトサンは抗原性が低い物質であり，生体内でリゾチーム等の体内酵素で分解され細胞レベルで親和性がよく，創の修復を早める働きがある[11]。ハイドロキシアパタイト顆粒をキトサンで固定し，よりよい骨伝導性と骨と置換する骨補填材を作製することを目的としてキトサンを結合材とした自己硬化型骨補填材について検討を行った。キトサンを有機酸で溶解しゾルとした。ついでゾルのゲル化材である酸化カルシウム粉末，酸化亜鉛粉末と骨伝導材料である平均粒径35μmで結晶度が高く，pH10の球状ハイドロキシアパタイトを混合した[5]。この両者を練和することで骨補填材は自己硬化するように構成されている。この骨補填材の硬化時間，擬似体液中に浸漬した骨補填材の圧縮強さの変化，pHの測定，Caイオン，Pイオン，Znイオンの溶出量の測定および浸漬前後の硬化体の表面観察と圧縮試験後の試験片破断面の観察，そして生体反応についてそれぞれに検討をした。

1.2　材料および方法

実験に用いた材料は，キトサン（脱アセチル99%，焼津水産化学）をアスコルビン酸(関東化学)とリンゴ酸（ナカライテスク），酸化カルシウム（和光純薬）と酸化亜鉛（ナカライテスク），そして図1に示す球状ハイドロキシアパタイト（pH10，平均粒径35μm，積水化成品工業）をそれぞれに用いた。

＊　Michio Ito　松本歯科大学 歯科理工学講座　教授

1.2.1　ゾルの作製

99%のそれぞれのキトサン0.1gをアスコルビン酸0.02g，リンゴ酸0.08gを2 mlの生理食塩水中で溶解した溶液を用い，ゾルとした。

1.2.2　粉末の作製

粉末の合成は，球状ハイドロキシアパタイト0.4g，酸化カルシウム0.02g，酸化亜鉛0.04gを混合し行った。

図1　球状ハイドロキシアパタイト

1.2.3　硬化時間の測定

キトサンゾルと粉末を30秒間練和し，練和泥がエポキシ樹脂製の棒に付着しなくなった時間を硬化時間とした。測定は繰り返し3回行った。

1.2.4　圧縮強さの測定

圧縮強さの測定用試験片は，キトサンゾルと粉末を30秒間練和し，練和泥を10mlのシリンジに充填し，直径4 mm，高さ10mmの寸法を有する金型に注入して作製した。試験片は各条件5個作製した。作製した試験片をC99と表示する。測定条件は圧縮試験機（SL-5001，今田製作所）を用い，クロスヘッドスピード0.1mm/minにて行った。また，測定用の試験片は硬化した後，生理食塩水中に各5個を浸漬し，1日，7日，28日そして56日経過後にそれぞれの圧縮強さを測定した。

1.2.5　pHの測定

硬化体C99を12g，80mlの生理食塩水中に浸漬し，浸漬後の1日，7日，28日そして56日後のpHをpH測定器（HM50S，東亜電波）にて各条件3個について測定を行った。

1.2.6　溶出元素量の測定

pHの測定を行った後の浸漬1日，7日そして56日後の溶液を0.45μmのシリンジフィルター(IWAKI)を用いて濾過し，Caイオン，PイオンとZnイオンの溶出量を高周波誘導結合プラズマ質量分析装置(HP4500，横河アナリィティカルシステムズ)にて各条件3個について測定を行った。

1.2.7　硬化体の表面および破断面の観察

1.2.5のpHを測定するのに用いた硬化体C99の硬化直後の表面および浸漬56日後のそれぞれの硬化体の表面と圧縮試験後の破断面の観察を行った。観察は金蒸着の処理した試験片についてX線マイクロアナライザー（JCXA733，日本電子）を用いて行った。

1.2.8　生体反応

SD系ラット7週齢雄をチオペンタール25mg/kgの腹腔内投与による全身麻酔下で脛骨内側面

をラウンドバーで直径2mmの骨髄にいたる欠損部を作製した。この欠損部に硬化体を充填した。また，脛骨の骨膜下にも硬化体を填入した。術後，4週，6週と8週間後に10%中性緩衝ホルマリン溶液で灌流固定し，術部脛骨の採取を行った。得られた脛骨は固定液で固定し，10%エチレンジアミン四酢酸二ナトリウム溶液（pH7.4）で脱灰し，通法に従いパラフィン包埋を行った。次いで約4μmの組織切片を作製し，ヘマトキシリン・エオジン染色を施し，光学顕微鏡で観察した。

1.3 結　果

1.3.1 硬化時間

キトサンゾルと粉末を練和した硬化時間は約5分であった。

1.3.2 圧縮強さ

図2はC99の圧縮強さと浸漬期間についての関係を示す。浸漬1日後の圧縮強さは3.3±0.15 MPa，7日後では1.25±0.26MPa，28日後では1.25±0.16MPa，そして56日後では0.72±0.08 MPaであった。

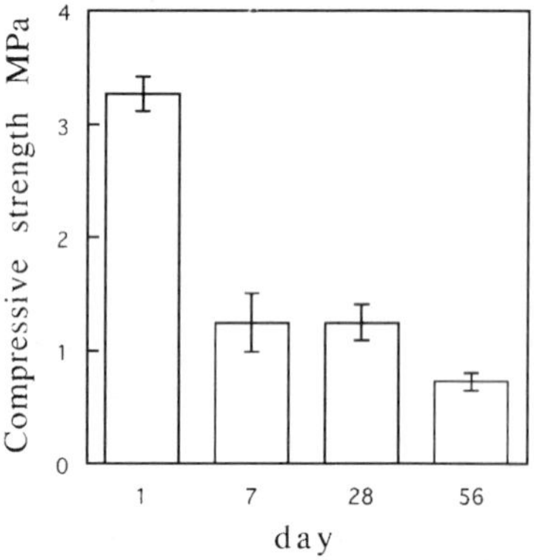

図2　圧縮強さと浸漬時間の関係

1.3.3 pH

図3にC99を浸漬した溶液のpH値を測定した結果を示す。浸漬1日後のpHは6.57±0.09，7日後では7.60±0.03，28日後では7.63±0.02，そして56日後では7.45±0.03であった。

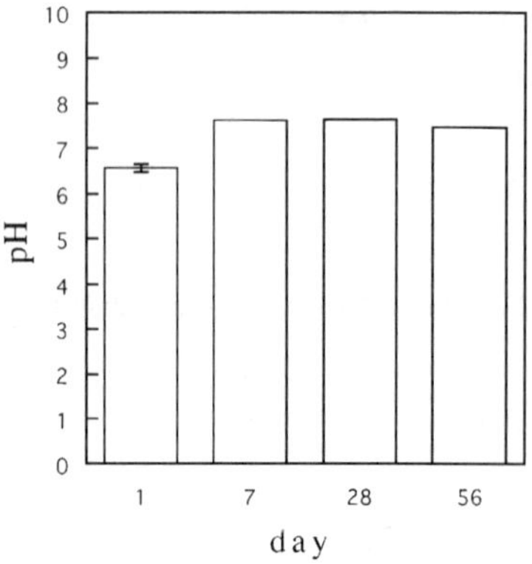

図3　pHと浸漬時間との関係

1.3.4 溶出元素量の測定

(1) Caイオンの溶出量

図4はC99を浸漬した溶液中のCa量を測定した結果を示す。浸漬1日後のCaの溶出量は762.3±20.7mg/l，28日後の溶出量は618.0±55.5mg/l，そして56日後では714.0±22.1mg/lの溶出量であった。

(2) Pイオンの溶出量

図5はC99を浸漬した溶液中のPを測定した結果を示す。浸漬1日後のPの溶出量は0.07±0.01

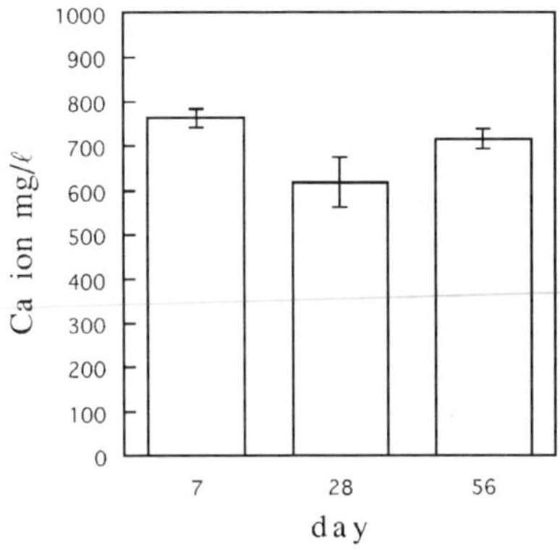

図 4　カルシウムの溶出量と浸漬時間の関係

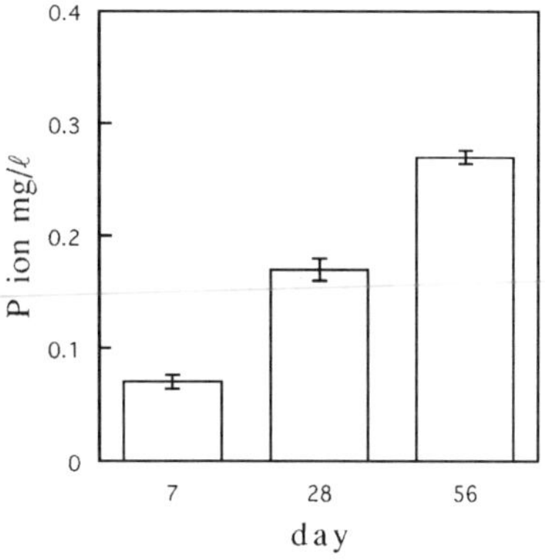

図 5　リンの溶出量と浸漬時間の関係

mg/l，28日後では0.17±0.01mg/l，そして56日後では0.27±0.01mg/lの溶出量であった。

(3)　Znイオンの溶出量

図 6 はC99を浸漬した溶液中のZnを測定した結果を示す。浸漬 1 日後のZnの溶出量は83.0±6.7mg/l，28日後では142.7±3.2mg/l，そして56日後では136.0±13.0mg/lであった。

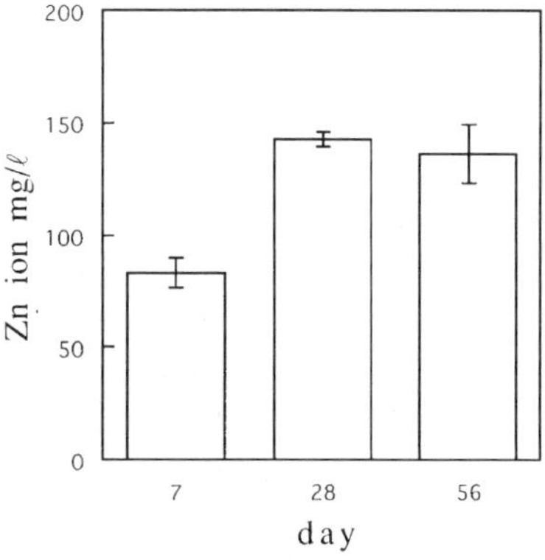

図 6　亜鉛の溶出量と浸漬時間の関係

1.3.5　硬化体の表面および破断面の観察

硬化体C99の表面を観察した結果，浸漬前の表面状態は球状ハイドロキシアパタイト粒子がキトサンに包まれた状態で分布しており，粒子以外の部分は平滑な状態が観察された。ついで浸漬56日後の表面状態は球状ハイドロキシアパタイト粒子の輪郭がキトサンの溶解にともなって明らかとなっていた。また，破断面の観察結果では浸漬前よりも，浸漬56日後の破断面には空隙が多く観察された。

1.3.6　生体反応

図 7 に示すように脛骨表面に埋入した 2 週間後の反応ではC99が新生骨と置換している結果が得られた。図 8 は 6 週間後の結果を示す。6 ヶ月後ではC99はほとんど新生骨に置換している結果であった。図 9 は骨髄腔中に充填した 4 週間後の結果を示す。図10は図 9 を拡大した結果である(×10)。新生骨とC99が置換している結果が得られている。図11は図10の拡大結果を示す。C99が新生し，骨と密着し置換している状態が観察された。

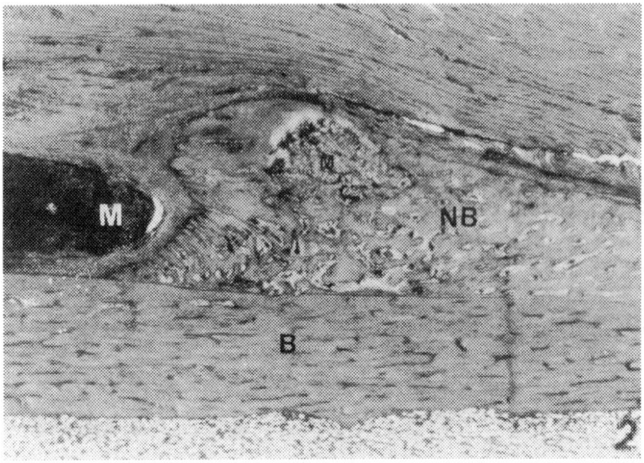

図7　兎頸骨の骨膜下表面に充填した材料と骨の術後2週間の反応
M：材料，B：既存骨，NB：新生骨

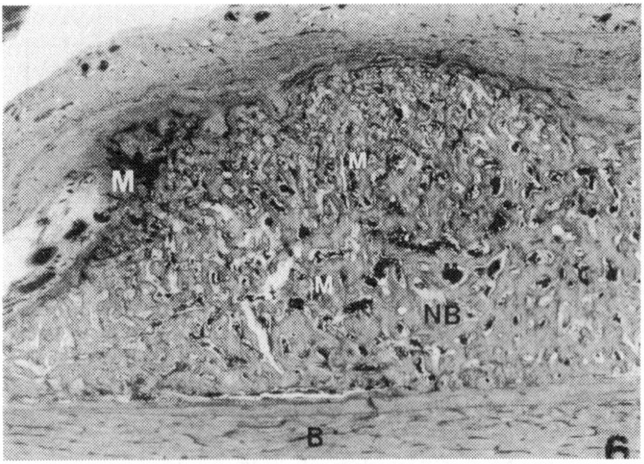

図8　兎頸骨の骨膜下表面に充填した材料と骨の術後6週間の反応
M：材料，B：既存骨，NB：新生骨

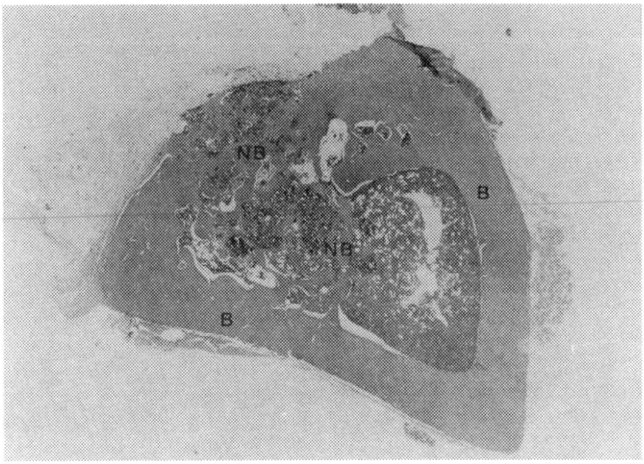

図 9　ラット頚骨の骨髄腔に充填した材料と骨の術後 4 週の反応
M：材料，B：既存骨，NB：新生骨　×2

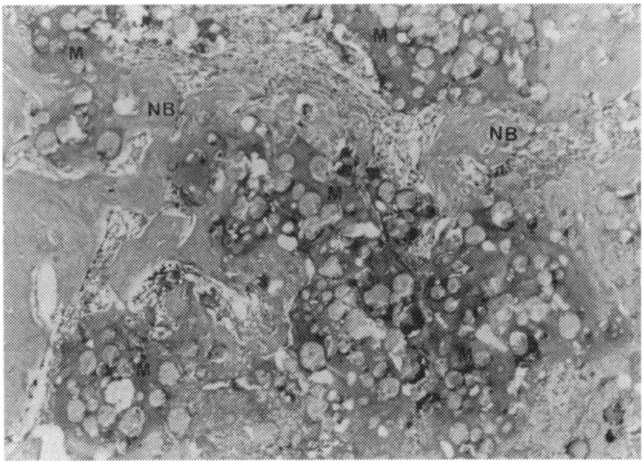

図10　ラット頚骨の骨髄腔に充填した材料と骨の術後 4 週の反応
M：材料，NB：新生骨　×10

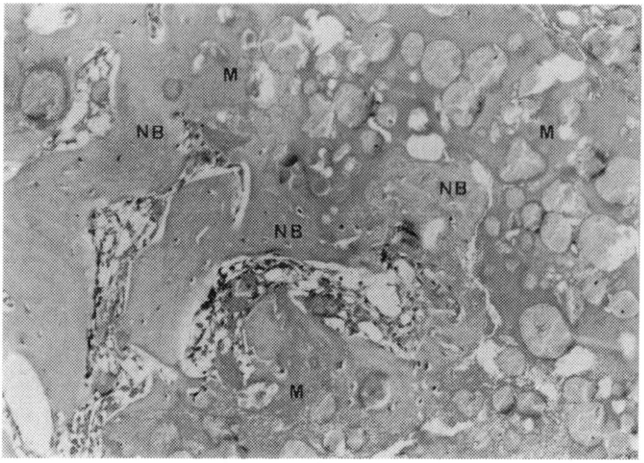

図11　ラット頚骨の骨髄腔に充填した材料と骨の術後4週の反応
M：材料，NB：新生骨　×20

1.4 考　察

生体内から抽出したり，細胞培養によって得られる異所性骨誘導タンパク質を用いた研究が報告されている[13~19]。しかし，臨床応用にまでは至っていない。また，燐酸カルシウム系のセラミックを用いて歯科や整形外科などの領域において，局部的な骨組織欠損の修復や再建が行われているが，十分な骨伝導が得られていない。一方，抜歯窩に充填したハイドロキシアパタイト顆粒が移動して歯肉と顎骨との間に浸入し，咬合圧によって歯肉が炎症を起こしたり，感染を誘発したトラブルが報告されている[1~4]。これらの欠点を補うためにキトサンを結合材とした練成方式の自己硬化型の骨補填材の開発を行い，この骨補填材の圧縮強さ，pH変化，そしてCa，P，Znの各イオンの擬似体液中での変化についてそれぞれに検討した結果，C99の圧縮強さは浸漬1日後よりも浸漬期間が長い試験片の圧縮強さが小さくなる傾向であった。C99の試験片は，湿潤状態ではシリコーンゴムのように弾性体である。この弾性体であることの利点は，顎堤と骨との間に充填した本材料が咬合圧の負荷によって，歯肉を刺激しないことである。また，従来研究されている本系の骨補填材は圧縮強さが20MPaであり，C99の圧縮強さよりも大きく，骨形成も十分に得られていない[6,9]。しかし，C99は浸漬により圧縮強さが減少している。この原因は浸漬することによってキトサンが溶解し，空隙が生じているためである。この現象が生体内に充填した材料に生じれば，新生血管が浸入することが出来，キトサンのスペーサとしての役割が有用となる。そしてこの新生血管の浸入に伴って細胞が増加し，骨と本材料が置換することが考えられる。

材料が生体内で安定して骨伝導を維持するためには，pHが最も重要な因子となる。pHが4.5

以下になると結晶は死滅することや，細胞外のpHが酸性に傾くと，破骨細胞の骨吸収活性が増すことが報告されている[20,21]。また，ハイドロキシアパタイトのpHによって吸着するタンパク量が異なり，細胞の動態に影響するとしており，pH 8の場合，低いpH値と比較してタンパク質の吸着量が減少することを報告している[22]。本材料はキトサンゾルのpH2.8と粉末のpH11.5を練和することによって練和泥は硬化し，硬化体のpHは暫時増加を示す。このpHが上昇する原因は溶出するイオンによって生じたものと考えられた。C99のpHの最大値は7.6であり，生体為害性は認められないものと考えられた。

Caイオンの溶出に関しては，C99の骨補填材からの溶出量は測定時に増減する傾向が認められた。この溶出したCaイオンの増減は硬化体に再吸収されるか，リン酸カルシウムの合成に消費されることが原因したものと推察される[23]。Caイオン濃度が細胞外で上昇すると，破骨細胞の骨吸収活性は抑制されるが，しかし，骨芽細胞との共存においては逆に，破骨細胞の活性が認められるとしており，この機序については不明な点が少なくないことが報告されている[24~27]。しかしながら，骨形成にはCaイオンの存在は重要であると考えられる。また，キトサンゾルをゲル化させるためにも必要な元素であり，pH値が増加する現象を左右する元素でもあると考えられる。

PイオンはC99の骨補填材からの溶出量は，浸漬時間が長くなるほど溶出量は多くなる傾向であった。Pは70kgの体重の人で約700～780gが含まれているとされている[28]。キトサンフィルムからのPの溶出量が多い場合，骨吸収が生じやすい環境となることが報告されており[29]，多く生じないことが望ましいと考えられる。本研究におけるPイオンの溶出量では，pHの上昇に影響する量ではないと考えられる。

Znイオンの溶出は，浸漬時間が長くなると多く認められた。このZnイオンは70kgの成人で2.3g含まれ，その1/4から1/3は骨に含まれているとしている。Znイオンの毒性については健常人の1000倍の血漿濃度でも毒性は見られなく，毒性の低いことを示している[28]。また，Znイオンの骨格の発育に対しては亜鉛欠乏によって長管骨が短縮や肥厚を生じたり，骨形成が出来なくなることが報告されているが，この原因については明らかでないとしている[30]。Znは核酸，たんぱく質の合成，血漿中のビタミンA濃度の維持やアルカリフォスファターゼ活性化に関与するとされている[31]。このアルカリフォスファターゼに関しては骨芽細胞のマーカー酵素として報告されている[32]。また，このZnイオンは本研究のキトサンゾルと結合し，ゲル化させて硬化するために必要な元素でもある。浸漬した溶液のpHが上昇した原因は，Caイオンと同様，Znイオンの溶出によって影響されたものと考えられる。動物実験で，骨表面と骨髄内での反応を観察した結果，C99は生体為害性がなく，骨を伝導し，骨と置換する材質であることが明らかとなった。

1.5 結　　論

C99は骨表面あるいは骨髄内に充填した場合，骨を伝導し，骨と置換する材質であることから骨形成に有効な材料であることが明らかとなった。

文　　献

1） 長田哲次ほか，口科誌，**41**，695 (1992)
2） 白川正順ほか，口科誌，**32**，2672 (1986)
3） 高木幸人，日本歯科評論，543，57 (1988)
4） D. J. Misiek *et al.*，*J. Oral. Maxillofac. Surg.*，**42**，150 (1984)
5） 岸 祐治ほか，日口腔インプラント誌，**14**，185 (2001)
6） 森 厚二ほか，日口腔インプラント誌，**12**，185 (1999)
7） 矢吹 稔ほか，第1版，技報堂，**11** (1988)
8） M. Ito，*Biomaterials.*，**12**，41 (1991)
9） 横山宏太ほか，日口腔インプラント誌，**10**，44 (1997)
10） 日高勇一ほか，日口腔インプラント誌，**11**，34 (1998)
11） 矢吹 稔，キチン・キトサンの応用第1版，技報堂，104 (1990)
12） 橋本孝雄ほか，歯材器，**14**，357 (1995)
13） M. R. Urist *et al.*，*J. Dent. Res.*，**50**，1392 (1971)
14） 田辺俊一郎，日口外誌，**36**，2659 (1990)
15） 山口博雄，北海道歯誌，**14**，26 (1993)
16） 櫻井規雄，口病誌，**60**，169 (1993)
17） H. Bentz *et al.*，*J. Biol. Chem.*，**264**，20805 (1989)
18） T. K. Sampath *et al.*，*Proc. Natl. Acad. Sci.*，**84**，7109 (1987)
19） F. P. Luyten *et al.*，*J. Biol. Chem.*，**264**，13377 (1989)
20） 松本良造ほか，歯材器，**12**，374 (1993)
21） T. R. Arnett *et al.*，*Endocrinology.*，**119**，119 (1986)
22） J. R. Sharpe *et al.*，*Biomaterials.*，**18**(6)，471 (1997)
23） K. Franks *et al.*，*J. Mater. Sci.*，**11**，609 (2000)
24） M. Zaidi *et al.*，*Biochem. Biophysic. Res. Commun.*，**163**，1461 (1989)
25） A. Miyauti *et al.*，*J. Cell. Biol.*，**111**，2543 (1990)
26） H. Kaji *et al.*，*J. Bone. Miner. Res.*，**11**，912 (1996)
27） T. Suda *et al.*，*J. Bone. Miner. Res.*，**12**，869 (1997)
28） 桜井 弘ほか，生体微量元素第1版，廣川書店，196 (1994)
29） 小野擴仁ほか，日口腔インプラント誌，**14**，563 (2001)
30） 岡田 正ほか，亜鉛と臨床第1版，朝倉書店，7 (1984)

31）小鹿眞理ほか，歯学生・歯科医のための歯科栄養学，第 1 版，学健書院，70 (2001)
32）藤田拓男，骨代謝調節因子－最近の進歩，第 1 版，羊土社，65 (1991)

第10章　食分野

福田幸蔵*

1　ヒトリンパ球を用いたキチンとキトサンのガン細胞障害活性テスト

1.1　はじめに

ヒト免疫とは，ヒト体内に進入した病原菌やウイルスやヒト体内で発生するガンなどを排除する能力である。この免疫機能は，リンパ球など白血球に含まれる細胞によって担われている。この免疫機能は個人差があり，免疫力の低いヒトはガンなどに感染し易い。このヒトリンパ球の免疫機能を利用して，健康食品の免疫賦活能を*in vitro*測定し，免疫を高める食品検索法を開発することは意義深い。

1.2　キチンオリゴ糖とキトサンオリゴ糖のマウス静脈注射による*in vivo*ガン細胞増殖阻害

キチン６糖とキトサン６糖それぞれマウス静脈内への注射で，血液中のリンパ球が賦活され，BALB/cマウス移植Meth-A固形ガン細胞の重量増加が，無処理に対して41～44%阻害されている(表１)[1]。この結果は，動物の*in vivo*実験にて，ガン細胞増殖が，キチン６糖やキトサン６糖の静脈内への注射にて阻害されていることを示す。

表１　キチン６糖とキトサン６糖のマウス静脈内への注射による BALB/cマウス移植Meth-A固形ガンに対するガン細胞増殖阻害

試料	投与量 (mg/kg)	ガン細胞重量 (g)	阻害率 (%)
無処理	・・・・	9.5 ± 0.4	0
キチン６糖	10	5.3 ± 0.8	44
キトサン６糖	10	5.6 ± 1.0	41

1.3　動物リンパ球による*in vitro*ガン細胞障害活性

表２は，いずれも水溶性のキトサンオリゴ糖とキチンオリゴ糖で賦活したマウス脾臓Ｔリンパ球によるMeth-Aガン細胞の*in vitro*ガン細胞障害活性を示す[1]。マウス脾臓Ｔリンパ球のガン細胞傷害活性が無処理に対して，キトサン６糖の賦活で2.8倍（10mg/kg)，キチン６糖の賦活で2.4倍(10mg/kg)に高くなる。表１と表２から，キチン６糖やキトサン６糖により賦活されたリンパ球は，*in vivo*と*in vitro*の二種類の動物実験にて，ガン細胞障害活性を示すことが分かる。

＊　Kozo Fukuda　日本キレート㈱　代表取締役

表2　キチン6糖とキトサン6糖で賦活したマウス脾臓Tリンパ球によるMeth-Aガン細胞の*in vitro*ガン細胞傷害活性(%)

試料	投与量 (mg/kg)	ガン細胞傷害活性 (%)
無処理	・・・・	12.2 ± 1.3
キチン6糖	10	29.9 ± 2.1
キトサン6糖	10	34.2 ± 2.4

1.4　ヒトリンパ球による*in vitro*ガン細胞障害活性

上記したキチンやキトサンの動物静脈注射による*in vivo*データと動物血液リンパ球を用いた*in vitro*データーの一致した結果からして，ヒトリンパ球のガン細胞障害活性の測定に応用できることが分かる。ヒト血液からリンパ球のみを取り出し，このリンパ球をキチンやキトサンと*in vitro*で接触により賦活させ，ガン細胞を死滅させる攻撃力(ガン細胞傷害活性)を測定する。

表3に示すようにヒトリンパ球を用いたガン細胞傷害活性測定法は，まず，免疫細胞であり免疫の中心を担いうるリンパ球のみをヒト血液より分離取り出す，①このリンパ球と検査用の標準ガン細胞を一定の比率で混ぜ合わせ，このリンパ球がガン細胞を死滅させる攻撃力（ガン細胞障害活性）を測定する（無処理区）。②一方，ヒトリンパ球にキトサンを混ぜて刺激を与え，これと検査用の標準ガン細胞を①と同じ様に一定の比率で混ぜ合わせ，キトサンで活性化されたリン

表3　リンパ球のガン細胞障害活性*in vitro*測定法[a]

血液を50ml採取

↓

採取した血液よりリンパ球のみを分離

↓　　　　　　　　↓

リンパ球と検査用の標率ガン細胞を一定の比率で混合 ｜ 健康食品を加え、刺激を加えたリンパ球と検査用の標準ガン細胞を一定の比率で混合

↓　　　　　　　　↓

リンパ球がガン細胞に対して、どの程度の攻撃力(ガン細胞障害活性)をもつかを測定(無処理) ｜ 健康食品により刺激を加えたリンパ球のガン細胞障害活性を測定

↓　　　　　　　　↓

無処理のリンパ球に比して刺激を加えたリン'パ球のガン細胞障害活性を判定

↓

ガン細胞障害活性(%)

パ球のガン細胞障害活性を測定する。①と②を比較して，キトサン添加により上昇したリンパ球のガン翻胞傷害活性（免疫力）が判定できる。

一方，ヒトリンパ球をヒトの体内で自然に産出されるインターロイキン2（lL-2）や，化学合成された抗ガン剤であるピシバニールで，それぞれ活性化し，これらのガン細胞障害括性を測定して比較する。

標準ガン細胞の数1に対してヒトリンパ球の数40，20，10，5の割合で混ぜる。それぞれの混合比にて，無処理区は活性化しない天然ヒトリンパ球，キトサン区は粉末キトサンで活性化したヒトリンパ球，インターロイキン2区はインターロイキン2で活性化したヒトリンパ球，ヒシバニール区は活性化したヒトリンパ球の，それぞれのガン細胞障害活性を測定する。表4は水不溶性の高分子キトサン，表5は水溶性の高分子キチン＋キトサン（平均分子量300,000～1,000,000）[2)]

表4　無添加および粉末キトサン，インターロイキン2とピシバニールのそれぞれ添加による賦活したヒト血液リンパ球の*in vitro*ガン細胞傷害活性（%）[a)]

試料	リンパ球 ガン細胞 比率	年齢・性別[b)]				
		35才（F）	30才（M）	25才（F）	44才（M）	49才（F）
無処理	40：1	9.5	22.2	31.1	32.4	40.4
	20：1	6.5	13.3	22.3	21.2	30.0
	10：1	3.2	8.3	12.1	12.4	17.2
	5：1	1.0	3.2	7.0	6.1	10.2
キトサン	40：1	28.4	44.5	44.2	44.3	61.4
（100 μg/ml）	20：1	15.6	30.0	34.7	30.7	45.8
	10：1	8.4	14.7	21.8	18.3	27.3
	5：1	5.7	7.5	13.8	7.0	12.4
インターロイキン2	40：1	47.2	51.7	62.0	80.2	90.5
	20：1	34.3	42.2	50.0	76.0	84.6
	10：1	20.1	25.6	34.6	58.4	69.2
	5：1	10.1	14.2	23.0	35.8	46.0
ピシバニール	40：1	54.7	63.2	61.6	78.8	83.1
	20：1	38.1	60.2	60.1	71.7	74.3
	10：1	20.0	40.9	48.6	53.4	55.5
	5：1	10.4	22.3	32.3	28.7	32.1

a）本測定は，免疫分析研究センター㈱，津山で実施された。市販健康食品である“ネオキトサン”，キトサン100%の顆粒の懸濁を使用。

（実線枠）ガン細胞傷害活性が無処理に対して10%以上増加

（点線枠）ガン細胞傷害活性が無処理に対して5～10%増加

b）F：女性　M：男性

表５　無添加および水溶性・高分子キチン＋キトサン，インターロイキン２とピシバニールのそれぞれ添加による賦活したヒト血液リンパ球の*in vitro*ガン細胞傷害活性(%)[a)]

試料	リンパ球 ガン細胞 比率	年齢・性別[b)]				
		54才(M)	44才(M)	44才(M)	48才(M)	53才(F)
無処理	40：1	14.5	20.3	38.9	43.4	45.2
	20：1	9.8	11.4	23.4	31.1	30.6
	10：1	4.8	5.3	12.3	20.8	15.6
	5：1	1.7	1.8	4.3	9.6	6.6
水溶性	40：1	42.7	47.9	59.5	68.5	66.4
キチン＋キトサン	20：1	42.4	32.2	50.9	58.9	57.1
(1mg/ml)	10：1	17.5	18.0	30.3	39.2	37.7
	5：1	8.6	8.5	14.8	24.1	17.8
水溶性	40：1	50.1	52.5	59.8	67.1	49.9
キチン＋キトサン	20：1	39.7	34.4	53.3	58.6	34.8
(500μg/ml)	10：1	25.8	18.8	35.5	37.6	19.3
	5：1	10.9	7.6	13.8	19.2	7.6
水溶性	40：1	26.9	29.6	53.7	67.9	66.6
キチン＋キトサン	20：1	18.6	17.8	39.3	65.8	54.9
(100μg/ml)	10：1	7.7	9.4	22.3	42.0	35.6
	5：1	2.9	2.3	8.4	20.5	13.3
水溶性	40：1	24.0	22.0	46.8	61.6	60.3
キチン＋キトサン	20：1	17.1	16.3	35.9	49.7	44.9
(50μg/ml)	10：1	8.1	8.6	19.4	28.4	24.7
	5：1	2.5	1.9	7.0	14.1	11.5
水溶性	40：1	24.6	25.6	41.5	51.9	51.6
キチン＋キトサン	20：1	13.0	16.6	27.3	39.4	35.4
(10μg/ml)	10：1	5.8	8.4	14.2	21.4	20.0
	5：1	0.9	1.3	4.7	10.0	6.3
インターロイキン２	40：1	71.6	61.9	82.2	74.1	77.2
	20：1	60.9	43.9	76.7	68.5	71.4
	10：1	36.5	25.3	54.4	47.4	51.1
	5：1	20.9	11.7	30.2	26.9	27.4
ピシバニール	40：1	67.2	62.2	72.6	76.0	80.5
	20：1	59.6	57.6	72.7	76.3	74.6
	10：1	41.2	36.1	52.1	57.4	64.2
	5：1	20.7	18.4	23.0	32.5	35.2

a）本測定は，免疫分析研究センター㈱，津山で実施された。市販健康食品である，水溶性・高分子キチン＋キトサン“ネオキトサン”の水溶液を使用[2)]。

（実線枠）ガン細胞傷害活性が無処理に対して10%以上増加

（点線枠）ガン細胞傷害活性が無処理に対して5～10%増加

b）F：女性　M：男性

で賦活したヒト血液のリンパ球を用いたガン細胞障害活性の測定結果の一例をそれぞれ示す。a)自然のヒトリンパ球を用いたガン細胞傷害活性は，年齢，性別など個人により異なる。b)ガン細胞に対するリンパ球の数を5から40と増加すれば，リンパ球数に比例して，全体としてガン細胞障害活性は高くなる。c)リンパ球の賦活に用いるキチンやキトサン量が多くなれば比例してガン細胞障害活性は高くなる。d)リンパ球：ガン細胞比40：1に於けるガン細胞障害活性は，無処理に対して，水不溶性の高分子キトサンで活性化したリンパ球で1.6倍(100 μg/ml)，水溶性の高分子キチン＋キトサンで1.8倍(1 mg/ml)，1.7倍(500 μg/ml)，1.5倍(100 μg/ml)，1.3倍(50 μg/ml)，1.2倍(10 μg/ml)，インターロイキン2で活性化したリンパ球で2.3〜2.4倍，ピシバニールで活性化したリンパ球で2.2〜2.5倍それぞれ高くなっていることが分かる。

1.5 おわりに

ヒトの血液からリンパ球のみを分離して，健康食品と混合し*in vitro*で賦活し，リンパ球のガン細胞障害活性を測定する方法は，免疫を高める食品検索の手法として有用である。水不溶性の高分子キトサン，水溶性の高分子キチン＋キトサン，キトサン6糖とキチン6糖は，いずれもリンパ球を活性化し，ガン細胞障害活性を示している。経口投与された高分子キチンやキトサンは，腸内細菌の分泌キチナーゼやキトサナーゼにより加水分解され，血管内からオリゴ糖として吸収される。

または，高分子キチンやキトサンが，リンパ球の細胞膜表面のリンパ球賦活レセプターに結合し，誘導されるリゾチームやキトサナーゼにて，それぞれリンパ球の利用できるオリゴ糖が生成し，これがリンパ球を賦活していると推定される。賦活されたリンパ球は，インターロイキン2(1L-2)を誘導し，さらにリンパ球やマクロファージのガン細胞傷害活性を高め，宿主の生体防御性を高めている。

文　献

1) a) Tokoro, A., Tatewaki, A., Suzuki, K., Mikami, T., Suzuki, S., Suzuki, M., *Chem. Pharm. Bull.*, **36**, 784-790(1988); b) キチン，キトサン研究会編，“キチン，キトサンの応用”技法堂出般，東京，pp.176-193，1990；c) キチン・キトサン研究会編，“キチン・キトサンハンドブック”技法堂出版，東京，pp.162-166，1995

2) a) 特許(申請中)；b) 水木波瑠子，“キチン・キトサン水溶性・高分子の秘密”現代書林(2003)

第11章　化粧品分野

情野治良[*1]，濱田和彦[*2]

1　水溶性キトサン誘導体を利用した機能性化粧品の開発

1.1　はじめに

カチオン性の天然高分子であるキチン，キトサンは，種々の機能性（保湿性，抗菌性，創傷治癒作用，薬物徐放作用，コレステロール低下作用など）を有することから，医療用材料や機能性食品素材などへの応用が検討されている[1,2]。化粧品は使用部位や目的により基礎化粧品（スキンケア化粧品），サンスクリーン，メイクアップ化粧品，毛髪化粧品，洗浄製品などに分類される。化粧品分野においては，2001年に導入された化粧品の規制緩和[3]によって，自己責任による十分なる安全性確保と科学的根拠に裏付けられた機能性化粧品の開発が求められており，キチン，キトサンを骨格とした誘導体が機能性素材として実用化されている[4]。しかし，従来の主な機能性はヒアルロン酸等に類似した保湿効果であり，最近は新機能の賦与による付加価値の向上が検討されている[5,6]。スキンケア化粧品の重要な役割は，皮膚の最外層である角層の機能を正常に改善させることにより，スキントラブルを予防，軽減することにある。本章では，化粧品原料として実用化されているキトサン誘導体の角層をターゲットとした新たなスキンケア機能について示す。

さらに，カチオン性の高分子乳化能を有する新規誘導体を活用した耐水性O/W型サンスクリーン剤についても述べる。

1.2　皮膚の構造

ヒトの皮膚構造[7]を図1に示す。皮膚表面から順に厚さ0.02～0.05mm程度の角層，表皮，及び真皮から構成されている。角層は表皮細胞から由来する死細胞である角質細胞から構成されているが，皮膚の保水機能やバリアー機能の大部分を担っている。特にバリアー機能は，角質細胞とその間を埋める細胞間脂質が重要な役割を果たしている。角層は表皮細胞であるケラチノサイトの新陳代謝（ターンオーバー）によって，絶えず生まれ変わっている。 表皮内の主に有棘層に存在するランゲルハンス細胞は皮膚免疫細胞として，基底層にあるメラノサイトはメラニン形成細胞としての働きを持つ。真皮層は主に繊維芽細胞から成り，コラーゲン，エラスチン，ヒアル

＊1　Haruyoshi Seino　ピアス㈱　中央研究所　主任研究員
＊2　Kazuhiko Hamada　ピアス㈱　中央研究所　取締役中央研究所所長

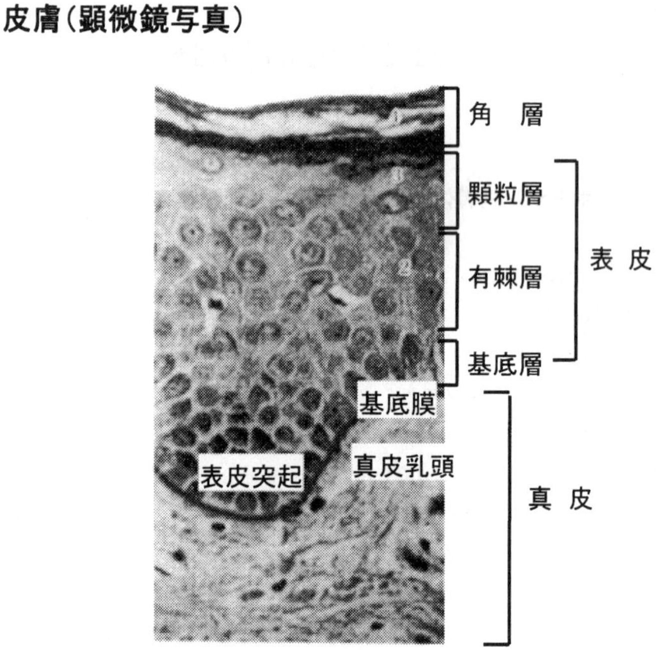

図1　ヒトの皮膚構造

ロン酸が真皮マトリックスを形成し，真皮の弾力性を保持している。

1.3　水溶性キトサン誘導体のスキンケア効果

1.3.1　角層バリアー機能の回復作用[8]

ラウリル硫酸Na(SLS)の皮膚への累積処理は，角層ケラチンの変性作用による角層破壊や角層細胞間脂質の溶出を起こし，角層バリアー機能を著しく低下させる。キトサン誘導体の角層バリアー機能に及ぼす影響を検討するため，ヒト前腕内側部にガーゼに浸した1％SLS水溶液を累積処理（10min/日×3回）させることにより人為的にバリアー機能を低下させた後，0.5％各キトサン誘導体水溶液（乾燥重量％，1.0％グリセリン含有）を1回／日，1週間塗布による回復効果を評価した。角層バリアー機能と負の相関性が高いTEWL値（経表皮水分蒸散量）をエバポリメーター(Servo Med社製)より測定した[9]。その結果，ヒドロキシプロピルキトサン（一丸ファルコス）とキトサン・グリコール酸塩(コグニスジャパン，以下キトサンGA塩と略）塗布により，塗布前に比べてTEWL値の有意な低下が認められた。対照のヒアルロン酸では認められないことから，バリアー機能の回復を高めることが示唆された（図2）。一方，角層水分量の

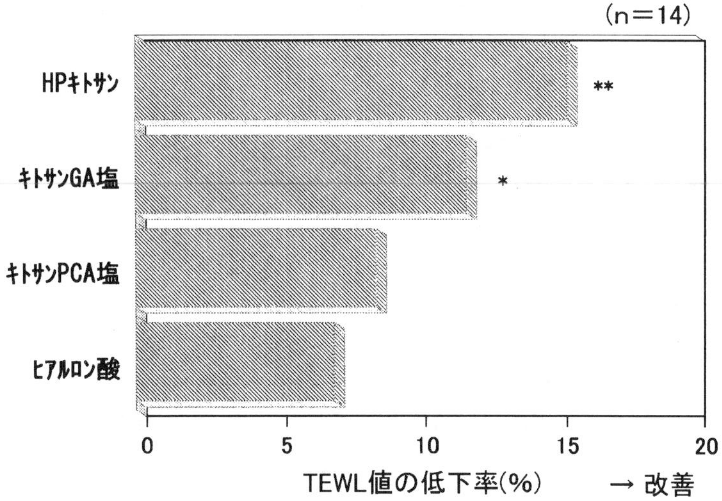

図2　キトサン誘導体によるヒト皮膚バリアー能の改善効果
＊：p＜0.05，＊＊：p＜0.01

向上効果についてはヒアルロン酸との間に差は認められない。また，キトサン誘導体を配合したクリームは無添加クリームと比較して，角層バリアー機能の改善とSLS処理における炎症抑制が認められることが報告されている[5]。メカニズムについては，明らかではないが，ダメージを受けた皮膚では角質細胞表面にアニオンサイトが多くなることが報告されており[10]，カチオン性に由来するアニオンサイトへの選択的保護により角層細胞のバリアー機能が高まったためと推察される。

1.3.2　老化に関連する皮膚粘弾性の向上作用[8]

皮膚老化と関連するとされている皮膚粘弾性の改善作用について検討した。皮膚粘弾性の測定はDERMAL TORQUEMETER（ダイアストロン社製）より求めた[11]。測定原理は二重円筒型プローブを一定負荷で回転させた時の応力から皮膚の柔軟性と弾力性を評価する方法である。角層・表皮を対象とするため0.05秒後のねじれ角を指標とした。a値（1回目のねじれ角）とb値（連続3回目のねじれ角－a値）の比率から，皮膚粘弾性値を求めた。ヒト顔面頬部の皮膚粘弾性値は加齢に伴い減少していく傾向が認められ，シワの深さと有意な負の相関性が見られることから（図3），皮膚老化の指標の一つとして利用できる。加齢に伴う角層・表皮の粘弾性の低下は，皮膚老化によるシワの形成を加速化していることが示唆される。キチン・キトサン誘導体の粘弾性効果を評価するため，ヒト前腕外側部に0.5％各キトサン誘導体水溶液（乾燥重量％，1.0

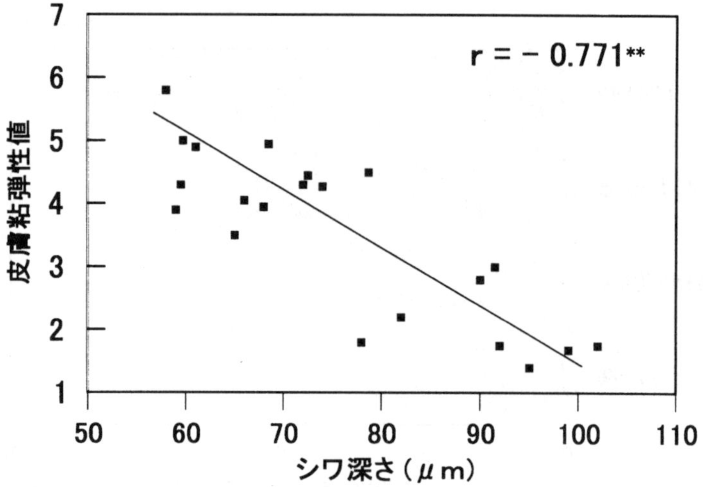

図3　皮膚粘弾性とシワ形成との関連性
＊＊：p<0.01

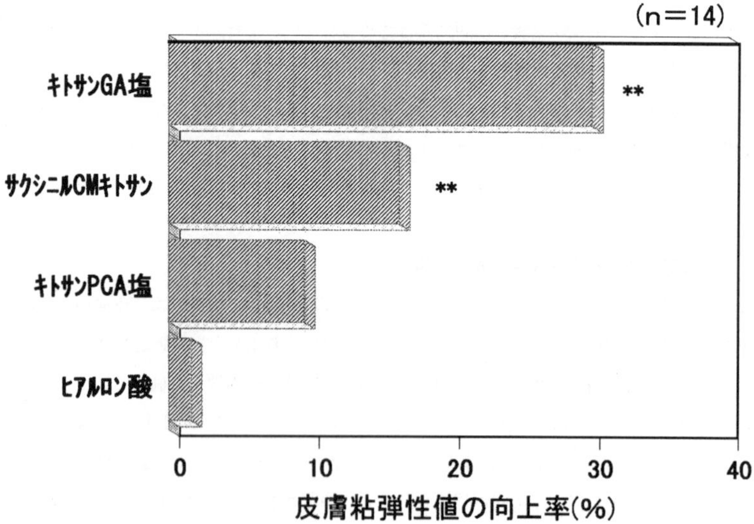

図4　キトサン誘導体によるヒト皮膚粘弾性の向上効果
＊＊：p<0.01

%グリセリン含有）を１回／日，３週間塗布させ，皮膚粘弾性値に及ぼす影響を求めた。キトサンGA塩とサクシニルカルボキシメチルキトサン(北海道曹達)で塗布前に比べ有意な上昇が認められたの対して，対照のヒアルロン酸には認められなかった(図４)。またFITCで蛍光標識したキトサンGA塩水溶液を拡散セルに取り付けた皮膚標本に24時間接触させた後，断面の組織切片を蛍光顕微鏡より観察した結果，角層全体に蛍光が見られた。角層親和性の高いキチン・キトサン誘導体は角層に滞留することにより，加齢によって低下した角層の粘弾性を高めていることが考えられる。

1.3.3　アトピー性皮膚炎に対するスキンケア効果

アトピー性皮膚炎（以下ADと略）患者の皮膚からは高率に黄色ブドウ球菌（以下黄色ブ菌と略）が検出され，皮疹の悪化と慢性化への関与が指摘されている[12]。炎症の強い湿潤性の病変からの検出率が高いだけでなく，乾燥性症状のAD患者からも検出される場合がある[13]。健常皮膚では見られない黄色ブ菌がヒアルロニダーゼやプロテアーゼ等を産生しながら，掻痒や炎症を誘発させADの増悪因子として働くことが推定されている[13]。皮疹部のみならず無疹部においても皮膚バリアー機能が低下し[14]，非特異的な透過性促進が起こっている ADの皮膚に対する安全性と黄色ブ菌に対する抗菌性を兼ね備えたスキンケア剤が求められているが，従来の抗菌剤ではADに対する皮膚刺激性が問題となる。キトサン・ピロリドンカルボン酸塩（大日精化，以下キトサンPCA塩と略）は，黄色ブ菌に対する抗菌性に優れ，疾患肌に対するパッチテストから安全性が高いことが確認されている。0.7%キトサンPCA塩を配合したO/W型クリームは，基剤クリームと比較してADの皮膚中に含まれる黄色ブ菌を早期に除菌させ，安全性の高いAD治療補助剤として有用である[15]。

1.3.4　ケミカルピーリングにおけるスキンケア効果

ケミカルピーリングは皮膚の再生を基本として，色素異常，ニキビ，シミ，くすみなどの美容改善を目的としている。角層剥離作用を有するケミカルピーリング剤として高濃度のグリコール酸水溶液が用いられ，ガイドラインとして認められている。ニキビに対する治療補助効果が認められているキトサンGA塩を配合したローション[16]は，安全性，保湿性，ニキビ項目においてケミカルピーリング施術前後のスキンケア剤として有用であることが報告されている[17]。

1.4　カチオン性高分子乳化能を有する新規キトサン誘導体の開発と応用

1.4.1　低分子界面活性剤を含有しないエマルションの調製

乳化とは水と油のように混じり合わない二つの液体の一方を微粒子として分散させることであり，この分散液はエマルションと呼ばれている。乳化技術は化粧品や皮膚外用剤の製剤化において重要であり，エマルションを形成させる乳化剤として低分子界面活性剤が主に使用されている

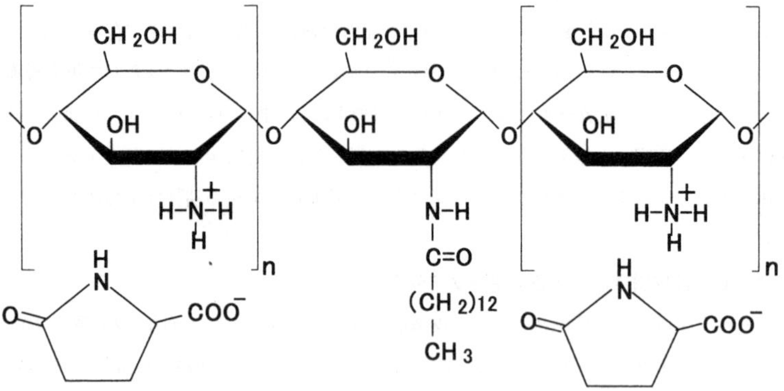

図5　PMCPの化学構造

が，皮膚への安全性や環境適合性（生分解性，非POE系）の点で問題があるケースが多い。近年，化粧品分野において敏感肌の増加や環境保護への関心から，より高い安全性と環境適合性を賦与した乳化技術の開発が求められている。最近になり，生分解性と乳化能に優れたキトサン誘導体に関する研究が行われている[18,19]。高分子乳化能に優れる新規キトサン誘導体：PMCP（Partially-C_{14}-chitosan PCA，以下PMCPと略）の化学構造を図5に示す。高級アシル基であるミリストイル基の導入率を10～15%に調整し，ピロリドンカルボン酸を対イオンとしたことを特徴とする[20]。PMCPは従来のホモミキサー処理により，広範囲の油剤（非極性油：スクワラン，極性油：ミリスチン酸イソプロピル，シリコン油：メチルポリシロキサン，フッ素系：パーフルオロポリエーテル）に対して，低分子界面活性剤を添加することなく，平均粒子径2～11μmを示す安定なO/W型高分子エマルションを形成する(図6)。部分的に存在する高級アシル基がアンカーとなり，広範囲の油滴界面を被覆することで高分子エマルションを形成し，更に乳化粒子相互間も荷電アミノ基による静電気反発が加わり安定性が高まることが推定される。PMCPの利用により，より高い安全性と環境適合性を有する乳化製剤の開発が可能となる。MRSA（メチシリン耐性黄色ブ球菌）に対する抗菌性およびヒト皮膚に対する角層保湿作用は，キトサンPCA塩に比べて向上することから[20]，部分ミリストイル基の存在によりMRSA細菌壁や皮膚に対する親和性が高まっていることが考えられる。

1.4.2　耐水性O/W型サンスクリーン剤の開発

紫外線(UV)の皮膚への悪影響として，日焼け以外に活性酸素生成，DNA障害，免疫抑制作用などがあり，シワやシミなどの光老化や皮膚ガンの誘発などに繋がる。UVを防御する日焼け

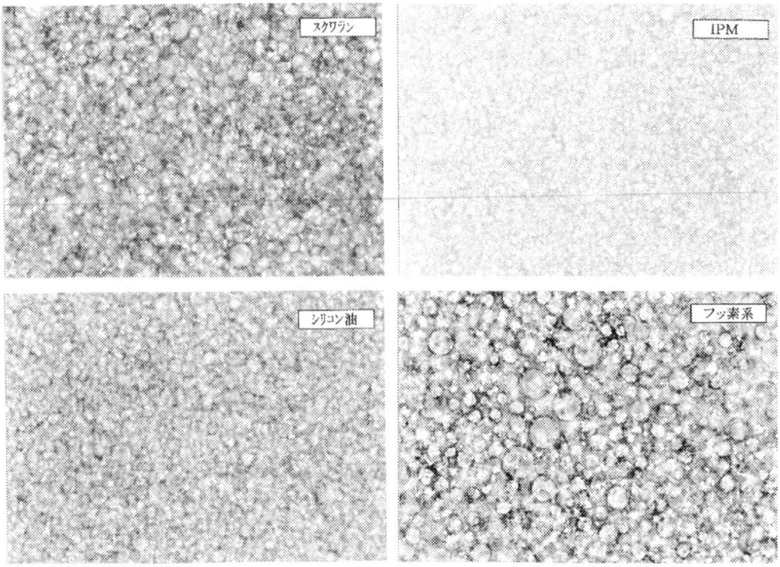

図6　高分子エマルションの顕微鏡像

防止化粧品であるサンスクリーン剤は，ＵＶ暴露に伴う皮膚への悪影響を抑制する効果を有する。サンスクリーン剤の機能性として，水や汗によるSPF値（ＵＶ防御効果）の減少を抑えるため，より強い耐水性が求められる。乳化製剤として，外相が油性であるW/O型は耐水性に優れるためサンスクリーン剤に主に利用されるが，使用感や保湿効果などのスキンケア効果に劣る問題がある。また，油膜閉塞性が高いためニキビの症状を悪化させる可能性がある。一方，外相が水性であるO/W型は使用感が良好で油膜閉塞性も低いが，親水性界面活性剤を含むため，耐水性に劣る問題がある。 FDA法で評価した耐水性試験から，SPF値が水洗前SPF値の約15%にまでに減少するケースも報告されている[21]。PMCPで形成されるカチオン高分子乳化系にＵＶ吸収剤やＵＶ散乱剤を共存させたO/W型サンスクリーン剤を調製し，FDA法による耐水性試験を行った。図７に示すように，水浴処理（20分，２回）によるSPF値の低下はほとんど認められず，陽性対照の耐水性W/O型サンスクリーン剤と同等のレベルを示したにもかかわらず，みずみずしく軽い感触を示す。さらに，３次元ヒト皮膚細胞モデルであるTESTSKIN（東洋紡製）[22,23]を使用した*in vitro*刺激性試験とＵＶ吸収剤による皮膚刺激性を感じるモニターに対する連用試験から，PMCP高分子乳化系は従来の低分子界面活性剤を使用したO/W型に比べて，刺激性を抑制することから，安全性も向上することが示唆された。以上のことから，PMCPの有効利用により，

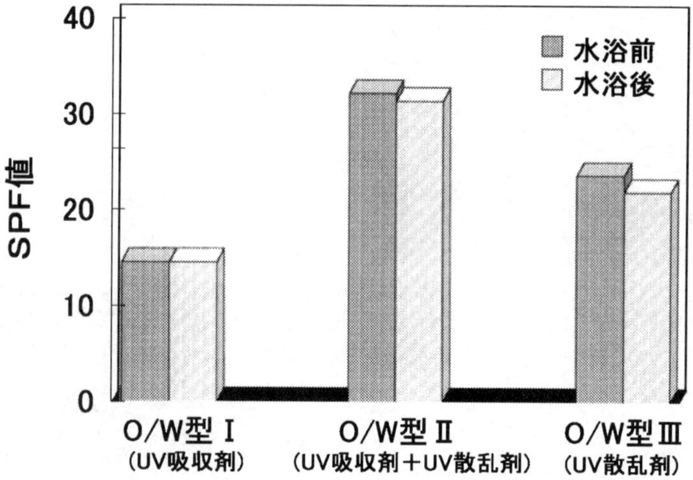

図7　PMCPより調製したO/W型サンスクリーン剤の耐水性レベル

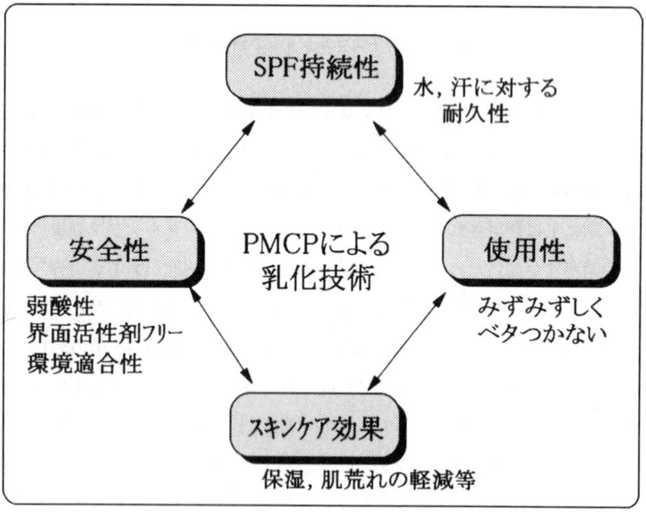

図8　PMCPを利用したサンスクリーン剤の特徴

安全性と使用性が高く，優れた耐水性（持続性）とスキンケア効果を有するサンスクリーン剤の開発が可能となる(図８)。

1.5　化粧品としての安全性

部分的な疎水基導入により生体親和性を高めたPMCPの安全性は，変異原性試験（突然変異誘発性，染色体異常誘発性），皮膚感作性試験，急性毒性試験，皮膚刺激性試験，眼刺激性試験およびヒトパッチテストの試験結果から問題がないことが確認されている。キトサン誘導体はカニやエビなどの甲殻類から製造されるため，甲殻類アレルギーの可能性が指摘される場合がある。しかし，主なアレルゲンは蛋白質であることが報告されており[24,25]，キチン，キトサンとその誘導体の外用によるアレルギー性を示唆する報告はほとんど見られない。今回示したキトサン誘導体は皮膚感作性試験で陰性であり，これらを配合したスキンケア化粧品が敏感肌市場で受け入られている実績から考えても，化粧品によるアレルギーの可能性は極めて低いことが示唆される。TESTSKINを使用した*in vitro*刺激性試験から刺激初期に産生されるサイトカインの一種であるIL-1α分泌促進[26]が見られず(図９)，疾患肌に対するヒトパッチテストとヒト連用試験の結果からも低刺激性であると判断されている。ケミカルピーリングにより角層を溶解させた皮膚に対しても，安全性に特に問題がないことが示されている[17]。以上の知見から総合的に考えて，今回示したキトサン誘導体の化粧品原料としての安全性は優れていると判断される。

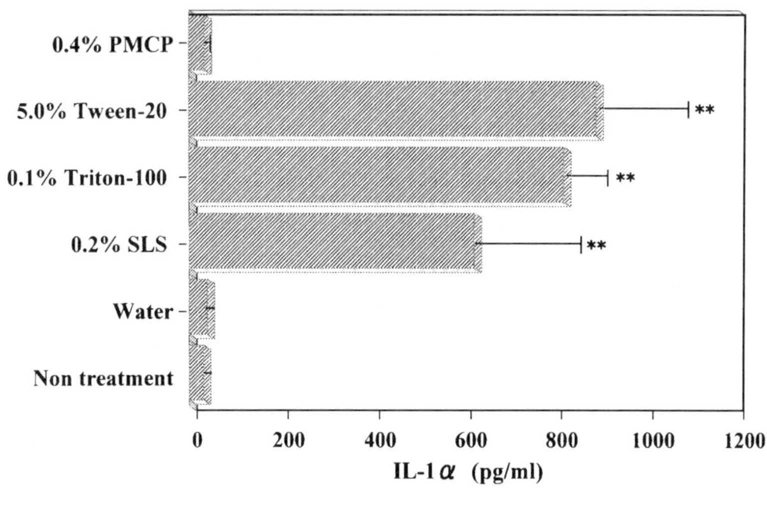

図９　TESTSKINから培養液中に分泌されるIL-1α
＊＊：$p<0.01$ vs コントロール（蒸留水）

1.6 おわりに

以上，キトサン誘導体の安全性に優れる機能性化粧品への応用について述べた。キトサンは，バリエーションに富んだ化学修飾が可能であり[27,28]，今後，機能性や生理活性に優れた誘導体の開発が可能と思われる。さらに，活性酸素の生成抑制[29]，カチオン性の両親媒性高分子による有効成分の皮膚浸透促進[30]，高分子ミセルによるDDS剤の開発[31,32]等を応用した新しい機能性化粧品への展開が期待される。

文　　献

1） O. Felt *et al.*, *Drug Dev. Ind. Pharm.*, **24**, 979 (1998)
2） 平野茂博，キチン，キトサンハンドブック，技報堂，p.384 (1995)
3） 田中美加，*FRAGRANCE JOURNAL*，**10**，30 (2000)
4） 井爪正人，キチン・キトサン研究，**4**，12 (1998)
5） P. Morganti *et al.*, *J. Appl.Cosmetol.*, **19**, 83 (2001)
6） T. Degim *et al.*, *Biol. Pharm Bull.*, **26**, 501 (2003)
7） 小川秀興，根木信，皮膚の生理と安全性，高瀬吉雄編，清至書院，p.15 (1983)
8） 情野治良ほか，キチン・キトサン研究，**5**，102 (1999)
9） 傳田光洋，皮膚の測定・評価マニュアル集，技術情報協会，p.89 (2003)
10） 服部孝雄ほか，第5回ASCS大会国内報告会講演要旨集，36, 日本化粧品技術者会 (2001)
11） 上村洋一，機能性化粧品Ⅱ，シーエムシー，p.324 (1996)
12） 平田雅子ほか，日皮会誌，**104**，1353 (1994)
13） 勝山雅子ほか，日皮会誌，**107**，1103 (1997)
14） T. Yoshiike *et al.*, *J. Dermatol. Sci.*, **5**, 523 (1993)
15） 松下佳代ほか，皮膚科紀要，**93**，375 (1998)
16） 赤松浩彦ほか，診療と新薬，**36**，26 (1999)
17） 赤松恵美ほか，*Aesthetic Dermatology*，**13**，101 (2003)
18） I. Winursito *et al.*, *J. Jpn. Oil Chem. Soc.*, **47**, 239 (1998)
19） K. Nonaka *et al.*, *J. Oleo. Sci.*, **50**, 773 (2001)
20） 情野治良ほか，香粧会誌，**26**，71 (2002)
21） 新井清一，香粧会誌，**22**，119 (1998)
22） 石橋卓也，月刊組織培養工学，**25**，121 (1999)
23） 徳永裕司ほか，香粧会誌，**27**，71 (2003)
24） K. Shanti *et al.*, *J. Immunol.*, **151**, 5354 (1993)
25） 渡辺久幸ほか，アレルギーの臨床，**177**，432 (1994)
26） T. S. Kupper., *Arch. Dermatol.*, **125**, 1406 (1989)

27）指輪仁之，相羽誠一，キチン・キトサン研究，**9**，211（2003）
28）F. Tanida *et al.*，*Polymer.*，**39**，5261（1998）
29）西村義一ほか，キチン・キトサン研究，**9**，233（2003）
30）T. Akimoto *et al.*，*J. Controlled Release.*，**49**，229（1997）
31）H. Yoshioka *et al.*，*Biosci. Biotech. Biochem.*，**59**，1901（1995）
32）山内仁史ほか，*FRAGRANCE JOURNAL*，**8**，74（2003）

第12章　工業分野

1　キトサンの水分透過性と応用

平林靖彦*

1.1　はじめに

キトサンはキチンを脱アセチル化処理して得られる天然系ポリカチオン性高分子であり，毒性が無く，生体適合性に優れており，その分子中に有するアミノ基による機能性と溶解性，および容易にフィルムを成形できる等の性質を有するので，医療用分野のみならず，食品，化粧品，各種分離膜など多くの応用と利用に可能性を秘めた高分子材料である。

キトサン（あるいはキチン）およびキトサンをベースとする種々の材料と水との相互作用は材料を構成する分子の高次構造形成そのものに影響し，水の構造，吸湿と水の拡散・透過等の物理化学現象に深く関わるばかりでなく，溶質の透過性に対しても影響を及ぼす。そして，これらの性質は，包装材料，分離膜，医療材料，徐放性材料，マイクロカプセルなど多方面の応用や利用と重要な関わりを持つ。ドラッグリリース等を対象とする徐放性材料やマイクロカプセルについて詳細は割愛し，ここでは主としてキトサンやキトサンをベースとする各種材料や分離膜の膨潤，吸湿等と水分および溶質の透過性について既往の知見を採り上げる。キチン，キトサンの溶解法や製膜法については解説書を参照されたい[1, 2]。

1.2　キトサンおよびキチンをベースとする膜の膨潤挙動と選択透過性

カルボキシメチル化したキチンゲルの水膨潤性は改質前のキチンより非常に大きくなり、またK型の方がNa型より膨潤度が約2倍も大きい。これはK^+のイオン半径の方がNa^+より大きいためである[3]。

［架橋膜］

グルタルアルデヒドで架橋したキトサン膜は架橋度の増加に従い膨潤性が低下する。アニオン性のベンゼンスルホン酸，中性のスチレングリコール，カチオン性のテオフィリンの各分子量は近接しているが，透過性はアニオン性のベンゼンスルホン酸が最も大きく，カチオン性のテオフィリンが最も小さかった。その違いは溶質と膜の間の静電的引力と反発によって説明されている[4]。

キトサンが親水性で水によって膨潤することはキトサン膜のガスバリヤー性の低下を意味する

＊　Yasuhiko Hirabayashi　㈱森林総合研究所　成分利用研究領域　セルロース利用研究室長

表１　水の透過係数（Pe）と拡散係数（D）への架橋反応時間の影響[5)]

架橋反応時間（h）	0	1	2.5	5	48
Pe（barrers）	1153100	2249700	292250	105200	10950
D（$10^{-9}cm^2/s$）	4.1	15	1.5	1.8	0.63

ので，キトサンの膨潤を抑制してガスバリヤー性を保持するためにグルタルアルデヒドによる架橋が試みられた。キトサンの水分収着性へのグルタルアルデヒドによる架橋の影響は相対圧0.5以下では小さいが相対圧1.0では著しく大きくなり，水分収着は低下する[5)]。架橋によって水分透過性が減少して耐水性が向上したが，膜の強度は脆さを増す（表１）[5)]。3,3´-dithiodipropionic acid（DTPA）で修飾したグリコールキトサン膜（DTPA）から生じる還元膜（MSH）と酸化膜（MSS）のKCl, sucrose 及び尿素の透過性を調べた結果，KCl, sucroseの透過はMSSタイプの膜よりMSHタイプの膜の方が大きく，尿素では変化がなかった。MSS膜はMSH膜より約60%透過速度が減少するのはSHとSSの相互転移によって膨潤度が変わりSHの方がSSより膨潤度が大きいためである[6)]。1,1,3,3-テトラメトキシプロパンで軽度に架橋したキトサンは超吸収性ハイドロゲルを形成するが，これは強固に会合する水分子の数が非常に大きくなるためであることをNMR解析から明らかにしている[7)]。

[ポリイオンコンプレックス膜]

共有結合でない架橋の一つにイオン結合があり，ポリカチオンとポリアニオンはポリイオンコンプレックスを形成する。高分子のポリイオンコンプレックスは分離膜，ドラッグデリバリーシステム，マイクロカプセルなど種々の用途に向けることが可能である。キトサンとカルボキシメチル化キチン（ＣＭキチン）とのポリイオンコンプレックスの吸湿や吸水挙動を調べると，コンプレックスの吸湿率はＣＭキチンの含有割合が増加するにつれて高くなる。吸湿率に影響するのはポリイオンコンプレックスを形成していない分子配列が乱れた部分であり，アミノ基に比較して親水性の大きいカルボキシル基の影響が大きくなるためである。コンプレックスの吸水率はアミノ基とカルボキシル基の比率が１に近いところが最小になる[8)]。

キトサンとカルボキシメチル化キチンのポリイオンコンプレックスの場合と同様に，キトサンとカルボキシメチルセルロースのコンプレックスの場合もアミノ基とカルボキシル基のバランスが吸水性に重要な役割を果たし，それらが同数の場合に吸水性が極小となり，いずれかに比率が偏ると増大した(表２)[9)]。しかし，Quaternized chitosn（四級化キトサン）とPolyethyleneoxy-digycolic acid（PEO acid）のポリイオンコンプレックス薄膜を多孔性ポリエーテルスルフォン（PES）上にコートした複合膜の膨潤度はカルボキシル基のモル分率が増加するに従って増加し，等モル分率で極小にならない[10)]。

表2　キトサン・カルボキシメチルセルロースコンプレックスフィルムの酸性，中性およびアルカリ性における膨潤性[9]

キトサン/CMCの比率	膨潤度（g/g_0）		
	酸性（1/10-N ギ酸中）	中性（純水中）	アルカリ性（1/10-N NaOH）
10/90	4.7	275	13
50/50	5.1	2.9	6.3
80/20	322	281	4.9

表3　TEOS-キトサン膜の膨潤へのpHの影響[13]

TEOS-キトサン構成比	膨潤度	
	pH 2.5	pH 7.5
1:1	0.581	0.324
2:1	0.398	0.205
3:1	0.276	0.069

キトサン溶液と絹フィブロイン溶液及び1.5%の架橋用グルタルアルデヒドを含む混合溶液から乾式キャスト溶媒法で調製したコンプレックス膜の膨潤はAl^{3+}イオン応答性であり，絹フィブロインを30wt%含むコンプレックスはAl^{3+}イオンが10^{-2}mol/Lの時に最大約800%に達することを示した[11]。キトサンとPEO/PPO/PEOトリブロックコポリマーのブレンド膜は相互進入ネットワーク(IPN)を形成し，リン酸緩衝液(pH 7.4)中ではキトサンの膨潤比2.38に対して4.88まで増加することを示した[12]。このコンプレックス膜は血液透析膜へ応用が期待されている。キトサンとテトラエチルオルトシリケート(TEOS)のpH応答性膨潤体IPN は酸性で膨潤しアルカリ性で収縮する性質がある(表3)。pH応答性ドラッグデリバリーシステムへの応用が検討された[13]。

[逆浸透膜]

DMAC-5%LiCl溶媒系に溶かしたキチンでキャスト法により製膜したキチンフィルムの水透過性と数種類の溶質（Na^+, Br^-, 尿素およびエタノール）の透過性が調べられた。水の透過速度は約34mmol/cm^2・h（=0.612g/cm^2・h），溶質の透過速度は水の透過速度の1/100～1/300であった。この性能は逆浸透膜や水と溶質を分離する必要がある用途へ応用が可能である[14]。キトサンのアミノ基をアセチル化した膜は中性とアルカリ性領域で酢酸セルロース膜に勝る安定性と逆浸透性能を有し，架橋したキトサン膜は酸性領域でも安定な膜になり，水透過性と塩排除性が優れる。また，キトサンをアルキレンオキシドで水溶性化したヒドロキシアルキルキトサン膜を架橋処理した膜も高い逆浸透性を示す[15]。

[限外濾過膜]

キチンをDMA-NMP-LiCl混合溶媒（N,N-ジメチルアセタミド-N-メチル 2-ピロリドン-塩化リチウム）に溶解し湿式法で成膜した膜は非対称多孔質構造を有し，ポリエチレングリコール

(PEG6000）水溶液に対する限外濾過特性は成膜温度によって著しく異なることが示された[16]。キトサン100部に対して平均分子量2,000のポリエチレングリコール（PEG）を75部から100部ブレンドしてキャスト・乾燥法で調製した膜は透水速度および溶質透過性が著しく増加し，透水速度はPEGが90部で最大になる一方，ビタミンB_{12}はほぼ一定で推移する。吸水率もキトサンにPEGを添加することによって110％から180％に増加した。得られたブレンド膜は分子量20,800のプルランを97％阻止し，透水速度は純水系の90％以上を維持しながら尿素，尿酸，ビタミンB_{12}の透過性が優れており，また強度的にも優れていて再生セルロース膜（キュプロファン）の引っ張り強度の約2倍が得られる[17]。キチンをDMA-NMP-LiCl系溶媒，溶解-2-プロパノール凝固による成膜，FA-DCA（ギ酸-ジクロロ酢酸）系溶媒溶解-2-プロパノール凝固による成膜，TCA-DCE（トリクロロ酢酸-ジクロロエタン）系溶媒溶解-2-プロパノール凝固による成膜で得た3種のキチン膜の透過性，吸湿性および強度などを比較した。3種とも再生セルロース膜（キュプロファン）より高い吸水性と透過性を示した。DMA-NMP-LiCl系キチン膜はキュプロファンより約4倍のビタミンB_{12}の透過性を有する[18]。

[精密濾過膜・透析膜]

四級化キトサン水溶液から製膜（乾式）した膜をジグリシジル化合物で橋かけし，ヘパリンと複合した膜は尿素，クレアチニン，ビタミンB_{12}などに対して選択透過性を示す[19]。N-acyl-and N-arylidene-chitosangelsを乾燥して得た膜の透水性はN-アシル＞N-ベンチリデン＞キトサンの順で，N-置換基の構造に影響される[20]。3,3´-dithiodipropionic acid（DTPA）で修飾したキトサンハイドロゲル膜から調製した還元膜（MSH）と酸化膜（MSS）におけるKCl, sucrose及び尿素の透過性は尿素が最も高く，KCl次いでsucroseの順である。KCl, sucroseの透過はMSSタイプの膜よりMSHタイプの膜の方が大きく，尿素では変化がない[21]。

[浸透気化膜]

キトサン系膜を用いた水とアルコールの浸透気化による分離に関する研究は非常に多くなされている。キトサン膜はセロファン膜より水に対する選択透過性に優れている。脱アセチル化度99％のキトサン膜（H3F）より脱アセチル化度93.5％のキトサン膜（L3F）の方が高い透過速度を示すのは脱アセチル化度99％のキトサン膜は結晶性が高いためと考えられた[22]。多糖類膜による水とエタノールの浸透気化法分離に関する研究においてキトサン系膜について検討された[23~25]。キトサンの脱アセチル化度は膜の水とアルコールの選択分離性に影響しないが，供給液または膜中に$CoSO_4$, $ZnSO_4$, $MnSO_4$などが存在すると選択性が現れる。脱アセチル化度が72％，82％，および90％までは透過速度（約7 kg/m^2h）も分離度も結晶化度も一定だが，脱アセチル化度が98％になると結晶化度が増加して透過速度は約5 kg/m^2hに減少した[23]。キトサン膜のアミノ基を硫酸で中和した膜は，その中和度の増加に従いエタノールの透過速度が減少するが水の透過速度はほぼ一定であるので分離度は増加していく[24]。この高度の選択透過性はキトサン分子の熱運動で形成されるホールの収縮現象と運動性に影響されることが固体NMR解析によって明らかにされた[25]。ヒドロキシプロピル化キトサン膜はキトサン膜と比較して水膨潤性も透過速度も非常に増加するが，水とエタノールの分離係数は減少してしまう。そこで，ヒドロキシプロピル化キトサンを0.54%グルタルアルデヒドで架橋して膨潤を抑制した架橋ヒドロキシプロピル化キトサン膜とすると分離係数は増加する[26]。キトサンと絹フィブロインをブレンドしたブレンド膜は水とエタノール混合液に対して水選択透過性を示し，キトサン膜より分離係数も優れている。特に絹フィブロイン含有率が20%，0.5mol%のグルタルアルデヒドで架橋したブレンド膜は最も優れた選択透過性を示した[27]。

浸透気化法では膜の透過側は懸濁物や非揮発性物質が極めて少ない精製された蒸気を凝縮して液化できるところに着目して水の浄化技術への応用が検討されている[28, 29]。塩水の淡水化については塩濃度の増加に従い透水速度は減少するが，塩水の濃度に関係なく透過水の電気伝導度は2μS/m程度の純水が得られる[28]。また，希アンモニア水に対してキトサン膜は50%から60%のアンモニアの透過を阻止することが見いだされた。その理由は静電的イオン反発機構によって説明された[29]。

[気化浸透膜]

浦上らは浸透気化法の特徴を生かしつつ，膜が供給液に直接接触することによって膜が膨潤収縮するため分離性の低下や性能の不安定さを起こす問題を解決する手法として気化浸透法を提案し，両法の比較検討を行った。浸透気化法ではエタノール水溶液の濃度が20wt%以上では，キトサン膜は水を選択的に透過するが，気化浸透法ではエタノール水溶液の濃度に依らず常に水選択透過性を示す[30~32]。エタノール水溶液の濃度の増加に従いキトサン膜の膨潤度は減少し，20wt%以上では，キトサン膜の選択透過性はエタノールから水に転じる。ところが，グルタルアルデヒド架橋キトサン膜では浸透気化と気化浸透ともこの選択性の転移点がなく，全濃度領域で水選択透過性を示す。さらに，グルタルアルデヒド架橋キトサン膜はキトサン膜より水透過速度にも水選択透過性にも優れている[33]。Quaternized chitosn（四級化キトサン）とPolyethyleneoxy-digycolic acid (PEO acid) のポリイオンコンプレックス薄膜を多孔性ポリエーテルスルフォン (PES) 上にコートした複合膜はアミノ基とカルボキシル基のモル比が1のところで水選択透過性と分離係数が極大ピーク最大となる。透過速度もモル比の影響を受ける。また，エタノール，n-プロパノール，iso-プロパノールに対してもモル比1において分離係数は極大ピークを与え，分子サイズが大きいほど分離係数も大きい[10]。表4にキトサン系膜のエタノール水溶液（90wt%以上）の浸透気化法および気化浸透法の透過分離特性を示す。

表4　キトサン系膜のエタノール水溶液の浸透気化法および気化浸透法の透過分離特性

膜	供給液のEtOH濃度(wt%)	温度℃	透過速度Q(kg/m²•h)	分離係数 $\alpha_{H_2O/EtOH}$	α•Q	手法	文献
L3F-キトサン	95	70	1.21	4.9	5.9	PV	22
H3F-キトサン	95	70	0.84	5.4	4.5	PV	22
架橋HPCS (GR-3)	90	60	0.430	42	18.6	PV	26
CA-絹フィブロイン	92.5	50	0.020	476.5	9.53	PV	27
架橋CA-絹フィブロイン	92.5	50	0.0421	1235.2	52.0	PV	27
キトサン	95.6	40	6.5	17	110.5	PV	30
キトサン	95.6	40	7.3	202	1474.6	EV	30

HPCS：ヒドロキシプロピル化キトサン

1.3　キトサンおよびキチンをベースとする膜の吸湿性と蒸気透過

キトサンフィルムの水蒸気透過性は0.34-0.60ng•m/m²•s•Paで，可塑剤としてPEGを添加すると，添加量増加に従い約1.2ng•m/m²•s•Paまで増加することや，PEGの分子量が2000で最も透過性が大きいことが知られた。膜の強度やバリヤー性の可塑剤によるコントロールは食品包装ばかりでなく，人工皮膚，抗菌性フィルムや生分解性フィルム等の用途開発に重要である[33]。ギ酸をキャスト溶媒とした場合と酪酸をキャスト溶媒とした場合によって水蒸気の透過性や収着量が異なることや急速に凝固して多孔構造を形成したキトサン膜の拡散係数が極めて大きくなるなど，製膜による膜構造形成は透過性に影響する[34]。吸湿性はキトサンの原料ソースによって異なる，微生物培養で得られたキトサンフィルムの平衡水分収着はシグモイド型を示し，カニ甲羅由来のキトサン膜より高い収着で，相対湿度80%では，キトサン１gあたりの収着水分量がカニ甲羅由来では270mgであるのに対して，微生物由来では360mgで，約1.5倍の値である[35]。キトサンの平衡吸湿量と吸湿ポリマーの密度を測定してキトサンの水分収着機構が検討された。キトサンは類似化学構造のセルロースより吸湿量が多く，これはアミノ基の寄与と考えられた。キトサンの平衡吸湿曲線はシグモイド型を示し，結晶化度の低い試料として調製した凍結乾燥キトサン粉末はキトサンフィルムより密度が低く，吸湿量が大きい。キトサン中の水の構造は収着機構から単分子吸着水はキトサンのグルコサミン単位あたり約0.78molに相当し，低相対湿度領域でキトサンに収着した水分子は単分子層形成後も水のクラスターを形成しない[36]。

キトサンは前述のように透湿性に優れ，ポリカチオン性高分子であり，毒性が無く，生体適合性に優れており，その分子中に有するアミノ基による機能性や反応性および容易にフィルムを成形できる等の性質を木質住宅床下の乾燥用除湿膜として応用することが検討された。25立方メートルの密閉された床下空間を除湿することを想定して，膜面積２平方メートルのモジュールを用いれば現状のキトサン膜の除湿性能で木材腐朽を抑制できる湿度環境（相対湿度60%～65%）を維持できる[37]。膜の除湿性能を改善することによってモジュールの小型化と省エネルギー化も可能になるであろう。

文　献

1） 木船紘爾，キチン，キトサンの応用，技報堂出版，p.99-122（1990）
2） 浦上　忠，キチン，キトサンの応用，技報堂出版，p.237-264（1990）
3） E. Khor, A. C. A. Wan, C. F. Tee, and G. W. Hastings, *J. Polym. Sci., Part A*, **35**, 2049-2054（1997）
4） H. Matsuyama, Y. Kitamura, and Y. Naramura, *J. Appl. Polym. Sci.*, **72**, 397-404（1999）
5） C. Tual, E. Espuche, M. Escoubes, and A. Domard, *J. Polymer Sci., Part B*, **38**, 1521-1529（2000）
6） N. Kubota, K. Ohga, and M. Morigjuchi, *J. Appl. Polymer Sci.*, **42**, 495-501（1991）
7） D. Capitani, V. Crescemzi, A. A. D. Angelis, and A. L. Segre, *Macromolecules*, **34**, 4136-4144（2001）
8） 清水慶昭，田村忠孝，東村敏延，繊維学会誌，**56**(2)，94-97（2000）.
9） 市川朝子，吉川悦雄，窪田英一，中山　博，中島利誠，高分子論文集，**47**(9)，709-716（1990）
10） T. Uragami, S. Yamamoto, T. Miyata, Chitin and Chitosan, Edited by T. Uragami, K. Kurita and T. Fukamizo, 20-27（2001）
11） X. Chen, W. Li, W. Zhong, and T. Yu, *J.M.S.-Pure Appl. chem.*, **A34**(12), 2451-2460（1997）
12） D. Anderson, T. Nguyen, P. Lai, and M. Amiji, *J. Appl. Polym. Sci.*, **80**, 1274-1284（2001）
13） S. Park, J. You, H. Park, S. J. Haam, and W. Kim, *Biomaterials*, **22**, 323-330（2001）
14） Frank A. Rutherford, William A. Dunson, Chitin, Chitosan, and Related Enzymes, Edited by John P. Zikakis, 135-143（1984）
15） 浦上　忠，キチン，キトサンの応用，技報堂出版，p.237-264（1990）
16） T. Uragami, Y. Ohsumi, M. Sugihara, *Polymer*, **22**, 1155-1156（1981）
17） 見矢　勝，岩本令吉，吉川　暹，美馬精一，高分子論文集，**39**，649-652（1982）
18） S. Aiba, M. Izume, N. Minoura, Y. Fujiwara, *Carbohydrate Polym.*, **5**, 285-295（1985）
19） 浦上　忠，森　博司，野一色泰晴，人工臓器，**17**，511-514（1988）
20） S. Hirano, *Agric. Biol. Chem.*, **42**, 1939-1940（1978）
21） N. Kubota, Y. Kikuchi, Y. Mizuhara, T. Ishihara, and Y. Takita, *J. Appl. Polymer Sci.*, **50**, 1665-1670（1993）
22） 見矢　勝，岩本令吉，美馬精一，山下修蔵，望月　明，田中善善，高分子論文集，**42**，139-142（1985）
23） A. Mochizuki, Y. Sato, H. Ogawara, S. Yamashita, *J. Appl. Polym. Sci.*, **37**, 3375-3384（1989）
24） A. Mochizuki, S. Amiya, Y. Sato, H. Ogawara, S. Yamashita, *J. Appl. Polym. Sci.*, **37**, 3385 -3398（1989）
25） A. Mochizuki, S. Amiya, Y. Sato, H. Ogawara, S. Yamashita, *J. Appl. Polym. Sci.*,

40, 633-643 (1990)
26) X. Wang, Z. Shen, and F. Zhang, *J. Appl. Polym. Sci.*, **69**, 2035-2041 (1998)
27) X. Chen, W. Li, Z. Shao, W. Zhong, and T. Yu, *J. Appl. Polym Sci*, **73**, 975-980 (1999)
28) 平林靖彦，第9回キチン・キトサン・シンポジウム講演要旨集，**1**(2), 92-93 (1995)
29) Y. Hirabayashi, *Chitin and Chitosan Research*, **8**(1), 1-6 (2002)
30) T. Uragami, M. Saito, K. Takigawa, *Makromol. Chem., Rapid Commun.*, **9**, 361-365 (1988)
31) T. Uragami, Chitin and Chitosan, Sources, Chemistry, Biochemistry, Physical Properties and Applications, pp. 783-792, ed. By G. Skjak-BaAEk, T. Anthosen and P. Sandford, Elsevier Applied Science (1989)
32) T. Uragami and K. Takigawa, *Polymer*, **31**, 668 (1990)
33) H. J. Park, S. T. Jung, J. J. Song, S. G. Kang, P. J. Vergano, and R. F. Testin, *Chitin and Chitosan Research*, **5**(1), 19-26 (1999)
34) K. Sakurai, A. Minami, and T. Takahashi, *Sen-I Gakkaishi*, **40**, T-425-T-429 (1984)
35) 平山和子，キチン・キトサン研究，**4**(3), 301-307 (1998)
36) 中島利誠，菅井清美，伊藤祐子：高分子論文集，**37**, 705-710 (1980)
37) 平林靖彦，第16回キチン・キトサン・シンポジウム講演要旨集，146-147 (2002)

2　キトサンのコーティング剤への応用

大村善彦*

2.1　はじめに

周知のように，キチンは自然界に広く存在し，特にキチンを脱アセチル化して得られるキトサンは，そのポリカチオンとしての特性を生かして様々な産業的利用が試みられているが，コーティング剤分野においても徐々にその応用範囲が広まりつつある。

近年，地球環境の保護あるいは温暖化防止対策としてＶＯＣの低減が急がれる中で，溶剤系コーティング剤の水性化，粉体化等々脱ＶＯＣ型塗料への転換のための製品開発が急務となっている。また，生体に対する安全性の観点から，天然素材を原材料とするコーティング剤もヨーロッパを中心として復権の兆しがある。

一方，塗料等のコーティング剤の役割としては，従来は物体を錆等から守る物体の保護と，様々な色彩で彩る美粧効果が主なものであったが，近年，物体に対し様々な機能を付与するいわゆる機能性塗料の開発がめざましい。機能性塗料とは具体的には，様々な物体に対し潤滑性，帯電防止，導電性，親水性，撥水性，電磁波遮蔽性などの特性を付与するコーティング剤である。このようなコーティング材料開発の流れの中で，天然高分子であるキトサンはその特性として稀酸溶解性，抗菌性，金属吸着性，保湿性，親水性，生分解性等を有しており，機能性コーティング素材への応用展開は今後ますます期待される。

本稿では，キトサンを利用した木工塗装用前処理剤及び無電解めっき用前処理剤を中心に，機能性コーティング剤への実際の応用例について紹介する。

2.2　木工塗装用前処理剤

2.2.1　静電塗装用前処理剤

静電塗装法とは，塗装機による塗装方法の一種で，塗装に静電気の原理を取り入れたものである。接地された被塗装物をプラス極とし，塗装機をマイナス極としてガン先端を高電圧化して両極間に静電界をつくり，霧化された塗料粒子をマイナスに帯電させて反対極である被塗装物に効率的に付着させる方法である（図１）。静電塗装法は，金属に対する塗装方法としてはごく一般的であるが，家具，建材等木質系部材に対しても用いられる。ただ，これらの部材自体非導電性であるため，静電効果すなわち塗着効率に関しては，その含水率に大きく左右される。一般的に含水率８％以上であれば静電効果は十分で，５％以下になると著しく低下するといわれている。従って，冬場の乾燥時には木質系部材に対する静電塗装はその効果が得られない場合が多い。塗

＊　Yoshihiko Omura　大村塗料㈱　代表取締役社長

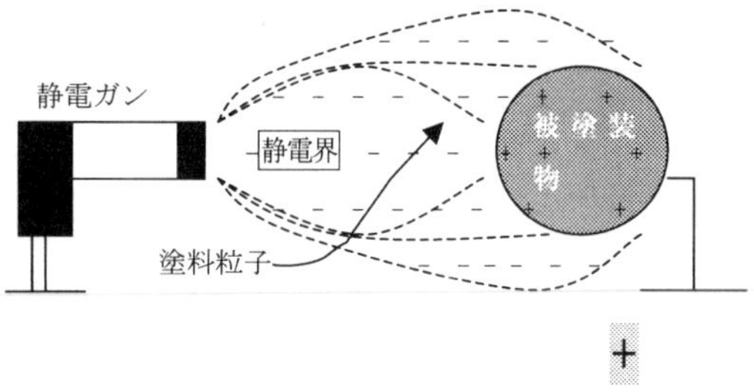

図1　静電塗装の原理

装室を加湿する等の対策がとられることがあるが，決定的とはいえない。

キトサンはその化学構造がセルロースと類似していることから，木質系部材の表面コーティングには適している。また，保湿性及びカチオン電荷性を有しているため，木質系部材の低含水率時における静電塗装の塗着効率の低下を防止することが可能である。

実際に，キトサン処理による静電塗装の塗着効率に及ぼす効果を以下に示す[1,2]。レシプロケーター方式のエアー霧化静電塗装機を用い，表1に示した塗装条件に設定し，硝化綿ラッカーのカラークリアーをブナ材の丸棒に塗布した。キトサン処理の効果を，コンベアー速度と被塗装物の回転の有無で比較した結果，外観の目視評価では，キトサン処理によって明らかに濃く着色され，光沢もあがったことから，塗着効率が増し，なおかつコンベアー速度が速く被塗物の回転がない場合でも裏面にまで塗料粒子が回り込んでいることが示唆された（表2）。また，数値的にも，キトサン濃度が高いほど光沢度が上がり，明度が低下したことから塗着量は明らかに上昇していることがわかる（表3）。

表1　静電塗装条件

塗装条件	1	2
吐出量	1 kg/cm^2	1 kg/cm^2
ガン－被塗装物距離	34 cm	34 cm
霧化圧	1.2kg/cm^2	1.2 kg/cm^2
パターン圧	1.2kg/cm^2	1.2 kg/cm^2
吹き幅	109-47	109-47
電圧	70 kV	70 kV
粘度（岩田カップ）	15 sec	15 sec
塗料	ラッカー(カラークリアー)	ラッカー(カラークリアー)
コンベアー速度	0.45 m/min	1.45 m/min
被塗物の回転	有り	無し

表2　キトサン処理の静電塗着効率に及ぼす影響（目視）

キトサン濃度 (w/v%)	条件1		条件2	
	濃淡	光沢	濃淡	光沢
無処理	＋＋	−	＋	−
0.5	＋＋＋	＋	＋＋	±
1.0	＋＋＋	＋	＋＋	±
3.0	＋＋＋＋	＋＋	＋＋＋＋	＋

表3　キトサン処理による被塗物の光沢度及び明度の変化

キトサン濃度 (w/v%)	光沢度	明度 (L*)
無処理	1.49	54.7
0.5	1.72	54.0
1.0	1.73	51.5
3.0	2.64	48.5

このように，静電塗装の被塗物である木材表面へのキトサン処理は，キトサンの保湿性，保水性による表面電気抵抗の増大を抑制し，カチオン性電解質ポリマーであることからマイナス電荷を帯びた塗料粒子を電気的に付着させる効果が期待でき，乾燥時の塗着効率が大幅に上昇することにより使用塗料の減少と均一な造膜が可能となる。

2.2.2　木工塗装用着色むら防止剤

最近の木工家具業界の傾向としては，コストダウンの影響もあり，突き板，集成材の利用あるいは一種類の製品に何種類かの異種材を組み合わせて製作する場合が増えている。その場合，材の導管の深さ等性状の違いから着色状態に差を生じ，仕上がりに均一感，高級感が出せないことが多い。対策として，何種類かの着色むら防止剤が市販されているが，効果はあまりないようである。また上塗りクリヤーでの着色濃度を上げる方法も採られているが，仕上がりに深みがなく高級感に乏しい。

これに対し，キトサンはセルロースとの親和性も良く，また，染料あるいは着色顔料に対する吸着捕捉性に優れるため[1,3,4]，着色むら防止剤，目止め剤として使用されている。すなわち，木工塗装の一般的な工程のなかで素地着色の前にキトサン処理を実施することにより均一な着色仕上がりを得ることができる。

例えば，シカモア材（アメリカ産材，スズカケノキ）のように特有の放射組織を有する材の場合でも均一に着色されるため放射組織に起因する模様は目立たなくなる。このほかにもハックベリー，ナラ，ブナ，レッドオーク，ゴムなどについても良好な結果が得られている。

キトサン処理，及び着色後の種々の塗料の上塗り性，すなわち密着性についても冷熱サイクル後の碁盤目試験により検討されており，木工塗装に使用される代表的な塗料である硝化綿ラッカー，アミノアルキッド，ポリエステル，ウレタンワニス及びポリウレタンの付着性は非常に良く，いずれも剥離は全く見られない。

2.3　無電解めっき用前処理剤

2.3.1　無電解めっき法

電流を利用し電気化学反応によって金属を析出させる電気めっきに対し，無電解めっきは，電流を用いず，還元剤の働きによりめっき液中の金属イオンを還元し被めっき物上に金属として析出させるものであり，プラスチック，セラミックス，紙，ガラス，繊維等の非導電性物質の表面をメタライズ化しうる方法として広く利用されている。

めっき液中の還元剤の酸化を開始させるためには，被めっき材である非導電性物質の表面を触媒化処理する必要がある。触媒化処理の方法としては，古典的には，塩化第一スズ浴と塩化パラジウム浴によるセンシタイジング－アクチベーティング方式[5~12]が知られているが，今日では，一般的に塩化第一スズ－塩化パラジウム浴と硫酸（あるいは塩酸）浴によるキャタリスト－アクセレータ方式[9,10,13]が採用されている。これらの触媒化工程に先立つ前処理として，素材表面の親水性を確保し物理的な吸着を助長させるために，エッチング工程が必要であり，プラスチック等に対しては，現在ではほとんどの場合クロム酸系エッチング液（クロム酸に硫酸やリン酸を添加した混酸等）が使用されている。この化学エッチング工程は，素材表面を微視的に粗化し，触媒化工程におけるパラジウム等の触媒金属の物理的捕捉を容易にすると共に，めっき層との密着に関わる投錨効果を得る意味で非常に重要な工程である（図2）。しかしながら，パ

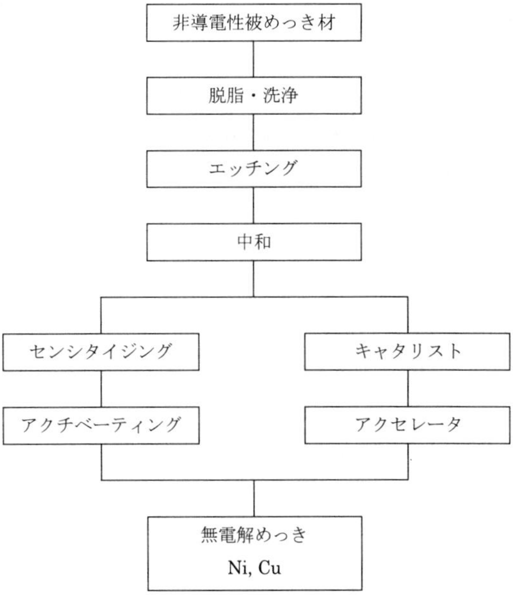

図2　従来の無電解めっき工程

ラジウム等触媒金属の捕捉は化学エッチングによって生じた被めっき材表面の凹部及び微細孔中への単なる「物理的吸着」にすぎないため，めっき工程に至るまでの水洗等で脱落し，被めっき材表面への密着性良好なめっき被膜を得るに充分な金属触媒の量を確保することが困難な場合が多く，これが従来法におけるめっき不良の最大原因であった。また，エッチング液に使用されるクロム酸は環境負荷が非常に大きく，法規制により今後の使用は大幅に制限されると予想される。

2.3.2 キトサンを利用したコーティング法による無電解めっき工程

キトサンの金属吸着能に関しては，かなりの報告がなされており[14~18]，重金属を含む廃液中からの特定金属の回収等への応用展開がなされつつある。なかでも，キトサンの白金族，特にパラジウムに対する吸着特性は種々検討され，例えば，塩酸溶液中における塩化パラジウムの吸着は，陰イオン交換的に隣接する2つのアミノ基との間で橋架け構造的に配位することによるとされている[14]。

キトサン含有コーティング被膜による無電解めっき法は，このキトサンのパラジウム吸着特性を応用したものである。非導電性物質の表面に無電解めっき層を形成するにあたり，まずこの被めっき材表面にキトサンを含有する前処理剤を塗布して，その表面に親水性被膜を形成する。次に，塩化パラジウム溶液に浸漬することによって，親水性被膜上に表出したキトサンに対し塩化パラジウムが規則的に配位し，その後，ジメチルアミンボラン等の還元剤により金属パラジウムとして還元固定化することができる。この結果，無電解めっき工程において，被めっき材表面に充分な量の触媒金属であるパラジウムが担持された状態を得ることができ，その上に均一で密着性に優れたニッケル，銅等の無電解めっき層を効率よく形成することが可能となる[19,20](図3)。

写真1は無電解めっき工程における触媒化工程に先立つ前処理後のプラスチック（ABS）表面をSEM観察したものである。クロム酸による化学エッチングの場合，微細な穴の中にパラジウムが物理的に捉えられるのに対し，キトサンを含有したアクリル樹脂系コーティング剤を塗布するプライマー法ではこのように比較的なだらかな表面である。キトサンによるパラジウムの化学的吸着固定化に比べ，化学エッチングによる物理的吸着の方が工程の中でパラジウムの脱落が多く，均一なめっき析出に悪影響を与えると考えられる。

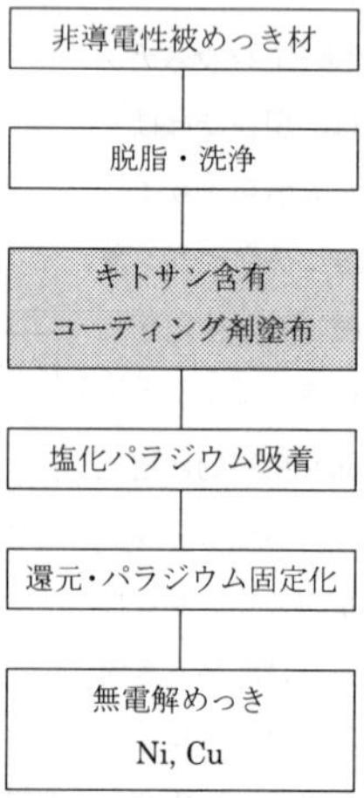

図3　キトサン含有コーティング剤による無電解めっき工程

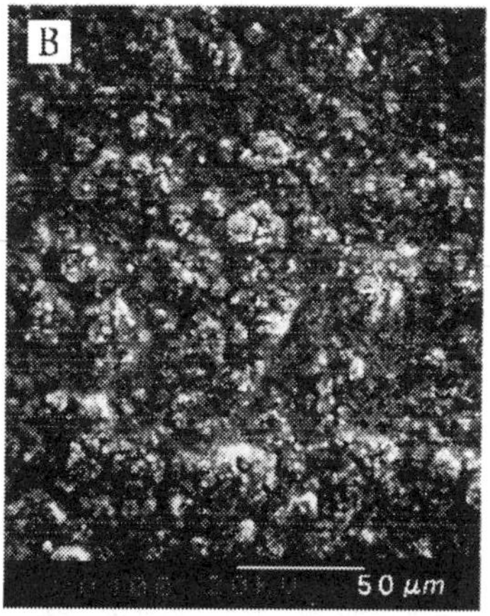

写真１　ABS材の無電解めっきにおける触媒化工程の前処理後の表面SEM観察
A：クロム酸系エッチング　B：キトサン含有アクリル系樹脂コーティング剤塗布

近年，ノートパソコン，PDA，携帯電話等の電子機器の筐体のほとんどがプラスチック製であるため，電磁波の漏洩による誤作動等電磁波障害が問題となっている。その防止策として，筐体の裏面を金属化する必要があり，導電塗料法，真空蒸着法等種々の処理法が知られているなかで，電磁波遮蔽効果に関しては無電解めっき法が最も優れているといわれている。

実際に，数年前からは，化学エッチング工程を有する従来型の無電解めっき法に代わり，キトサン含有コーティング剤による無電解めっき法が一部の電子機器筐体のEMIシールド法として採用された。現在は，さらにプラスチックのマテリアルリサイクルを視野に入れ，第二世代のキトサン含有無電解めっき用前処理剤が開発されつつある[21]。すなわち，コーティング剤を構成する樹脂系として，生分解性を有し，環境負荷が少なく，廃棄後は容易にプラスチックから分解脱離できるタイプのものを選択し，含有するキトサンに関しても，有機溶媒可溶性を有しパラジウム吸着能を強化した誘導体の合成に成功している。

2.4　シックハウス症候群対策用コーティング剤

シックハウス対策に係る改正建築基準法が2003年７月１日から施行され，建築内装材からのホルムアルデヒドの放散が厳しく規制されることになった。

キトサンは分子中のアミノ基がホルムアルデヒドと容易に結合するため，ホルムアルデヒド吸着剤としての利用が可能である。実際に，ホルムアルデヒド放散抑制剤[22]としての利用も提唱され，キトサン・アクリルエマルション複合化ビヒクルを用いた内装用塗料[23]，天然珪藻土のバインダーとしてキトサンを使用した内装仕上げ材等が開発上市されている。

コーティング材料分野では，今後ホルムアルデヒドのみならず，VOC（揮発性有機化合物）の規制も2005年から実施される予定であり，天然物由来で水系の有用高分子であるキトサンの用途は，「環境と安全性」の観点からますます広がると予想される。

文　献

1） 鳥取県工業試験場報告No.14（1992）
2） 特許出願公開　平2-261556　静電塗装方法
3） Y. Hirabayashi, *TOSO KOGAKU*, **22**（10), 440-445（1987）
4） 特許出願公開　平5　293432　塗料吸収性素材の表面処理方法
5） R. Sard. *J. Electrochem. Soc.*, **117**, 864（1970）
6） R. L. Cohen, J. F. D'Amico and K. W. West, *J. Electrochem. Soc.*, **118**, 2042（1971）
7） S. L. Chow, N. E. Hedgecock, M. Schlesinger and J. Rezek, *J. Electrochem. Soc.*, **119**, 1013（1972）
8） D. J. Sharp, *Plating*, **58**, 786（1971）
9） C. H. de Minjer and P. F. J. V. D. Boom, *J. Electrochem. Soc.*, **120**, 1644（1973）
10） R.L. Meek, *J. Electrochem. Soc.*, **122**, 1478（1975）
11） I. Kiflawi and M. Schlesinger, *J. Electrochem. Soc.*, **130**, 872（1983）
12） B. K. W. Baylis, A. Busuttil, N. E. Hedgecock and M. Schlesinger, *J. Electrochem. Soc.*, **123**, 348（1976）
13） M. Tsukahara, *J. Met. Finish. Soc. Jpn.*, **23**, 83（1972）
14） K. Inoue, Y. Baba, and K. Yoshizuka, *Bull. Chem. Soc. Jpn.*, **66**, 2915-2912（1993）
15） P. Tong, Y. Baba, Y. Adachi, and K. Kawazu, *Chem. Lett.*, 1529（1991）
16） Y. Baba, and H. Hirakawa, *Chem. Lett.*, 1905（1992）
17） Y. Baba, H. Hirakawa, and Y. Kawano, *Chem. Lett.*, 117（1994）
18） C. Ni and Y. Xu, *Journal of Applied Polymers Science*, **59**, 499-504（1996）
19） Y. Omura, Y. Nakagawa, and T. Murakami, in Advances in Chitin Science, Vol. 2, ed. A. Domard, GAF. Roberts, and KM. Varum, Jacques Andre Publisher: Publisher, Lyon, pp. 902-907（1998）
20） 特許第1913046号　無電解めっき方法及び無電解めっき用前処理剤
21） 特願2001-59162　無電解めっき法，非導電性物質，リサイクル法
22） 特許第2884228号　木質系材料のアルデヒド放散抑制方法
23） 塗装と塗料　2003. 8（No.649）p.32

3　キチン，キトサンを活用した生分解性材料

森本　稔[*1]，斎本博之[*2]，重政好弘[*3]

20世紀初頭に開発された合成繊維，プラスチック，ゴムに代表される合成高分子化合物は，我々の衣食住にとどまらず，運輸，建設，環境保全，医療，農林水産業，レジャーなど広い分野で活躍している。その一方で，長期安定性を求めて開発されたこれらの多くは，自然界で分解されないため使用後の廃棄物処理が社会問題となってきている。21世紀を迎え地球規模での環境問題に対する関心が高まるにつれ，自然サイクルに取り込まれ，環境への負荷が低い生分解性高分子材料が注目されている。

生分解性材料を大別すると次の３つに分類できる。

１）動植物由来の天然高分子

２）微生物がつくる高分子

３）合成高分子

１）はセルロース，でんぷん，キチン，キトサンなどいわゆるバイオマス（生物資源）である。２）はポリ3-ヒドロキシ酪酸（PHB）などの微生物ポリエステルが知れられている。３）はポリビニルアルコール（PVA），ポリカプロラクトン（PCL）など多くの合成生分解性高分子が開発されている。特にバイオマスは自然界で大量に生産されており，それらの有効利用は効率の面からも有利と考えられる。

キチン，キトサンは，セルロースに次ぐバイオマスであり，土壌中の菌体により生分解される。さらに抗菌活性，創傷治癒促進活性などの生物活性を有することからその開発が期待される生分解性高分子の一つである[1)]。しかしながら，キチン，キトサンは難溶性で加工性に乏しいため単独で材料化されることは少なく，加工性に優れる生分解性材料との複合化により新たな材料開発が行われている。そこで本節では，キチン，キトサンを活用した生分解性材料の開発例を紹介する。なお，生分解性材料の一般的な解説は成書に紹介されている[2~4)]。

3.1　キチン，キトサン製材の生体内分解性

キチン，キトサンを単独で材料化した製品の多くは医用材料を中心に開発されており，創傷被覆材，人工腱，カプセルなど様々な応用が試みられている[5)]。筆者らも鳥取大学農学部獣医学科

＊1　Minoru Morimoto　鳥取大学　生命機能研究支援センター　助教授
＊2　Hiroyuki Saimoto　鳥取大学　工学部　物質工学科　助教授
＊3　Yoshihiro Shigemasa　鳥取大学　工学部　物質工学科　教授

表1　犬皮下に埋設したキチパックSの生分解性

エントリー	埋設後の経過時間（日）			
	4	7	14	28
1	−	＋＋	＋＋＋	＋＋＋
2	＋	＋＋	＋＋	＋＋
3	＋	＋＋	＋＋＋	＋＋＋
4	＋＋＋	＋＋＋	＋＋＋	＋＋＋
5	＋	＋＋	＋＋＋	データ無

キチパックS，80mg；犬体重，8～10kg；生分解性：−，変化無し；＋，変化有り；＋＋，かなり変化有り；＋＋＋，完全消失（文献7より）

の南教授らと共同で，獣医臨床への応用を目指し，キチン，キトサンを用いた様々な形状の創傷被覆材を開発した。その中でもキチンをスポンジ状に加工した“キチパックS”（1992年），キチンをポリエステル不織布と複合化した“キチパックP”（1992年），キトサンを綿状に加工した“カイトパックC”（1993年），キトサンを安定懸濁液にした“カイトファイン”（2000年）は，エーザイより市販されるに至った[6]。これらの製材は，いずれも創傷治癒が進むとともに生体内で分解吸収されることが知られているが，その分解機構については未だ不明な点が多い。

筆者らは成犬5頭の腹腔内に埋植したキチパックS（直径40mm，厚さ5mm）の生分解過程を検討した[7]。埋植後のキチパックSの生分解性を表1に示す。その結果，5例のうち4例でキチパックSは埋植後14日で完全に消失し，分解吸収された。残り1例でも完全消失には至らないものの生分解は進んでいた。このような生体内分解性は牛に埋植した場合でも同様に観察された。牛血清中にはキチナーゼを有することが知られており[8]，筆者らも牛血清中に浸漬したキチパックSの重量が，8日後には54%にまで減少することを確認している。一方，犬血清中におけるキチナーゼ活性を有する物質の存在は知られておらず[9]，犬血清中に浸漬したキチパックSの重量減少は見られなかった。さらに犬皮下および肝臓の滲出液に対しても検討を行ったが，キチパックSの分解は見られなかった。これらの結果は，生体内でのキチンの生分解が血清や体液中のキチナーゼ活性を有する物質によるだけではなく，生体内防御機構など様々な生体反応が関与していることを示唆しており，より詳細に生分解過程を検討することは，キチン，キトサンの生分解性を利用した医用材料を開発する上において重要である。

3.2　セルロース・キトサン系生分解性材料

セルロースは植物の骨格成分であり，地球上で最も豊富に存在するバイオマスであり，その生産量は年間数千トンとも推定されている。われわれ人類も有史以来，衣類，紙などに利用してきており，最も身近な生分解性材料の一つである。セルロースはキトサンの2位アミノ基が水酸基に置き換わったもので，構造的に非常に類似している（図1）。セルロースを水に懸濁させると分子中の水酸基，および微量に存在するカルボキシル基がマイナス電荷を帯びるためアニオン性を示す。一方，キトサンは分子内にアミノ基を有するためカチオン性である。そのためセルロースとの親和性は良好であり，機械抄き和紙の改質剤としてキトサンの酢酸溶液を塗布することにより，風合いを損なうことなく表面強度，通気性を向上させることができる[10)]。

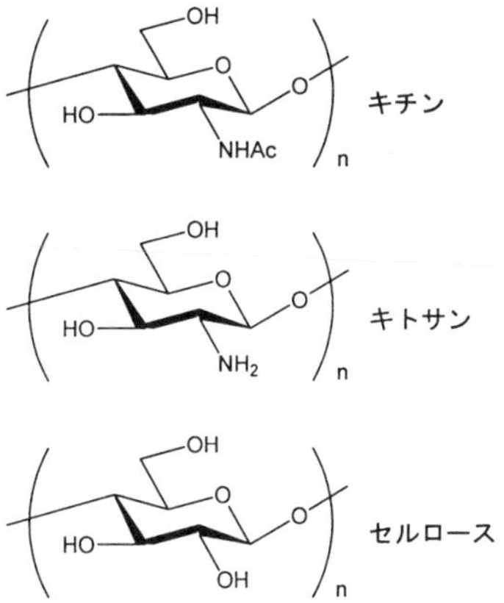

図1　キチン，キトサン，セルロースの構造

四国工業技術研究所の西山研究室長らは，微細化したセルロースにキトサンを複合化させた生分解性プラスチックフィルムの開発を行い，微細化したセルロースとキトサンとの混合溶液を減圧脱泡後，平板上に流延，乾燥または熱処理することにより高強度で耐水性を有するセルロース・キトサン複合フィルムを得ることに成功した[11)]。開発した複合フィルムの引っ張り強度は，添加したキトサン量に依存し，セルロースに対しキトサンを５％添加すると乾燥強度は，著しく増加した。また，キトサンを含まないセルロース単独フィルムでは全く耐水性を示さないが，キトサンを添加することにより湿潤強度は増加し，20％添加時に最大値を示している(図２)。さらに可塑剤としてグ

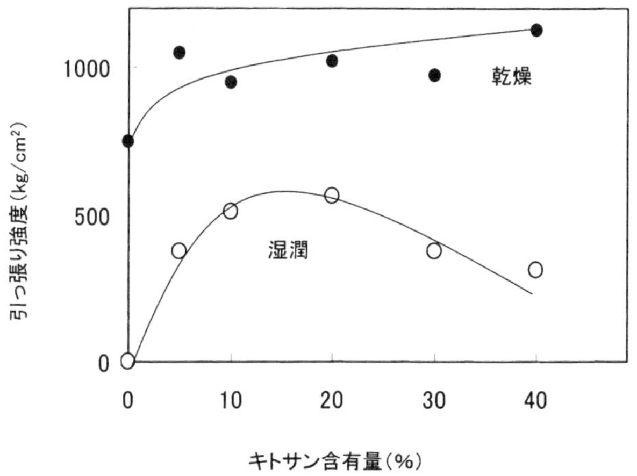

図２　キトサン・セルロース複合フィルムの強度におよぼすキトサン含有量の影響
グリセリン無添加（文献12より）

リセリンを用いることにより柔軟性を向上させている[12]。この複合フィルムを土中に埋めると数ヶ月で完全に分解された。さらに各種セルロースおよびキトサン分解菌を用いた分解試験を行ったところ，富山県の山中の土壌より採取した*Pseudomonas* sp. H-14が，この複合フィルムを強力に分解することを見出している。さらにこの菌株はグラム陰性で単極鞭毛を有する桿菌で，キトサンを唯一の炭素源，窒素源として生育するが，セルロースは資化しないことから，この複合フィルムの初期分解はキトサナーゼによると考察している[13]。

セルロースとキトサン複合系にデンプンを添加することによりフィルムに伸び特性，吸水性，平滑性を与えるとともに製膜特性の向上にも成功している[14]。これらの技術は，アイセロ化学よりドロンCCとして商品化され[15]，播種用フィルム，海苔養殖用胞子袋に利用されている。

その他，キチン，キトサンとセルロースとの混紡繊維として，オーミケンシのクラビオン[16]，富士紡績のキトポリィ[17]などが製品化されている。

3.3 キトサン・生分解性高分子複合材料

キトサンと生分解性高分子との複合化により様々な生分解性材料が研究されている。天然生分解性高分子としては，先に紹介したセルロースの他，コラーゲン[18,19]，ゼラチン[20]などが用いられている。また，合成生分解性高分子としては，ポリエチレングリコール（PEG）[21~24]，ポリカプロラクトン（PCL）[25,26]，3-ヒドロキシ酪酸（PHB）[27]などが用いられており，特にポリビニルアルコール（PVA）[21,28~34]を用いた研究が多い。

3.3.1 キトサン・ポリビニルアルコール複合フィルム

PVAは水溶性の汎用高分子として，ビニロン繊維の原料，糊剤，接着剤など工業的にも広く利用されている。PVAは，*Pseudomonas* sp. O-3をはじめ多数の土壌菌により分解されることが知られており[35]，微生物分解性を有する数少ない合成高分子の一つである。

石川県工業試験場の吉川らは，キトサンの酢酸水溶液とPVAの水溶液を調製し，この両液の所定量に可塑剤としてグリセリン，架橋剤としてメラミン系樹脂をそれぞれ所要量添加し，均一になるまで撹拌，減圧脱泡後，ガラス板上で流延，乾燥することにより，厚さ30～120 μmのキトサン・PVA複合フィルムを調製した[36]。この複合フィルムの引張強度および伸び率は，キトサン含量20～30%で極大値となった。この値はキトサン及びPVA単独の引張強度から算出した加成値より大きく，複合化の効果が認められた。さらにこの複合フィルムの引張強度はポリエチレン，ポリプロピレンより大きく，伸び率はポリ塩化ビニリデンとほぼ同等の値を示し，力学的にも優れたフィルムであることを見出している（表2）。この複合フィルムの生分解性を検討したところ，土壌埋込み3週間で明確な残存率の低下が確認できた。土中におけるフィルム残存率の低下原因として，土壌水によるフィルム可溶成分の溶出と微生物による生分解が考えられる。

表２　各種フィルムの引張強度と伸び率

フィルム	引張強度 (N/mm^2)	伸び率 (%)
キトサン・PVA複合フィルム	39～137	15～200
低密度ポリエチレン	6.9～15.7	90～690
高密度ポリエチレン	21.2～38.2	15～100
ポリプロピレン	19.6～40	300～600
ポリ塩化ビニリデン	68.6～137	40～100

（文献14より）

そこで，土壌中のフィルムの重量変化を詳細に検討した結果，埋込試験１週間後で耐水性試験時の重量変化に匹敵する約20％の残存率低下が見られることから，埋込初期は土壌水分によりフィルム可溶分の溶出が起こり，その後微生物による代謝に由来し徐々に分解されていくものと推定している。

その他，キトサン・PVA系生分解性プラスチックとして，アイセロ化学よりドロンVAが商品化されている[15]。

3.3.2　キトサン・ポリビニルアセタール複合フィルム

生分解性高分子は汎用性高分子に比べコスト高である。また汎用高分子であるPVAは生分解性を有するものの水溶性であるため，その用途が限られる。そこでシンプルな処理で生分解性に変換し得る汎用性高分子を用いることにより，安価かつ広範囲に応用可能な生分解性材料の開発が可能と考えられる。ポリビニルアセタールは，PVAをアセタール化したものであり，ブチルアルデヒドでアセタール化したものはポリビニルブチラール(PVB)と呼ばれ，塗料などの原料として用いられている汎用性高分子である。PVBは酸処理によりアセタールが脱離し，生分解性のPVAに変換され得る(図３)。筆者らはキトサンとPVBを複合化させることにより，リサイクル可能な電磁波シールド材料の開発に成功した[37, 38]。その開発過程で検討したキトサン・PVB複合フィルムの調製とその生分解性の結果を紹介する。

キトサンは酸性水溶液にのみ可溶であり，PVBはアルコール系の有機溶媒に可溶であるが水には不溶である。そのためキトサン酸性水溶液とPVBメタノール溶液の混合懸濁液をキャスト

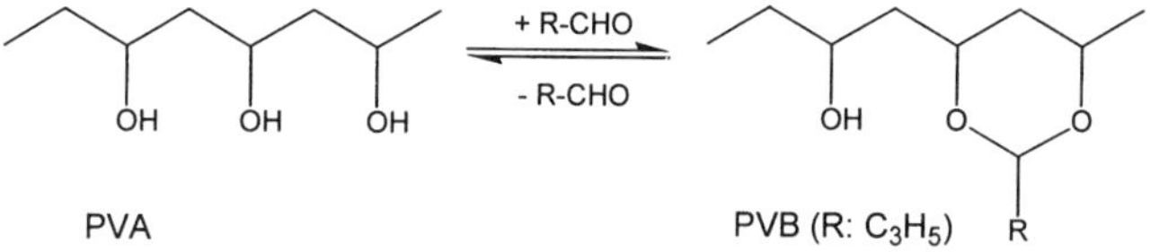

図３　ポリビニルアルコールとポリビニルアセタールの相互変換

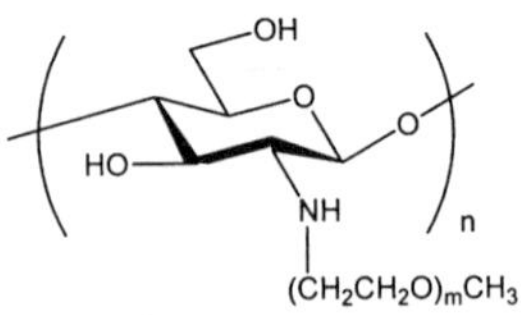

図4　PEGキトサン誘導体の構造

法によりフィルム調製を行ったが，激しく相分離し充分な強度のフィルムは得られなかった。そこで，水および有機溶媒との親和性が高いポリエチレングリコール(PEG)鎖をキトサンに導入したPEGキトサン誘導体を合成した（図4）。このPEGキトサン誘導体は水可溶性であるだけでなく，メタノールなどの有機溶媒にも親和性を有した[39]。PEGキトサン誘導体（置換度0.08）および未修飾のキトサンの酢酸水溶液と，PVB（デンカブチラール2000-L，重合度300）のメタノール溶液をキトサン誘導体とPVBの重量比が1/25となるように混合し，それらの混合溶液を2 mlずつポリエチレン製の容器（内径30mm）に入れ，60℃で3時間乾燥することによりキトサン誘導体・PVB複合フィルムを作製した。

作製した複合フィルムのキトサン分解酵素(Chitosanase-RD)による酵素分解性は，0.1Mリン酸緩衝液中(pH 7.0)で行った。酵素反応の追跡は，分解によって生じる還元末端量をSchales法により定量することで行った。その結果，酵素添加とともにキトサン・PVB複合フィルム中のキトサン誘導体の分解は進行し，その後一定に達することがわかった。この一定に達した分解量を表3にまとめた。その結果，PEGキトサン・PVB複合フィルムの分解量は，ブレンドフィルム中のキトサン量を考慮して計算した予想分解量とほぼ一致した。一方，未修飾キトサン・PVB複合フィルムの分解量は予想値より増加した。この結果は，PEGキトサン誘導体とPVBとの相溶性によるものと考えられ，相溶性の良いPEGキトサン誘導体ではフィルム内均一に混ざり合うが，未修飾キトサンでは相溶性の良くないため相分離し，フィルム表面上に押し出されるものと考えられる。

次に酸処理PVBの生分解性について検討した。酸処理はPVBをエタノール中で溶解させた後，濃塩酸を加え50℃で2時間攪拌することにより行った。反応溶液を濃縮し，そこへ蒸留水を加え，

表3　キトサン・ポリビニルブチラール複合フィルムの酵素分解性

フィルム	重量比（キトサン誘導体／PVB）	酵素分解量（μmol/ml）	
		実験値	計算値
PEGキトサン・PVB	1/25	0.05±0.01	0.02
キトサン・PVB	1/25	0.21±0.02	0.07
PEGキトサン	－	0.60±0.03	－
キトサン	－	1.80±0.07	－
PVB	－	0.002±0.002	0

キトサン（Flonac C），数平均分子量28,000，脱アセチル化度0.86；PEGキトサン誘導体，置換度0.8；PVB（デンカブチラール2000-L），重合度300，キトサン分解酵素，Chitosanase-RD。計算値＝(キトサンおよびPEGキトサンフィルムの分解量)×フィルム中のキトサン含有量（3.8%）。

表4　ポリビニルブチラール（PVB）の酸処理

エントリー	重量／mg			回収量／mg
	水可溶部（S-2）	水不溶部（IS-2）	水不溶部（IS-1）	
1	292	48	487	827
2	469	36	275	780
3	481	–	333	814

PVB，1g；エタノール，20mL；塩酸，20mL；反応時間，3時間；反応温度，50℃。

再度50℃で3時間半撹拌した後，反応溶液を吸引ろ過し，可溶部（S-1）と不溶部（IS-1）に分離した。可溶部（S-1）は真空乾燥後，再度蒸留水を加え，50℃で3時間半撹拌したところ不溶部が生じたため，吸引ろ過により可溶部（S-2）と不溶部（IS-2）に分離した。その結果を表4にまとめた。可溶部（S-2）は0.3～0.5g，不溶部（IS-1＋IS-2）が0.3～0.5g得られた。100%回収されなかったのは，脱アセタール化により脱離した揮発性のブチルアルデヒドの減少分と考えられる。なおブチルアルデヒドがすべて揮発したと仮定するとこの量は350mgと計算される。水可溶部（S-2）のIRスペクトルはPVAのスペクトルとほぼ一致したことから，このような酸処理によりPVBはPVAへ変換されることがわかった。なお水不溶部のIRスペクトルもPVAと類似していたことから，脱アセタールは進行するものの強固に凝集したため不溶化したものと考えられる。

PVBの酸処理によって得られた水可溶部（S-2）の0.25%無炭素培地溶液（pH 7.5）にPVA分解菌（*Pseudomonas putida*，*Pseudomonas* sp.VM15C）の懸濁液を加えることにより生分解性を検討した。生分解の進行は，分解菌の増殖による培養地の濁度増加，および培地中の全有機炭素量（TOC）の減少により評価した。なおポジティブコントロールにはPVAを用いた。生分解性試験の結果を図5に示した。濁度変化に対してはポジティブコントロールであるPVAの濁度増加とほぼ同じ挙動を示し，2つの分解菌は酸処理PVBを炭素源として資化し，増殖したと考えられる。さらにPVA存在下でのTOC値が1.2mg/mlから0.3mg/mlに減少し，同様に酸処理PVBでも1.0mg/mlから0.3mg/mlに減少したことから，生分解性を有することが明らかとなった。さらに，この様なキトサン・PVB複合フィルムは，触媒活性を有するパラジウム金属の吸着能を有することから，触媒機能を有する生分解性機能材料としての応用が期待できる[40]。

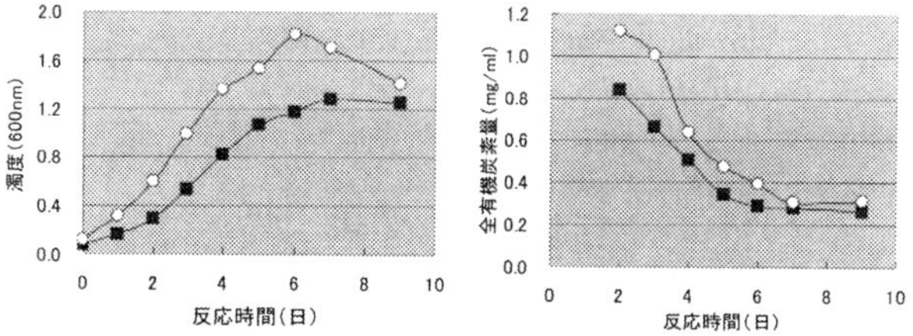

図5　酸処理ポリビニルアセタール(PVB)の生分解性。濁度変化(左)と培地中の全有機炭素量変化(右)
PVA存在下(○)，酸処理PVB存在下(■)。PVA分解菌，*Pseudomonas putid*，*Pseudomonas* sp. VM15C共生系。

文　　献

1）キチン，キトサン研究会編　キチン，キトサンハンドブック，技法堂出版（1995）
2）土肥義治編　生分解高分子材料，工業調査会（1990）
3）シーエムシーテクニカルライブラリー　生分解性プラスチックの実際技術，シーエムシー（1992）
4）筏　義人編　生分解性高分子，高分子刊行会（1994）
5）Y. Shigemasa *et al., Biotech. Genetic Eng. Rev.*, **13**, 383（1995）
6）S. Minami *et al.,* "Chitin and Chitosan", p.265, Birkhauser Verlag Basel, Switzeland（1999）
7）H. Saimoto *et al., Macaromol. Symp.*, **120**, 11（1997）
8）G. Lundblad *et al., Eur. J. Biochem.*, **100**, 455（1979）
9）G. Lundblad *et al., Eur. J. Biochem.*, **46**, 367（1974）
10）Y. Kobayashi *et al., Proceeding of the 2nd International Conference on Chitin and Chitosan*, p.239（1982）
11）西山昌史ほか　季刊環境研究，**83**, 13（1990）
12）J. Hosokawa *et al., Ind. Eng. Chem Res.*, **29**, 800,（1990）
13）K. Yoshikawa *et al., Agric. Biol. Chem.*, **54**, 3341（1990）
14）新技術事業団報　第697号
15）www.aicello.co.jp/product/dolon.html
16）www.omikenshi.co.jp/index.html
17）www.fujibo.co.jp/c01/index.html
18）M. Cheng *et al., J. Biomaterials Sci, Polym. Ed.*, **14**(10), 1155（2003）
19）A. Sinokawa *et al., Biomaterials*, **25**(2), 795（2003）
20）L. Chen *et al., Polymer Int.*, **52**(1), 56（2003）
21）S. Ferdous *et al., J. Macromol. Sci., Pure and Appl. Chem.*, **A40**(8), 817（2003）
22）P. Kolhe *et al., Biomacromolecules*, **4**(1), 173（2003）
23）M. Zhang *et al., Biomaterials*, **23**(13), 2641,（2002）
24）D-A. Wang *et al., J. Biomedical Materials Res.*, **58**(4), 372（2001）
25）I. Olabarrieta *et al., Int. J. Polym. Materials*, **51**(3), 275（2002）
26）T. Senda *et al., Polymer Int.*, **51**(1), 33,（2002）
27）T. Ikejima *et al., Carbohydr. Polym.*, **41**(4), 351（1999）
28）S. Park *et al., Food Hydrocolloids*, **15**(4-6), 499,（2001）
29）M. G. Cascone *et al., J. Biomaterial Sci., Polym. Ed.*, **12**(3), 267（2001）
30）A. Takasu *et al., J. Appl. Polym. Sci.*, **73**(7), 1171（1999）
31）K. Ioannis *et al., Advances Chitin Science*, **2**, 548（1997）
32）T. Koyano *et al., Biomedical Materials Res.*, **39**(3), 486（1998）
33）L-G. Wu *et al., J. Membrane Sci.*, **90**(3), 199（1994）
34）S. Nakatsuka *et al., J. Appl. Polym. Sci.*, **44**(1), 17（1992）
35）T. Suzuki *et al., Agric. Biol. Chem.*, **37**, 747（1973）

36）吉川　修ほか　北陸工業試験場　平成11年度研究報告　Vol.49
37）平成13年度地域新生コンソーシアム研究開発事業成果報告書　51101468-0-1
38）斎本博之ほか　機械の研究，**55**, 37（2003）
39）M. Sugimoto *et al., Carbohydrate Polym.*, **36**, 49（1998）
40）M. Morimoto *et al., Sen'I Gakkaishi*, **59**, 115（2003）

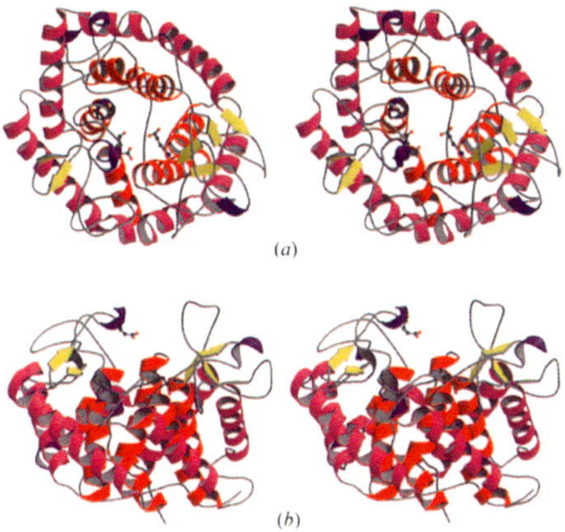

図5　活性型ChoK分子の立体構造を，(a) バレル上部から，(b) バレルを横から眺めたステレオ対図

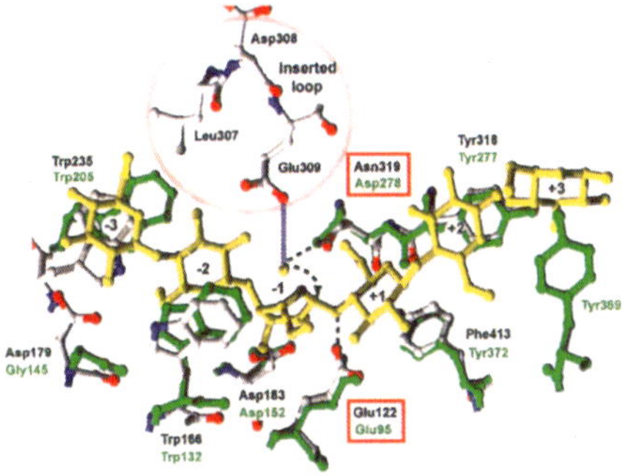

図11　活性型ChoKとCelAの立体構造の重ね合わせによる活性部位の構造

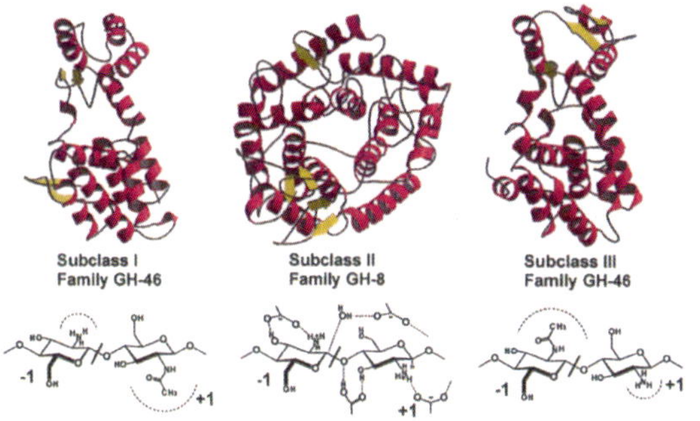

図16　キトサナーゼのサブクラス間での立体構造の比較

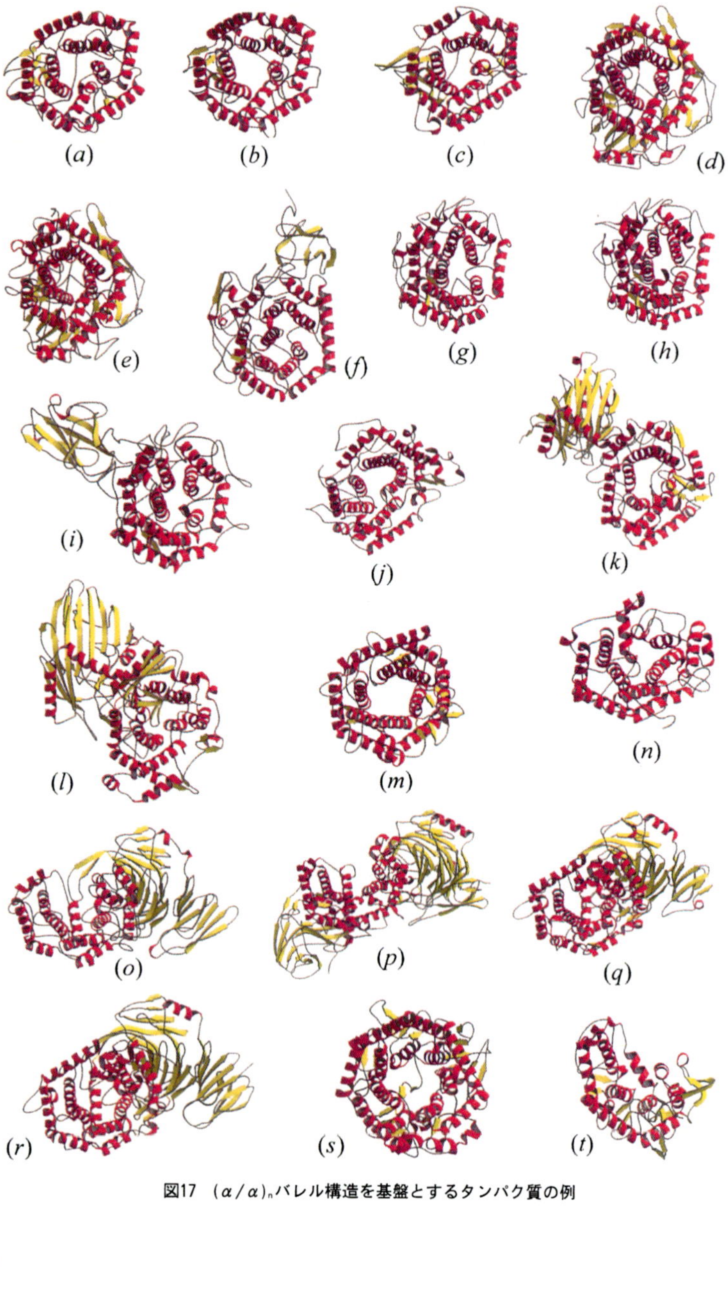

図17　$(\alpha/\alpha)_n$バレル構造を基盤とするタンパク質の例

キチン・キトサン開発技術　(B0872)

2004年3月10日　初　版　第1刷発行
2009年4月22日　普及版　第1刷発行

監　修　平野　茂博　Printed in Japan
発行者　辻　　賢司
発行所　株式会社　シーエムシー出版
東京都千代田区内神田1-13-1　豊島屋ビル
電話03(3293)2061
http://www.cmcbooks.co.jp

〔印刷　倉敷印刷株式会社〕

定価はカバーに表示してあります。
落丁・乱丁本はお取替えいたします。

ISBN978-4-7813-0065-8 C3058 ¥4200E